BIBLIOTHECA

SCRIPTORVM GRAECORVM ET ROMANORVM

TEVBNERIANA

THEONIS SMYRNAEI

PHILOSOPHI PLATONICI

EXPOSITIO RERVM MATHEMATICARVM
AD LEGENDVM PLATONEM VTILIVM

RECENSVIT

EDVARDVS HILLER

EDITIO STEREOTYPA
EDITIONIS PRIMAE (MDCCCLXXVIII)

STVTGARDIAE ET LIPSIAE
IN AEDIBVS B.G. TEVBNERI MCMXCV

Die Deutsche Bibliothek — CIP-Einheitsaufnahme

Theon ⟨Smyrnaeus⟩:
[Expositio rerum mathematicarum ad legendum Platonem utilium]
Theonis Smyrnaei Philosophi Platonici Expositio rerum
mathematicarum ad legendum Platonem utilium / rec. Eduardus Hiller. –
Ed. stereotypa ed. 1 (1878). –
Stutgardiae ; Lipsiae : Teubner, 1995
(Bibliotheca scriptorum Graecorum et Romanorum Teubneriana)
Einheitssacht.: De utilitate mathematicae
ISBN 3-519-01853-5
NE: Hiller, Eduard [Hrsg.]

Printed in Germany
Druck: Druckhaus Köthen GmbH
Buchbinderei: Verlagsbuchbinderei D. Mikolai, Berlin

FRIDERICO HULTSCHIO

S.

PRAEFATIO.

Theonis Smyrnaei commentarius de rebus mathematicis ad legendum Platonem utilibus in duas partes discerptus ad nostram aetatem pervenit; quarum prior (p. 1—119) exstat in codice Veneto bibliothecae Marcianae 307 (**A**), posterior (p. 120—205) in eiusdem bibliothecae codice 303 (**B**). Hos libros Bonnae excussi, quo transmissi mihi erant intercedente Ottone Iahnio praeceptore humanissimo; postea multos locos Venetiis iterum inspexi.

Codex A membranaceus, saeculi XI. vel XII., formae quadratae, praeter Theonis partem priorem nihil continet. Librarius in iis quae ad prosodiam pertinent multos commisit errores; veluti saepe scripsit, ut pauca adferam, *νητή ὅγδοος τετρακτῦς ἶσος δυᾶδος μεταβάσα*. Praepositiones saepe carent accentibus. Ubi pronominis reflexivi forma requiritur, aut *ἑαυτοῦ* positum est aut *αὑτοῦ*, nunquam nisi fallor *αὐτοῦ*. Promiscue legitur *αἰεί* et *ἀεί*. *ι* nunquam subscribitur, interdum adscribitur. Numeri fere semper rubro colore facti sunt.

Quae librarius ille in prosodia peccavit, ea plerumque, non ubique, correxit alia manus (A^2), quae etiam *ἰδέα* pro *εἰδέα*, *λεῖμμα* pro *λίμμα* ac similia recte restituit. Graviora quoque nonnulla ab eadem manu mutata inveniuntur. Neque vero eae scripturae ex alio codice repetendae sunt: nam omnes ita sunt comparatae, ut facile coniectura sive vera sive falsa inveniri potuerint. Ceterum cum etiam is qui codicem exaravit multa correxerit et in rasura scripserit, compluribus locis non potest accurate cognosci, utrum ad illam an ad alteram manum mutatio sit referenda.

De codice B cf. quae disputavi in Philologi vol. XXXI. p. 172 sqq. Chartaceus est, forma maxima, saeculo XIV. vel XV. scriptus. Continet inde a fol. 9a—16 b operis huius partem alteram cum figuris neglegentissime factis.

Inscriptiones capitum quas A et B praebent tantopere discrepant ab indicandi argumenti recta ratione tamque inepte nonnunquam positae sunt, ut ipsius scriptoris quamvis mediocri ingenio tribui non possint. Itaque non in verborum contextu sed in adnotatione critica locum iis adsignandum esse censui. Cf. Martin, Theo de astr p. 36.

Ex codicibus A et B ducti sunt omnes quorum ego notitiam habeo libri manu scripti in quibus tota exstat aut prior pars aut posterior; quod ita se habere certis argumentis alio loco mox comprobabo. Adhibitis exemplaribus ex A aut B derivatis priorem partem edidit *Bullialdus* (Lut. Par. 1644), posteriorem *Martinus* (ib. 1849) — versus Alexandri (p. 139 sqq.), quos ex apographo codicis B descripserat Isaac Vossius, iam antea saepius typis expressi erant, cf. adn. ad p. 139 —, denique primam particulam (p. 1—46, 19) *de Gelder* (Lugd. Bat. 1827). Mihi codices huius generis iis potissimum locis commemorandi fuerunt, ubi antiquae scripturae errores correctos exhibent. Variorum signorum multitudine ne adnotatio prorsus inutiliter oneraretur, ex horum librorum numero eos in quibus emendatae lectiones inveniuntur singillatim indicare nolui, sed communi *apographorum* appellatione codices ex A vel B oriundos significavi.

Eam autem particulam huius libri quae legitur p. 46, 20—57, 6 (τοῦ πνεύματος) separatim excerptam complures codices praebent, in quorum archetypum transscripta esse videtur ex libro ab A diverso. Huius generis exemplaria sunt codex Venetus Marcianus 512 saeculi XIII. vel XIV., Riccardianus K 2, 2, 41 saec. XV., Neapolitanus 260 sive III C 2 saec. XV. vel XVI., Vaticanus 221 saec. XVI., Vaticanus Urbinas 77 saec. XVI., Barberinianus II 86 saec. XVI. Fragmentum Theonis ex Marciano in usum meum insigni comitate descripsit Hermannus Diels; ex Neapolitano nonnulla mihi notaverunt Fridericus de Duhn et Georgius Kaibel; ceteros ipse cum editione Bullialdi contuli. Ex eodem genere is codex fuit quo Manuel Bryennius usus est: cf. eius Harmon. p. 393 sqq. His igitur libris inter se comparatis quid in eorum archetypo (**Z**) scriptum fuerit facile cognosci potest.

Ad emendandos versus Alexandri praeter codicem Marcianum B adhibui eiusdem bibliothecae codicem 203 (**C**) chartaceum saeculi XIII., in cuius ultimo folio (230) poema illud exstat praescripto titulo *Ἀλεξάνδρου Αἰτωλοῦ περὶ τῶν πλανητῶν*. Librarius eo exemplari usus esse videtur ex quo B descriptus est.

Compluribus locis ad restituenda Theonis verba utilitatem praebet *Chalcidii* in Platonis Timaeum commentarius, propterea quod uterque scriptor Adrasti Peripatetici commentarium in usum suum convertit partesque eius haud exiguas accurate expressit: cf. Rhein. Mus. XXVI p. 582 sqq.

Lacunarum quarum signa in contextu verborum posui vestigia in codicibus iis tantum locis exstant, ubi id diserte a me indicatum est. Uncis obliquis ⟨ ⟩ ea inclusi quae traditae lectioni addenda, quadratis [ ] ea quae delenda esse mihi videntur. Ad significandas eas prioris manus cod. A scripturas quae ab A^2 mutatae sunt nota A^1 usus sum. Asteriscum * apposui scripturis libri B a Martino correctis. Omnibus vero iis locis, quibus emendationis sive in adnotatione propositae sive in verborum ordinem receptae auctorem vel fontem non indicavi — sunt autem fere CCCCL —, emendationem a me coniectura esse inventam sciendum est. Ceterum in mutanda tradita lectione caute erat progrediendum; multa enim quae perverse vel neglegenter dicta esse apparet quin ipsius Theonis inscitiae levitatique tribuenda sint dubitari nequit. Praecipue loci Platonici in praefationem recepti (p. 2—14) reliquas operis partes tantopere superant vitiorum multitudine ac foeditate, ut ea omnia ad librariorum errores referenda esse prorsus sit incredibile. In his igitur quia accurate diiudicari nullo modo potest, quid librarii peccaverint, quid Theo, denique quid iam in Platonis exemplaribus a Theone adhibitis corrupte scriptum fuerit, errores intactos relinquere quam facili atque inutili negotio genuina Platonis verba hic illic restituere malui. Notas codicum Reipublicae ex Schneideri, Epinomidis ex Bekkeri editione mutuatus sum.

Reliquum est ut gratias agam quam maximas *Friderico Hultschio* viro clarissimo, qui accuratissime perlectis his plagulis complures emendationes aut certas aut probabiles quarum in addendis mentionem feci (cf. etiam adn. ad p. 15, 17. 22, 17. 25, 20) mecum communicavit.

Scr. Halae mense Octobri a. 1878.

THEO SMYRNAEUS.

Ὅτι μὲν οὐχ οἷόν τε συνεῖναι τῶν μαθηματικῶς λεγομένων παρὰ Πλάτωνι μὴ καὶ αὐτὸν ἠσκημένον ἐν τῇ θεωρίᾳ ταύτῃ, πᾶς ἄν που ὁμολογήσειεν· ὡς δὲ οὐδὲ τὰ ἄλλα ἀνωφελὴς οὐδὲ ἀνόνητος ἡ περὶ ταῦτα ἐμπειρία, διὰ πολλῶν αὐτὸς ἐμφανίζειν ἔοικε. τὸ μὲν οὖν συμπάσης γεωμετρίας καὶ συμπάσης μουσικῆς καὶ ἀστρονομίας ἔμπειρον γενόμενον τοῖς Πλάτωνος συγγράμμασιν ἐντυγχάνειν μακαριστὸν μὲν εἴ τῳ γένοιτο, οὐ μὴν εὔπορον οὐδὲ ῥᾴδιον ἀλλὰ πάνυ πολλοῦ τοῦ ἐκ παίδων πόνου δεόμενον. ὥστε δὲ τοὺς διημαρτηκότας τοῦ ἐν τοῖς μαθήμασιν ἀσκηθῆναι, ὀρεγομένους δὲ τῆς γνώσεως τῶν συγγραμμάτων αὐτοῦ μὴ παντάπασιν ὧν ποθοῦσι διαμαρτεῖν, κεφαλαιώδη καὶ σύντομον ποιησόμεθα τῶν ἀναγκαίων καὶ ὧν δεῖ μάλιστα τοῖς ἐντευξομένοις Πλάτωνι μαθηματικῶν θεωρημάτων παράδοσιν, ἀριθμητικῶν τε καὶ μουσικῶν καὶ γεωμετρικῶν τῶν τε κατὰ στερεομετρίαν καὶ ἀστρονομίαν, ὧν χωρὶς

Inscr. Θέωνος Σμυρναίου Πλατωνικοῦ τῶν κατὰ τὸ (τὸ supra vs.) μαθηματικὸν χρησίμων εἰς τὴν Πλάτωνος ἀνάγνωσιν A 1 inscr. ὅτι ἀναγκαῖα τὰ μαθήματα A 2 ἠσκημένον: ον corr. ex ων A 4 οὐδὲ τὰ ἄ.] οὔτε τὰ ἄ. A 5 τὸ corr. ex τὸν A 6 γεωμετρίας: καὶ ἀριθμητικῆς add. recentior manus in apogr. fort. recte 10 σκοπὸς τοῦ βιβλίου mg. A

οὐχ οἷόν τε εἶναί φησι τυχεῖν τοῦ ἀρίστου βίου, διὰ πολλῶν πάνυ δηλώσας ὡς οὐ χρὴ τῶν μαθημάτων ἀμελεῖν.

Ἐρατοσθένης μὲν γὰρ ἐν τῷ ἐπιγραφομένῳ Πλατωνικῷ φησιν ὅτι, Δηλίοις τοῦ θεοῦ χρήσαντος ἐπὶ ἀπαλλαγῇ λοιμοῦ βωμὸν τοῦ ὄντος διπλασίονα κατασκευάσαι, πολλὴν ἀρχιτέκτοσιν ἐμπεσεῖν ἀπορίαν ζητοῦσιν ὅπως χρὴ στερεὸν στερεοῦ γενέσθαι διπλάσιον, ἀφικέσθαι τε πευσομένους περὶ τούτου Πλάτωνος. τὸν δὲ φάναι αὐτοῖς, ὡς ἄρα οὐ διπλασίου βωμοῦ ὁ θεὸς δεόμενος τοῦτο Δηλίοις ἐμαντεύσατο, προφέρων δὲ καὶ ὀνειδίζων τοῖς Ἕλλησιν ἀμελοῦσι μαθημάτων καὶ γεωμετρίας ὠλιγωρηκόσιν.

ἀκολούθως δὲ τῇ τοῦ Πυθίου παραινέσει πολλὰ καὶ αὐτὸς διέξεισιν ὑπὲρ τοῦ ἐν τοῖς μαθήμασι χρησίμου. ἔν τε γὰρ τῇ Ἐπινομίδι προτρέπων ἐπὶ τὰ μαθήματά φησιν· οὐ γὰρ ἄνευ τούτων ποτέ τις ἐν πόλει εὐδαιμόνων γενήσεται φύσις, ἀλλ' οὗτος ὁ τρόπος, αὕτη ἡ τροφή, ταῦτα τὰ μαθήματα, εἴτε χαλεπὰ εἴτε ῥᾴδια, διὰ ταύτης ἰτέον· ἀμελῆσαι δὲ οὐ θεμιτόν ἐστι θεῶν. καὶ ἐν τοῖς ἐφεξῆς τὸν τοιοῦτόν φησιν ἐκ πολλῶν ἕνα γεγονότα εὐδαίμονά τε ἔσεσθαι καὶ σοφώτατον ἅμα καὶ μακάριον.

ἐν δὲ τῇ Πολιτείᾳ φησίν· ἐκ τῶν κε' ἐτῶν οἱ προκριθέντες τιμάς τε τῶν ἄλλων μείζους οἴσονται, τά τε

3 Ἐρατοσθένης: Bernhardy Eratosthenica p. 168. cf. Philol. XXX p. 67 12 ὠλιγορηκόσιν A, em. apogr. 15 Epin. p. 992 A οὐ γὰρ ἄνευ γε (γε om. Nicom. introd. arithm. I 3, 5) τούτων μήποτέ τις ἐν πόλεσιν εὐδαίμων (εὐδαιμόνων codd. duo, εὐδαιμονῶν unus) γένηται φύσις, ἀλλ' οὗτος ὁ τρόπος, αὕτη (ἡ add. Ast) τροφή, ταῦτα τὰ μαθήματα, εἴτε χαλεπὰ εἴτε ῥᾴδια, ταύτῃ πορευτέον (ἰτέον Nicom.)· ἀμελῆσαι δὲ οὐ θεμιτόν ἐστι θεῶν εὐδαιμονῶν A 17 φύς A, tum duae litt. erasae 20 Epin. p. 992 B 22 Civ. VII p. 537 B κέ] εἴκοσιν Plato. cf. Schneider 23 μείζους τῶν ἄλλων Plato

χύδην μαθήματα πᾶσιν ἐν τῇ παιδείᾳ γενόμενα τούτοις συνακτέον εἰς σύνοψιν οἰκειότητός τε ἀλλήλων τῶν μαθημάτων καὶ τῆς τοῦ ὄντος φύσεως. παραινεῖ τε πρῶτον μὲν ἔμπειρον γενέσθαι ἀριθμητικῆς, ἔπειτα γεωμετρικῆς, τρίτον δὲ στερεομετρίας, τέταρτον ἀστρονομίας, ἥν φησιν εἶναι θεωρίαν φερομένου στερεοῦ, πέμπτον δὲ μουσικῆς. τό τε χρήσιμον παραδεικνὺς τῶν μαθημάτων φησίν· ἡδὺς εἶ, ὅτι ἔοικας δεδιέναι, μὴ ἄχρηστα τὰ μαθήματα προστάττοιμι. τὸ δ' ἔστιν οὐ πάνυ φαύλοις, ἀλλὰ πᾶσι χαλεπὸν πιστευθῆναι, ὅτι ἐν τούτοις τοῖς μαθήμασιν ἑκάστου οἷον ὀργάνοις τὸ ψυχῆς ἐκκαθαίρεται καὶ ἀναζωπυρεῖται ὄμμα τυφλούμενον καὶ ἀποσβεννύμενον ὑπὸ τῶν ἄλλων ἐπιτηδευμάτων, κρεῖττον ὂν σωθῆναι μυρίων ὀμμάτων· μόνῳ γὰρ αὐτῷ ἀλήθεια ὁρᾶται.

ἐν δὲ τῷ ἑβδόμῳ τῆς Πολιτείας περὶ ἀριθμητικῆς λέγων ὡς ἔστιν ἀναγκαιοτάτη πασῶν φησιν, ἔπειτα ἧς

1 *παισὶν* Plato. cf. H. Heller curae crit. in Plat. de republ. libros p. 16 *παιδείᾳ* corr. ex *παιδιᾷ* A (*παιδιᾷ* Platonis codd. tres) 2 *οἰκειότητος ἀλλήλων* Plato (*οἰκειότητός τε ἀλλήλων* codd. tres) 3 cf. Civ. p. 525 sqq. *παραινέσει* A, em. apogr. 8 Civ. p. 527 D *ἡδὺς εἶ, ἦν δ' ἐγώ, ὅτι ἔοικας δεδιότι τοὺς πολλούς, μὴ δοκῇς* (*ὅτι ἔοικας δεδιέναι, μὴ ἄρα* Nicom. I 3, 7) *ἄχρηστα μαθήματα* (*τὰ μαθήματα* cod. Par. K, *ταῦτα τὰ μαθήματα* Nicom.) *προστάττειν* (*προστάττοιμι* Nicom.). *τὸ δ' ἔστιν οὐ πάνυ φαῦλον ἀλλὰ χαλεπὸν πιστεῦσαι* (*παγχάλεπον* Nicom.), *ὅτι ἐν τούτοις τοῖς μαθήμασιν ἑκάστου ὄργανόν τι ψυχῆς ἐκκαθαίρεταί τε καὶ ἀναζωπυρεῖται* (*ὄμμα τῆς ψυχῆς* exstat etiam apud Nicom., ubi haec contracta sunt, cf. Alcin. 27 p. 180 Herm., Iambl. de vita Pyth. § 70, Boeth. Inst. arithm. I 1 p. 10 Friedl.) *ἀπολλύμενον καὶ τυφλούμενον ὑπὸ κτλ.* 9 *τὰ* fort. add. ab A[2] *προστάττοιμι* A (supra: *γρ' καὶ προστάττοιμι*) 10 *φαύλοις*: *ι* in ras. A 11 cf. Cobet, Mnemos. XI p. 177. Wex, Jahrb. f. Philol. 1863 p. 692 sqq. 1864 p. 381 12 *ὄμμα* in ras. A 16 Civ. p. 522 C

δεῖ πάσαις μὲν τέχναις, πάσαις δὲ διανοίαις καὶ ἐπιστήμαις καὶ τῇ πολεμικῇ. παγγέλοιον γοῦν στρατηγὸν Ἀγαμέμνονα ἐν ταῖς τραγῳδίαις Παλαμήδης ἑκάστοτε ἀποφαίνει. φησὶ γὰρ ἀριθμὸν εὑρὼν τάς τε τάξεις καταστῆσαι τῷ στρατοπέδῳ ἐν Ἰλίῳ καὶ ἐξαριθμῆσαι ναῦς τε καὶ τὰ ἄλλα πάντα, ὡς πρὸ τοῦ ἀναριθμήτων ὄντων καὶ τοῦ Ἀγαμέμνονος ὡς ἔοικεν οὐδὲ ὅσους εἶχε πόδας εἰδότος, εἴγε μὴ ἠπίστατο ἀριθμεῖν. κινδυνεύει οὖν τῶν πρὸς νόησιν ἀγόντων φύσει εἶναι, καὶ οὐδεὶς αὐτῷ χρῆται ἑλκτικῷ ὄντι πρὸς οὐσίαν καὶ νοήσεως παρακλητικῷ. ὅσα μὲν γὰρ ἁπλῶς κινεῖ τὴν αἴσθησιν, οὐκ ἔστιν ἐπεγερτικὰ καὶ παρακλητικὰ νοήσεως, οἷον ὅτι ὁ ὁρώμενος δάκτυλός ἐστι, καὶ ὅτι παχὺς ἢ λεπτὸς ἢ μέγας ἢ μικρός. ὅσα δ' ἐναντίως κινεῖ αἴσθησιν, ἐπεγερτικὰ καὶ παρακλητικά ἐστι διανοίας, οἷον ὅταν τὸ αὐτὸ φαίνηται μέγα καὶ μικρόν, κοῦφον καὶ βαρύ, ἓν καὶ πολλά. καὶ τὸ ἓν οὖν καὶ ὁ ἀριθμὸς παρακλητικὰ καὶ ἐπεγερτικά ἐστι διανοίας, ἐπεὶ τὸ ἕν ποτε πολλὰ φαίνεται· λογιστικὴ δὲ καὶ ἀριθμητικὴ ὁλκὸς καὶ ἀγωγὸς πρὸς ἀλήθειαν. ἁπτέον δὲ λογιστικῆς μὴ ἰδιωτικῶς,

2 παγγέλοιον: γγ ex νγ A (πανγέλοιον Platonis cod. Vind. F) 3 παλαμίδης A 4 ἀποφαίνει. ἢ οὐκ ἐννενόηκας, ὅτι φησὶν ἀριθμὸν εὑρὼν τάς τε τάξεις τῷ στρατοπέδῳ καταστῆσαι ἐν Ἰλίῳ Plato 7 ὅσους π. εἶχεν εἰδ. εἴπερ ἀρ. μὴ ἠπ. Plato μὴ ἠπίστατο corr. ex μὴ τίστατὸ A Civ. p. 523 A κινδυνεύει τῶν πρὸς τὴν νόησιν ἀγόντων φύσει εἶναι ὧν ζητοῦμεν, χρῆσθαι δ' οὐδεὶς αὐτῷ ὀρθῶς, ἑλκτικῷ ὄντι παντάπασι πρὸς οὐσίαν 10 νοήσεως παρακλητικῷ: cf. Civ. p. 523 D 19 δὲ] δὴ Stallbaum ad Plat. Civ. p. 523 A 20 Civ. p. 525 B προσῆκον δὴ τὸ μάθημα ἂν εἴη, ὦ Γλαύκων, νομοθετῆσαι καὶ πείθειν τοὺς μέλλοντας ἐν τῇ πόλει τῶν μεγίστων μεθέξειν, ἐπὶ λογιστικὴν ἰέναι καὶ ἀνθάπτεσθαι αὐτῆς μὴ ἰδιωτικῶς, ἀλλ' ἕως ἂν ἐπὶ θέαν τῆς τῶν ἀριθμῶν φύσεως ἀφίκωνται τῇ νοήσει αὐτῇ, οὐκ ὠνῆς οὐδὲ πράσεως χάριν ὡς ἐμπόρους ἢ καπήλους μελετῶντας,

ἀλλ' ὡς ἂν ἐπὶ θέαν τῆς τῶν ἀριθμῶν φύσεως ἀφίκωνται τῇ νοήσει, οὐδέ πράσεως χάριν ἐμπόρων ἢ καπήλων μελετῶντας, ἀλλ' ἕνεκα ψυχῆς τῆς ἐπ' ἀλήθειαν καὶ οὐσίαν ὁδοῦ. τοῦτο γὰρ ἄνω ἄγει τὴν ψυχὴν καὶ περὶ αὐτῶν τῶν ἀριθμῶν ἀναγκάζει διαλέγεσθαι, οὐκ ἀποδεχόμενον, ἄν τις αὐτῷ σώματα ἢ αὖ τὰ ὁρατὰ ἔχοντα ἀριθμοὺς προσφερόμενος διαλέγηται. καὶ πάλιν ἐν τῷ αὐτῷ φησιν· ἔτι οἱ λογιστικοὶ εἰς ἅπαντα τὰ μαθήματα ὀξεῖς φύονται, οἵ τε βραδεῖς εἰς τὸ ὀξύτεροι αὐτοὶ αὐτῶν γενέσθαι. ἔτι ἐν τῷ αὐτῷ φησι· καὶ ἐν πολέμῳ δ' αὖ χρήσιμον πρὸς τὰς στρατοπεδεύσεις καὶ καταλήψεις χωρίων καὶ ξυναγωγὰς καὶ ἐξετάσεις στρατιᾶς. ἔν τε τοῖς ἑξῆς ἐπαινῶν τὴν περὶ τὰ τοιαῦτα μαθήματα σπουδήν, γεωμετρία μέν, φησίν, ἐστὶ περὶ τὴν τοῦ ἐπιπέδου θεωρίαν, ἀστρονομία δὲ περὶ τὴν τοῦ στερεοῦ φοράν· αὕτη δ' ἀναγκάζει εἰς τὸ ἄνω ὁρᾶν καὶ ἀπὸ τῶν ἐνθένδε ἐκεῖσε ἄγει. καὶ μὲν δὴ περὶ μουσικῆς ἐν τῷ αὐτῷ φησιν, ὅτι δυεῖν δεῖται ἡ τῶν ὄντων

ἀλλ' ἕνεκα πολέμου τε καὶ αὐτῆς τῆς ψυχῆς ῥᾳστώνης τε (τε om. codd. multi) μεταστροφῆς ἀπὸ γενέσεως ἐπ' ἀλήθειάν τε (τε ἐπ' ἀλ. codd. complures) καὶ οὐσίαν 4 Civ. p. 525 D τοῦτό γε — ὡς σφόδρα ἄνω ποι ἄγει τὴν ψυχὴν καὶ περὶ αὐτῶν τῶν ἀριθμῶν ἀναγκάζει διαλέγεσθαι, οὐδαμῇ ἀποδεχόμενον, ἐάν τις αὐτῇ ὁρατὰ ἢ ἁπτὰ (ἢ ἀπὸ τὰ codd. duo, ἢ τοὺς τὰ unus) σώματα ἔχοντας (ἔχοντα codd. tres) ἀριθμοὺς προτεινόμενος διαλέγηται 8 Civ. p. 526 B τόδε ἤδη ἐπεσκέψω, ὡς οἵ τε φύσει λογιστικοὶ εἰς πάντα τὰ μαθήματα ὡς ἔπος εἰπεῖν ὀξεῖς φύονται, οἵ τε βραδεῖς, ἂν ἐν τούτῳ παιδευθῶσι καὶ γυμνάσωνται, κἂν μηδὲν ἄλλο ὠφεληθῶσιν, ὅμως εἴς γε τὸ ὀξύτεροι αὐτοὶ αὐτῶν γίγνεσθαι πάντες ἐπιδιδόασιν; 10 Civ. p. 526 D ὅσον μέν, ἔφη, πρὸς τὰ πολεμικὰ αὐτοῦ τείνει, δῆλον ὅτι προσήκει· πρὸς γὰρ τὰς στρατοπεδεύσεις καὶ καταλήψεις χωρίων καὶ συναγωγὰς καὶ ἐκτάσεις στρατιᾶς — 16 Civ. p. 529 A παντὶ γάρ μοι δοκεῖ δῆλον, ὅτι αὕτη γε ἀναγκάζει ψυχὴν εἰς τὸ ἄνω ὁρᾶν καὶ ἀπὸ τῶν ἐνθένδε ἐκεῖσε ἄγει 18 δυεῖν corr. ex δυοῖν A

θεωρία, ἀστρονομίας καὶ ἁρμονίας· καὶ αὗται ἀδελφαὶ αἱ ἐπιστῆμαι, ὡς οἱ Πυθαγορικοί. οἱ μὲν οὖν τὰς ἀκουομένας συμφωνίας αὖ καὶ φθόγγους ἀλλήλοις ἀναμετροῦντες ἀνήνυτα πονοῦσι. τελείως παραβάλλοντες τὰ ὦτα, οἷον ἐκ γειτόνων φωνὴν θηρώμενοι, οἱ μέν φασιν ἀκούειν ἐν μέσῳ τινὰ ἦχον καὶ μικρότατον εἶναι διάστημα τοῦτο, ᾧ μετρητέον, οἱ δὲ ἀμφισβητοῦσιν ὡς ὅμοιον ἤδη φθεγγομένου, τὰ ὦτα τοῦ νοῦ προστησάμενοι. ταῖς χορδαῖς πράγματα παρέχουσιν ἐπὶ τῶν κολλάβων στρεβλοῦντες. οἱ δὲ ἀγαθοὶ ἀριθμητικοὶ ζητοῦσιν ἐπισκοποῦντες, τίνες σύμφωνοι ἀριθμοὶ ἀριθμοῖς καὶ τίνες οὔ. καὶ τοῦτο χρήσιμον πρὸς τὴν τοῦ ἀγαθοῦ

1 Civ. p. 530 D — καὶ αὗται ἀλλήλων ἀδελφαί τινες αἱ ἐπιστῆμαι εἶναι, ὡς οἵ τε Πυθαγόρειοί φασι — 2 Civ. p. 531 A τὰς γὰρ ἀκουομένας αὖ συμφωνίας καὶ φθόγγους ἀλλήλοις ἀναμετροῦντες ἀνήνυτα ὥσπερ οἱ ἀστρονόμοι πονοῦσι. νὴ τοὺς θεούς, ἔφη, καὶ γελοίως γε, πυκνώματ' ἄττα ὀνομάζοντες καὶ παραβάλλοντες τὰ ὦτα, οἷον ἐκ γειτόνων φωνὴν θηρευόμενοι, οἱ μέν φασιν ἔτι (ἔτι om. codd. tres) κατακούειν ἐν μέσῳ τινὰ ἠχὴν καὶ σμικρότατον εἶναι τοῦτο διάστημα, ᾧ μετρητέον, οἱ δὲ ἀμφισβητοῦντες ὡς ὅμοιον ἤδη φθεγγομένων (φθεγγόμενον codd. duo), ἀμφότεροι ὦτα τοῦ νοῦ προστησάμενοι. σὺ μέν, ἦν δ' ἐγώ, τοὺς χρηστοὺς λέγεις τοὺς ταῖς χορδαῖς πράγματα παρέχοντας καὶ βασανίζοντας, ἐπὶ τῶν κολλόπων (κολάβων, καλλόπων, κολλό$^{\beta}$πων alii: cf. Tim. lex.) στρεβλοῦντας 4 ἀνήνυτα υ corr. ex οι A 5 ἐκ corr. ex ἐγ A 7 μετρητέον: η corr. ex ι A 11 Civ. p. 531 C τοὺς γὰρ ἐν ταύταις ταῖς συμφωνίαις ταῖς ἀκουομέναις ἀριθμοὺς ζητοῦσιν, ἀλλ' οὐκ εἰς προβλήματα ἀνίασιν ἐπισκοπεῖν, τίνες ξύμφωνοι ἀριθμοὶ καὶ τίνες οὔ, καὶ διὰ τί ἑκάτεροι. δαιμόνιον γάρ, ἔφη, πρᾶγμα λέγεις. χρήσιμον μὲν οὖν, ἦν δ' ἐγώ, πρὸς τὴν τοῦ καλοῦ τε καὶ ἀγαθοῦ ζήτησιν, ἄλλως δὲ μεταδιωκόμενον ἄχρηστον. εἰκός γ', ἔφη. οἶμαι δέ γε, ἦν δ' ἐγώ, καὶ ἡ τούτων πάντων ὧν διεληλύθαμεν μέθοδος ἐὰν μὲν ἐπὶ τὴν ἀλλήλων κοινωνίαν ἀφίκηται καὶ ξυγγένειαν, καὶ ξυλλογισθῇ ταῦτα ᾗ ἐστιν ἀλλήλοις οἰκεῖα, φέρειν τι αὐτῶν εἰς ἃ βουλόμεθα τὴν πραγματείαν. cf. Schneider

καὶ καλοῖ ζήτησιν, ἄλλως δὲ ἄχρηστον. καὶ τούτων πάντων ἡ μέθοδος ἂν μὲν ἐπὶ τὴν ἀλλήλων ἀφίκηται κοινωνίαν καὶ ξυλλογισθῇ ᾗ ἐστιν ἀλλήλοις οἰκεῖα, φέρει αὐτῶν ἡ πραγματεία καρπόν. οἱ δὲ ταῦτα δεινοὶ διαλεκτικοί· οὐ γὰρ μὴ δύνωνται λαβεῖν τε καὶ ἀποδέξασθαι λόγον. οὐχ οἷόν τε δὲ τοῦτο μὴ δι' ἐκείνων ἐλθόντα τῶν μαθημάτων· ὁδὸς γάρ ἐστι δι' αὐτῶν ἐπὶ τὴν τῶν ὄντων θέαν ἐν τῷ διαλέγεσθαι.

πάλιν τε ἐν τῷ Ἐπινομίῳ πολλὰ μὲν καὶ ἄλλα ὑπὲρ ἀριθμητικῆς διεξέρχεται, θεοῦ δῶρον αὐτὴν λέγων, καὶ οὐχ οἷόν τε ἄνευ ταύτης σπουδαῖον γενέσθαι τινά. ὑποβὰς δὲ ἄντικρύς φησιν· εἴπερ γὰρ ἀριθμὸν ἐκ τῆς ἀνθρωπίνης φύσεως ἐξέλοιμεν, οὐκ ἄν που ἔτι φρόνιμοι γενοίμεθα, οὐδ' ἂν ἔτι ποτὲ τούτου τοῦ ζῴου, φησίν, ἡ ψυχὴ πᾶσαν ἀρετὴν λάβοι· σχεδὸν ὁ τούτου λόγος εἴη. ζῷον δὲ ὅ τι μὴ γινώσκοι δύο καὶ τρία μηδὲ περιττὸν μηδὲ ἄρτιον, ἀγνοοῖ δὲ τὸ παράπαν ἀριθμόν, οὐκ ἄν ποτε διδόναι λόγον, περὶ ὧν αἰσθήσεις καὶ μνήμας

4 Civ. p. 531 D οὐ γάρ που δοκοῦσί γε σοι οἱ ταῦτα δεινοὶ διαλεκτικοὶ εἶναι. οὐ μὰ τὸν Δί', ἔφη, εἰ μὴ μάλα γέ τινες ὀλίγοι ὧν ἐγὼ ἐντετύχηκα. ἀλλ' ἤδη, εἶπον, μὴ δυνατοί τινες ὄντες δοῦναί τε καὶ ἀποδέξασθαι λόγον εἴσεσθαί ποτέ τι ὧν φαμὲν δεῖν εἰδέναι; 6 ἐπ' αὐτῷ post ἐκείνων A, sed delenda haec esse punctis significatum est 8 cf. Civ. p. 532 C 10 cf. Epin. p. 976 DE 11 ὑποβὰς corr. ex ὑπερβὰς A 12 Epin. p. 977 C εἴπερ ἀριθμὸν ἐκ τῆς ἀνθρωπίνης φύσεως ἐξέλοιμεν, οὐκ ἄν ποτέ τι φρόνιμοι γενοίμεθα. οὐ γὰρ ἂν ἔτι ποτὲ ψυχὴ τούτου τοῦ ζῴου πᾶσαν ἀρετὴν λάβοι σχεδόν, ὅτου λόγος ἀπείη. ζῷον δέ, ὅ τι μὴ γιγνώσκοι δύο καὶ τρία μηδὲ περιττὸν μηδὲ ἄρτιον, ἀγνοοῖ δὲ τὸ παράπαν ἀριθμόν, οὐκ ἄν ποτε διδόναι λόγον ἔχοι περὶ ὧν αἰσθήσεις καὶ μνήμας μόνον εἴη κεκτημένον· τὴν δὲ ἄλλην ἀρετήν, ἀνδρείαν καὶ σωφροσύνην, οὐδὲν ἀποκωλύει· στερόμενος δὲ ἀληθοῦς λόγου σοφὸς οὐκ ἄν ποτε γένοιτο 15 γὰρ post σχεδὸν supra vs. add. A[2]

μόνον εἴη κεκτημένος· στερόμενος δὲ ἀληθοῦς λόγου σοφὸς οὐκ ἄν ποτε γένοιτο. οὐ μὴν οὐδὲ τὰ τῶν ἄλλων τεχνῶν λεγόμενα, ἃ νῦν διήλθομεν, οὐδέποτε τούτων οὐδὲν μένει, πάντα δὲ ἀπολεῖται τὸ παράπαν, ὅταν ἀριθμητικῆς τις ἀμελῇ. δόξειε δ' ἂν ἴσως τισὶ βραχέως ἀριθμοῦ δεῖσθαι τὸ τῶν ἀνθρώπων γένος, ὡς εἰς τὰς τέχνας ἀποβλέψασι· καίτοι μέγα μὲν καὶ τοῦτο. εἰ δέ τις ἴδοι τὸ θεῖον τῆς γενέσεως καὶ τὸ θνητόν, ἐν ᾧ καὶ τὸ θεοσεβὲς γνωρισθήσεται καὶ ὁ ἀριθμὸς ὄντως, οὐκ ἂν ἔτι πᾶς μάντις γνοίη σύμπαντα ἀριθμόν, ὅσης ἡμῖν δυνάμεως αἴτιος ἂν εἴη συγγινόμενος, ἐπεὶ καὶ μουσικὴν πᾶσαν δι' ἀριθμοῦ μετὰ κινήσεώς τε καὶ φθόγγων δῆλον ὅτι δεῖ. καὶ τὸ μέγιστον, ἀγαθὸν ὡς πάντων αἴτιον· ὅτι δὲ κακῶν οὐδενός ἐστι, τοῦτο γνωστέον. σχεδὸν δὲ ἀλόγιστος, ἄτακτος, ἀσχήμων τε καὶ ἄρρυθμος ἀνάρμοστός τε σφόδρα καὶ πάνθ' ὅσα κακοῦ κεκοινώνηκέ τινος, ὅστις λέλειπται παντὸς ἀριθμοῦ. ἐν δὲ τοῖς ἐφεξῆς φησιν· ἔστιν ἔχον μηδεὶς ἡμᾶς ποτε πειθέτω τῆς εὐσεβείας εἶναι τῷ θνητῷ γένει. ἐκ γὰρ τούτου φύεσθαι καὶ τὰς ἄλλας ἀρετὰς τῷ μαθόντι κατὰ τρόπον.

2 Epin. p. 977 D *καὶ ὁ νῦν (λόγος) ὀρθῶς ῥηθήσεται, ὅτι καὶ τὰ τῶν ἄλλων τεχνῶν λεγόμενα, ἃ νῦν δὴ διήλθομεν ἐῶντες εἶναι πάσας τὰς τέχνας, οὐδὲ τούτων ἓν οὐδὲν μένει (μενεῖ* Stephanus), *πάντα δ' ἀπολεῖται τὸ παράπαν, ὅταν ἀριθμητικήν τις ἀνέλῃ. δόξειε δ' ἂν ἱκανῶς τισι βραχέων ἕνεκα ἀριθμοῦ δεῖσθαι τὸ τῶν ἀνθρώπων γένος, εἰς τὰς τέχνας ἀποβλέψασι· καίτοι κτλ.* 9 ὁ non exstat ap. Pl. 11 *ἐπεὶ καὶ τὰ κατὰ μουσικὴν πᾶσαν διαριθμουμένων κινήσεώς τε κτλ.* Pl. 13 *δεῖ ⟨εἶναι⟩* cj. Bullialdus *ἀγαθῶν* Pl. 14 *ὅτι δὲ κακῶν οὐδενός, εὖ τοῦτο γνωστέον, ὃ καὶ τάχα γένοιτ' ἄν, ἀλλ' ἡ σχεδὸν ἀλόγιστός τε καὶ ἄτακτος κτλ.* Pl. 16 *σφόδρα*] *φορά* Pl. *ὁπόσα* Pl. *κεκοινώνικε* A 17 *ὅστις λέλειπται*] *ἐπιλέλειπται* Pl. Epin. p. 989 B *μεῖζον μὲν γὰρ ἀρετῆς μηδεὶς ἡμᾶς ποτε πείθῃ τῆς εὐσεβείας εἶναι τῷ θνητῷ γένει* 19 cf. Epin. p. 989 D

ἔπειτα παραδείκνυσι θεοσέβειαν ὅτῳ τρόπῳ τις μαθήσεται. λέγει δὲ δεῖν μαθεῖν πρῶτον ἀστρονομίαν. εἰ γὰρ τὸ καταψεύδεσθαι καὶ ἀνθρώπων δεινόν, πολὺ δεινότερον θεῶν· καταψεύδοιτο δ' ἂν ὁ ψευδεῖς ἔχων δόξας περὶ θεῶν· ψευδεῖς δ' ἂν δόξας ἔχοι περὶ θεῶν ὁ μηδὲ τὴν τῶν αἰσθητῶν θεῶν φύσιν ἐπεσκεμμένος, τουτέστιν ἀστρονομίαν. ἀγνοεῖσθαι δέ φησι τοῖς πολλοῖς, ὅτι σοφώτατον ἀνάγκη τὸν ἀληθῶς ἀστρονόμον εἶναι, μὴ τὸν καθ' Ἡσίοδον ἀστρονομοῦντα, οἷον δυσμάς τε καὶ ἀνατολὰς ἐπεσκεμμένον, ἀλλὰ τὰς περιόδους τῶν ἑπτά, ὃ μὴ ῥᾳδίως ποτὲ πᾶσα φύσις ἱκανὴ γένοιτο θεωρῆσαι. τὸν δ' ἐπὶ ταῦτα παρασκευάζοντα φύσεις οἵας δυνατὸν πολλὰς προδιδάσκειν χρεία ἐστὶν ἐθίζοντα παῖδα ὄντα καὶ νεανίσκον διὰ μαθημάτων· ὧν τὸ μέγιστον εἶναι

1 Epin. p. 989 E — θεοσεβείας ᾧτινι τρόπῳ τίς τινα μαθήσεται 7 Epin. p. 990 A ἀγνοεῖτε ὅτι σοφώτατον ἀνάγκη τὸν ἀληθῶς ἀστρονόμον εἶναι, μὴ τὸν καθ' Ἡσίοδον ἀστρονομοῦντα καὶ πάντας τοὺς τοιούτους, οἷον δυσμάς τε καὶ ἀνατολὰς ἐπεσκεμμένον, ἀλλὰ τὸν τῶν ὀκτὼ περιόδων τὰς ἑπτὰ περιόδους, διεξιούσης τὸν αὐτὸν κύκλον ἑκάστης, οὕτως ὡς οὐκ ἂν ῥᾳδίως ποτὲ πᾶσα φύσις ἱκανὴ γένοιτο θεωρῆσαι 12 Epin. p. 990 C ἐπὶ δὲ ταῦτα παρασκευάζοντας φύσεις, δι' ἃς (οἵας et δι' οἵας alii) δυνατὸν εἶναι χρεὼν πολλὰ προδιδάσκοντα καὶ ἐθίζοντα δεῖ διαπονήσασθαι παῖδα ὄντα καὶ νεανίσκον. διὸ μαθημάτων δέον ἂν εἴη· τὸ δὲ μέγιστόν τε καὶ πρῶτον ἀριθμῶν αὐτῶν, ἀλλ' οὐ σώματα ἐχόντων, ἀλλὰ ὅλης τῆς τοῦ περιττοῦ τε καὶ ἀρτίου γενέσεώς τε καὶ δυνάμεως, ὅσην παρέχεται πρὸς τὴν τῶν ὄντων φύσιν. ταῦτα δὲ μαθόντα τούτοις ἐφεξῆς ἐστιν ὃ καλοῦσι μὲν σφόδρα γελοῖον ὄνομα γεωμετρίαν, τῶν οὐκ ὄντων δὲ ὁμοίων ἀλλήλοις φύσει ἀριθμῶν ὁμοίωσις πρὸς τὴν τῶν ἐπιπέδων μοῖραν γεγονυῖά ἐστι διαφανής· ὃ δὴ θαῦμα οὐκ ἀνθρώπινον ἀλλὰ γεγονὸς θεῖον φανερὸν ἂν γίγνοιτο τῷ δυναμένῳ ξυννοεῖν. μετὰ δὲ τούτην τοὺς τρεῖς (τρὶς Bekker) ηὐξημένους καὶ τῇ στερεᾷ φύσει ὁμοίους, τοὺς δὲ ἀνομοίους αὖ γεγονότας ἑτέρᾳ τέχνῃ ὁμοίᾳ ταύτῃ, ἣν δὴ γεωμετρίαν (στερεομετρίαν cod. Z) ἐκάλεσαν οἱ προστυχεῖς αὐτῇ γεγονότες· ὃ δὲ θεῖόν τ' ἐστὶ καὶ θαυμαστὸν —

ἀριθμῶν ἐπιστήμονα αὐτῶν, ἀλλ' οὐ σώματα ἐχόντων, καὶ αὐτῆς τῆς τοῦ περιττοῦ τε καὶ ἀρτίου γενέσεώς τε καὶ δυνάμεως, ὅσον παρέχεται πρὸς τὴν τῶν ὄντων φύσιν. τούτοις δὲ ἐφεξῆς μαθήματα μὲν καλοῦσι, φησί, σφόδρα γελοῖον ὄνομα γεωμετρίαν· ἔστι δὲ τῶν οὐκ ὄντων ὁμοίων ἀλλήλοις φύσει ἀριθμῶν ὁμοίωσις πρὸς τὴν τῶν ἐπιπέδων μοῖραν. λέγει δέ τινα καὶ ἑτέραν ἐμπειρίαν καὶ τέχνην, ἣν δὴ στερεομετρίαν καλεῖ, εἴ τις, φησί, τοὺς τρεῖς ἀριθμοὺς ἐξ ὧν τὰ ἐπίπεδα εἶναι αὐξηθέντας ὁμοίους καὶ ἀνομοίους ὄντας, ὡς προεῖπον, στερεὰ ποιεῖ σώματα· τοῦτο δὲ θεῖόν τε καὶ θαυμαστόν ἐστι.

καὶ ἐν Πολιτείᾳ δὲ περὶ συμφωνίας τῆς κατὰ μουσικήν φησι· καλλίστη καὶ μεγίστη τῶν περὶ πόλεων συμφωνιῶν ἐστιν ἡ σοφία, ἧς ὁ μὲν κατὰ λόγον ζῶν μέτοχος, ὁ δὲ ἀπολειπόμενος οἰκοφθόρος καὶ περὶ πόλιν οὐδαμῇ σωτήριος, ἅτε τὰ μέγιστα ἀμαθαίνων.

καὶ ἐν τῷ τρίτῳ δὲ τῆς Πολιτείας, διδάσκων ὅτι μόνος μουσικὸς ὁ φιλόσοφος, φησίν· ἆρ' οὖν πρὸς θεῶν οὕτως οὐδὲ μουσικοὶ πρότερον ἐσόμεθα, οὔτε αὐτοὶ οὔτε οὕς φαμεν ἡμεῖς παιδευτέον εἶναι τοὺς φύλακας, πρὶν

12 Leg. III p. 689 D ἀλλ' ἡ καλλίστη καὶ μεγίστη τῶν ξυμφωνιῶν μεγίστη δικαιότατ' ἂν λέγοιτο σοφία, ἧς ὁ μὲν κατὰ λόγον ζῶν μέτοχος, ὁ δ' ἀπολειπόμενος οἰκοφθόρος καὶ περὶ πόλιν οὐδαμῇ σωτὴρ ἀλλὰ πᾶν τοὐναντίον ἀμαθαίνων εἰς ταῦτα ἑκάστοτε φανεῖται 18 Civ. III p. 402 B ἆρ' οὖν, ὃ λέγω, πρὸς θεῶν, οὕτως οὐδὲ μουσικοὶ πρότερον ἐσόμεθα, οὔτε αὐτοὶ οὔτε οὓς φαμεν ἡμῖν παιδευτέον εἶναι τοὺς φύλακας, πρὶν ἂν τὰ τῆς σωφροσύνης εἴδη καὶ ἀνδρείας καὶ ἐλευθεριότητος καὶ μεγαλοπρεπείας καὶ ὅσα τούτων ἀδελφὰ καὶ τὰ τούτων αὖ ἐναντία πανταχοῦ περιφερόμενα γνωρίζωμεν (cf. p. 12, 1) καὶ ἐνόντα ἐν οἷς ἔνεστιν αἰσθανώμεθα καὶ αὐτὰ καὶ εἰκόνας αὐτῶν καὶ μήτε ἐν σμικροῖς μήτε ἐν μεγάλοις ἀτιμάζωμεν, ἀλλὰ τῆς αὐτῆς οἰώμεθα τέχνης εἶναι καὶ μελέτης; ἆρ corr. ex ἄρ A

ἂν ἅπαντα τὰ τῆς σωφροσύνης εἴδη καὶ ἀνδρείας καὶ μεγαλειότητος καὶ μεγαλοπρεπείας καὶ ὅσα τούτων ἀδελφὰ καὶ τὰ τούτων ὑπεναντία πανταχῇ περιφερόμενα χωρίζωμεν καὶ ἐνόντα ἐν οἷς ἔστιν αἰσθανώμεθα καὶ αὐτὰ καὶ εἰκόνας αὐτῶν καὶ μήτε ἐν μικροῖς μήτε ἐν μεγάλοις ἀτιμάζωμεν, ἀλλὰ τῆς αὐτῆς οἰώμεθα τέχνης εἶναι καὶ μελέτης; διὰ γὰρ τούτων καὶ τῶν πρὸ αὐτῶν τί τε ὄφελος ἐκ μουσικῆς δηλοῖ, καὶ ὅτι μόνος ὄντως μουσικὸς ὁ φιλόσοφος, ἄμουσος δὲ ὁ κακός. τῇ μὲν γὰρ εὐηθείᾳ ὄντως, ἥτις ἐστὶν ἀρετὴ τὸ εὖ τὰ ἤθη κατεσκευασμένα ἔχειν, ἕπεσθαί φησιν εὐλογίαν, τουτέστι τὸ εὖ λόγῳ χρῆσθαι, τῇ δὲ εὐλογίᾳ τὴν εὐσχημοσύνην καὶ εὐρυθμίαν καὶ εὐαρμοστίαν· εὐσχημοσύνην γὰρ περὶ μέλος, εὐαρμοστίαν δὲ περὶ ἁρμονίαν, εὐρυθμίαν δὲ περὶ ῥυθμόν· τῇ δὲ κακοηθείᾳ, τουτέστι τῷ κακῷ ἤθει, φησὶν ἕπεσθαι κακολογίαν, τουτέστι κακοῦ λόγου χρῆσιν, τῇ δὲ κακολογίᾳ ἀσχημοσύνην καὶ ἀρρυθμίαν καὶ ἀναρμοστίαν περὶ πάντα τὰ γενόμενα καὶ μιμούμενα· ὥστε μόνος ἂν εἴη μουσικὸς ὁ κυρίως εὐήθης, ὅστις εἴη ἂν ὁ φιλόσοφος. δηλοῖ δὲ καὶ τὰ εἰρημένα. ἐπεὶ γὰρ ἡ μουσικὴ τὸ εὔρυθμον καὶ εὐάρμοστον καὶ εὔσχημον ἐμποιεῖ τῇ ψυχῇ ἐκ νέου εἰσδυομένη διὰ τὸ τῇ ὠφελείᾳ μεμιγμένην ἔχειν ἀβλαβῆ ἡδονήν, ἀδύνατόν φησι τέλεον μουσικὸν γενέσθαι μὴ εἰδότα τὸ ἐν παντὶ εὔσχημον καὶ τὰ τῆς εὐσχημοσύνης καὶ ἐλευθεριότητος καὶ σωφροσύ-

1 ἂν supra vs. A 5 αὐτῶν infra vs. A 9 cf. Civ. p. 400 D—401 A 12 εὖ λόγῳ] εὐλόγως A 13 ad εὐρυθμίαν in mg. A adnotatum erat τὸ βιβλίον ἔχει ἐρυθμίαν, quae verba deleta sunt 17 ἀρυθμίαν (ρ suprascr.) A 20 τὰ εἰρημένα: p. 10, 18 sqq., an scr. τὰ προειρημένα?

νης εἴδη μὴ γνωρίζοντα, τουτέστι τὰς ἰδέας. ἀμέλει ἐπιφέρει· ἐν παντὶ περιφερόμενα — τουτέστι τὰ εἴδη — καὶ μὴ ἀτιμάζων αὐτὰ μήτ' ἐν σμικροῖς μήτ' ἐν μεγάλοις. ἡ δὲ τῶν ἰδεῶν γνῶσις περὶ τὸν φιλόσοφον· οὐδὲ γὰρ εἰδείη τις ἂν τὸ κόσμιον καὶ σῶφρον καὶ εὔσχημον αὐτὸς ὢν ἀσχήμων καὶ ἀκόλαστος· τὸ δ' ἐν βίῳ εὔσχημον καὶ εὔρυθμον καὶ εὐάρμοστον εἰκόνες τῆς ὄντως εὐσχημοσύνης καὶ εὐαρμοστίας καὶ εὐρυθμίας, τουτέστι τῶν νοητῶν καὶ ἰδεῶν εἰκόνες τὰ αἰσθητά.

καὶ οἱ Πυθαγορικοὶ δέ, οἷς πολλαχῇ ἕπεται Πλάτων, τὴν μουσικήν φασιν ἐναντίων συναρμογὴν καὶ τῶν πολλῶν ἕνωσιν καὶ τῶν δίχα φρονούντων συμφρόνησιν· οὐ γὰρ ῥυθμῶν μόνον καὶ μέλους συντακτικήν, ἀλλ' ἁπλῶς παντὸς συστήματος· τέλος γὰρ αὐτῆς τὸ ἑνοῦν τε καὶ συναρμόζειν. καὶ γὰρ ὁ θεὸς συναρμοστὴς τῶν διαφωνούντων, καὶ τοῦτο μέγιστον ἔργον θεοῦ κατὰ μουσικήν τε καὶ κατὰ ἰατρικὴν τὰ ἐχθρὰ φίλα ποιεῖν. ἐν μουσικῇ, φασίν, ἡ ὁμόνοια τῶν πραγμάτων, ἔτι καὶ ἀριστοκρατία τοῦ παντός· καὶ γὰρ αὕτη ἐν κόσμῳ μὲν ἁρμονία, ἐν πόλει δ' εὐνομία, ἐν οἴκοις δὲ σωφροσύνη γίνεσθαι πέφυκε· συστατικὴ γάρ ἐστι καὶ ἑνωτικὴ τῶν πολλῶν· ἡ δὲ ἐνέργεια καὶ ἡ χρῆσις, φησί, τῆς ἐπιστήμης ταύτης ἐπὶ τεσσάρων γίνεται τῶν ἀνθρωπίνων, ψυχῆς, σώματος, οἴκου, πόλεως· προσδεῖται γὰρ ταῦτα τὰ τέσσαρα συναρμογῆς καὶ συντάξεως.

ἐν δὲ τῇ Πολιτείᾳ Πλάτων ὑπὲρ τῶν μαθημάτων

2 cf. p. 11, 3 sqq. (Civ. p. 402 A C) 10 cf. Boeckh Philolaos Lehren p. 61 12 διχοφρονούντων Ast ad Nicom. p. 299 18 ⟨καὶ⟩ ἐν μουσικῇ? 20 cf. p. 47, 2 sq. 21 εὐνοητικὴ (γρ ἑνωτική) (οη ex corr. ut vid.) A 22 φασί?

καὶ τάδε ἔφη· ἀγαθὸς δὲ ἀνὴρ ὅστις διασώζει τὴν ὀρθὴν δόξαν τῶν ἐκ παιδείας αὐτῷ ἐγγενομένων ἔν τε λύπαις καὶ ἡδοναῖς καὶ ἐπιθυμίαις καὶ φόβοις καὶ μὴ ἐκβάλλει. ᾧ δέ μοι δοκεῖ ὅμοιον εἶναι, θέλω ἀπεικάσαι. οἱ νῦν βαφεῖς, ἐπειδὰν βουληθῶσι βάψαι ἔρια ὥστ' εἶναι ἁλουργά, πρῶτον μὲν ἐκλέγονται ἐκ τοσούτων χρωμάτων μίαν φύσιν τὴν τῶν λευκῶν, ἔπειτα προκατασκευάζουσιν οὐκ ὀλίγῃ παρασκευῇ θεραπεύσαντες, ὅπως δέξηται ὅ τι μάλιστα τὸ ἄνθος, καὶ οὕτως βάπτουσι· καὶ ὃ μὲν ἂν τούτῳ τῷ τρόπῳ βαφῇ, ὁμοῦ τι τὸ βαφὲν καὶ

1 Civ. p. 429 C (cf. etiam antecedentia) διὰ παντὸς δὲ ἔλεγον αὐτὴν σωτηρίαν τὸ ἔν τε λύπαις ὄντα διασῴζεσθαι αὐτὴν καὶ ἐν ἡδοναῖς καὶ ἐν (ἐν om. codices complures Platonis et Stobaei Flor. XXXXIII 97) ἐπιθυμίαις καὶ ἐν (ἐν om. Stob. ed. Trincav.) φόβοις καὶ μὴ ἐκβάλλειν. ᾧ δέ μοι δοκεῖ ὅμοιον εἶναι, ἐθέλω ἀπεικάσαι, εἰ βούλει. ἀλλὰ βούλομαι. οὐκοῦν οἶσθα, ἦν δ' ἐγώ, ὅτι οἱ βαφεῖς, ἐπειδὰν βουληθῶσι βάψαι ἔρια ὥστ' εἶναι ἁλουργά, πρῶτον μὲν ἐκλέγονται ἐκ τοσούτων χρωμάτων μίαν φύσιν τὴν τῶν λευκῶν, ἔπειτα προπαρασκευάζουσιν οὐκ ὀλίγῃ παρασκευῇ θεραπεύσαντες, ὅπως δέξεται (δέξηται Stobaei codex A et complures Platonis) ὅ τι μάλιστα τὸ ἄνθος, καὶ οὕτω δὴ βάπτουσι· καὶ ὃ μὲν ἂν τούτῳ τῷ τρόπῳ βαφῇ, δευσοποιὸν γίγνεται τὸ βαφέν, καὶ ἡ πλύσις οὔτ' ἄνευ ῥυμμάτων οὔτε μετὰ ῥυμμάτων δύναται αὐτῶν τὸ ἄνθος ἀφαιρεῖσθαι· ἃ δ' ἂν μή, οἶσθα οἷα δὴ γίγνεται, ἐάν τέ τις ἄλλα χρώματα βάπτῃ ἐάν τε καὶ ταῦτα μὴ προθεραπεύσας. οἶδα, ἔφη, ὅτι ἔκπλυτα καὶ γελοῖα. τοιοῦτον (τοιοῦτο codd. duo) τοίνυν, ἦν δ' ἐγώ, ὑπόλαβε κατὰ δύναμιν ἐργάζεσθαι καὶ ἡμᾶς, ὅτε ἐξελεγόμεθα τοὺς στρατιώτας καὶ ἐπαιδεύομεν (ἐν add. codd. Stobaei) μουσικῇ καὶ γυμναστικῇ· μηδὲν οἴου ἄλλο μηχανᾶσθαι, ἢ ὅπως ἡμῖν ὅ τι κάλλιστα τοὺς νόμους πεισθέντες δέξοιντο ὥσπερ βαφήν, ἵνα δευσοποιὸς αὐτῶν ἡ δόξα γίγνοιτο καὶ περὶ δεινῶν καὶ περὶ τῶν ἄλλων, διὰ τὸ τήν τε φύσιν καὶ τὴν τροφὴν ἐπιτηδείαν ἐσχηκέναι, καὶ μὴ αὐτῶν ἐκπλύναι τὴν βαφὴν τὰ ῥύμματα ταῦτα, δεινὰ ὄντα ἐκκλύζειν, ἥ τε ἡδονή, παντὸς χαλεστραίου δεινοτέρα οὖσα τοῦτο δρᾶν καὶ κονίας, λύπη τε καὶ φόβος καὶ ἐπιθυμία, παντὸς ἄλλου ῥύμματος

ἡ φύσις, καὶ οὔτε ἄνευ ῥυμμάτων οὔτε μετὰ ῥυμμάτων δύναται αὐτῶν τὸ ἄνθος ἀφαιρεῖσθαι· ἃ δ' ἂν μή, οἶσθα οἷα δὴ γίνεται, ἂν μὴ προθεραπεύσας βάπτῃ, ἔκπλυτα καὶ ἐξίτηλα καὶ οὐ δευσοποιά. τοιοῦτο δὲ κατὰ δύναμιν ἐργάζεσθαι ἡγεῖσθαι χρὴ καὶ ἡμᾶς· παιδεύομεν γὰρ τοὺς παῖδας ἐν μουσικῇ τε καὶ γυμναστικῇ καὶ γράμμασι καὶ γεωμετρίᾳ καὶ ἐν ἀριθμητικῇ, οὐδὲν ἄλλο μηχανώμενοι, ἢ ὅπως ἡμεῖς προεκκαθάραντες καὶ προθεραπεύσαντες ὥσπερ τισὶ στυπτικοῖς τοῖς μαθήμασι τούτοις, τοὺς περὶ ἁπάσης ἀρετῆς ἣν ἂν ἐκμανθάνωσιν ὕστερον λόγους ἐνδείξοιντο ὥσπερ βαφήν, ἵνα δευσοποιὸς αὐτῶν ἡ δόξα γίνοιτο, διὰ τὸ τὴν φύσιν καὶ τροφὴν ἐπιτηδείαν ἐσχηκέναι, καὶ μὴ ἐκπλύνῃ αὐτῶν τὴν βαφὴν τὰ ῥύμματα ταῦτα, δεινὰ ὄντα ἐκκλύζειν, ἥ τε ἡδονή, παντὸς στρεβλοῦ δεινοτέρα οὖσα καὶ κοινωνίας, λύπη τε καὶ φόβος καὶ ἐπιθυμία, παντὸς ἄλλου ῥύμματος.

καὶ γὰρ αὖ τὴν φιλοσοφίαν μύησιν φαίη τις ἂν ἀληθοῦς τελετῆς καὶ τῶν ὄντων ὡς ἀληθῶς μυστηρίων παράδοσιν. μυήσεως δὲ μέρη πέντε. τὸ μὲν προηγούμενον καθαρμός· οὔτε γὰρ ἅπασι τοῖς βουλομένοις μετουσία μυστηρίων ἐστίν, ἀλλ' εἰσὶν οὓς αὐτῶν εἴργεσθαι προαγορεύεται, οἷον τοὺς χεῖρας μὴ καθαρὰς καὶ φωνὴν ἀξύνετον ἔχοντας, καὶ αὐτοὺς δὲ τοὺς μὴ εἰργομένους ἀνάγκη καθαρμοῦ τινος πρότερον τυχεῖν. μετὰ δὲ τὴν κάθαρσιν δευτέρα ἐστὶν ἡ τῆς τελετῆς παράδοσις·

9 στυπτικοῖς: κ in ras. trium aut quattuor litterarum A

12 γένοιτο A 18 cf. Plat. Phaed. p. 69 D 20 ᾱ A in margine 23 cf. Bernhardy Grundriss der griech. Litt. I p. 22. Schoemann opusc. II p. 351 26 β̄ mg. A

τρίτη δὲ ⟨ἡ⟩ ἐπονομαζομένη ἐποπτεία· τετάρτη δέ, ὃ δὴ καὶ τέλος τῆς ἐποπτείας, ἀνάδεσις καὶ στεμμάτων ἐπίθεσις, ὥστε καὶ ἑτέροις, ἅς τις παρέλαβε τελετάς, παραδοῦναι δύνασθαι, δᾳδουχίας τυχόντα ἢ ἱεροφαντίας ἤ τινος ἄλλης ἱερωσύνης· πέμπτη δὲ ἡ ἐξ αὐτῶν περιγενομένη κατὰ τὸ θεοφιλὲς καὶ θεοῖς συνδίαιτον εὐδαιμονία. κατὰ ταὐτὰ δὴ καὶ ἡ τῶν Πλατωνικῶν λόγων παράδοσις τὸ μὲν πρῶτον ἔχει καθαρμόν τινα, οἷον τὴν ἐν τοῖς προσήκουσι μαθήμασιν ἐκ παίδων συγγυμνασίαν. ὁ μὲν γὰρ Ἐμπεδοκλῆς κρηνάων ἀπὸ πέντ' ἀνιμῶντά φησιν ἀτειρέι χαλκῷ δεῖν ἀπορρύπτεσθαι· ὁ δὲ Πλάτων ἀπὸ πέντε μαθημάτων δεῖν φησι ποιεῖσθαι τὴν κάθαρσιν· ταῦτα δ' ἐστὶν ἀριθμητική, γεωμετρία, στερεομετρία, μουσική, ἀστρονομία. τῇ δὲ τελετῇ ἔοικεν ἡ τῶν κατὰ φιλοσοφίαν θεωρημάτων παράδοσις, τῶν τε λογικῶν καὶ πολιτικῶν καὶ φυσικῶν. ἐποπτείαν δὲ ὀνομάζει τὴν περὶ τὰ νοητὰ καὶ τὰ ὄντως ὄντα καὶ τὰ τῶν ἰδεῶν πραγματείαν. ἀνάδεσιν δὲ καὶ κατάστεψιν ἡγητέον τὸ ἐξ ὧν αὐτός τις κατέμαθεν οἷόν τε γενέσθαι καὶ ἑτέρους εἰς τὴν αὐτὴν θεωρίαν καταστῆσαι. πέμπτον δ' ἂν εἴη καὶ τελεώτατον ἡ ἐκ τούτων περιγενομένη εὐδαιμονία

1 γ̅ et δ̅ mg. A   ἡ add. Lobeck Aglaoph. p. 39
5 πεμπτη δὲ ἡ] ἡ δὲ ε̅' A   6 εὐδαιμονίαν A, em. Bullialdus
7 ταῦτα A   Πλατωνικῶν] πολιτικῶν A   8 α̅ mg. A   9 τὴν — συγγυμνασίαν] ἡ — συγγυμνασία A   10 Ἐμπεδοκλῆς: vs. 422 Karsten, 442 Stein, 452 Mullach. cf. Aristot. Poet. p. 1457 b   ἀνιμῶντα: αν et ω ex corr. ι in ras. A   ἀτειρέι corr. ex ἀκηρέι, inter ρέ et ι una lit. er. A   11 χαλκῷ δεῖν ἀπορρύπτεσθαι: κῶ δεῖν et pr. ρ in ras. A   13 στερεομετρία: ο corr. ex ῶ A
β̅ mg. A   16 cf. Phaedrus p. 250 C   γ̅ mg. A   17 τὰ τῶν Hultsch] τὴν τῶν A   18 δ̅ mg. A   20 ε̅ mg. A

καὶ κατ' αὐτὸν τὸν Πλάτωνα ὁμοίωσις θεῷ κατὰ τὸ δυνατόν.

πολλὰ μὲν οὖν καὶ ἄλλα ἔχοι τις ἂν λέγειν παραδεικνὺς τὸ τῶν μαθημάτων χρήσιμον καὶ ἀναγκαῖον. τοῦ δὲ μη δοκεῖν ἀπειροκάλως διατρίβειν ⟨ἐν⟩ τῷ τῶν μαθημάτων ἐπαίνῳ τρεπτέον ἤδη πρὸς τὴν παράδοσιν τῶν ἀναγκαίων κατὰ τὰ μαθήματα θεωρημάτων, οὐχ ὅσα δύναιτο ἂν τὸν ἐντυγχάνοντα ἢ ἀριθμητικὸν τελέως ἢ γεωμέτρην ἢ μουσικὸν ἢ ἀστρονόμον ἀποφῆναι· οὐδὲ γάρ ἐστι τοῦτο προηγούμενον ἢ προκείμενον ἅπασι τοῖς Πλάτωνι ἐντυγχάνουσι· μόνα δὲ ταῦτα παραδώσομεν, ὅσα ἐξαρκεῖ πρὸς τὸ δυνηθῆναι συνεῖναι τῶν συγγραμμάτων αὐτοῦ. οὐδὲ γὰρ αὐτὸς ἀξιοῖ εἰς ἔσχατον γῆρας ἀφικέσθαι διαγράμματα γράφοντα καὶ μελῳδίαν, ἀλλὰ παιδικὰ οἴεται ταῦτα τὰ μαθήματα, προπαρασκευαστικὰ καὶ καθαρτικὰ ὄντα ψυχῆς εἰς τὸ ἐπιτήδειον αὐτὴν πρὸς φιλοσοφίαν γενέσθαι. μάλιστα μὲν οὖν χρὴ τὸν μέλλοντα οἷς τε ἡμεῖς παραδώσομεν οἷς τε Πλάτων συνέγραψεν ἐντεύξεσθαι διὰ γοῦν τῆς πρώτης γραμμικῆς στοιχειώσεως κεχωρηκέναι· ῥᾷον γὰρ ἂν ξυνέποιτο οἷς παραδώσομεν. ἔσται δ' ὅμως τοιαῦτα καὶ τὰ παρ' ἡμῶν, ὡς καὶ τῷ παντάπασιν ἀμυήτῳ τῶν μαθημάτων γνώριμα γενέσθαι.

πρῶτον δὲ μνημονεύσομεν τῶν ἀριθμητικῶν θεωρημάτων, οἷς συνέζευκται καὶ τὰ τῆς ἐν ἀριθμοῖς μουσικῆς· τῆς μὲν γὰρ ἐν ὀργάνοις οὐ παντάπασι προσδεόμεθα, καθα καὶ αὐτὸς ὁ Πλάτων ἀφηγεῖται λέγων ὡς οὐ χρὴ ὥσπερ

1 Theaet. p. 176 B   3 ἂν λέγειν apogr.] ἀναλέγειν A
24 inscr. περὶ ἀριθμητικῆς A, $\bar{\beta}$ in mg.   27 Civ. VII p. 531 A, cf. p. 6, 5 sqq.

ἐκ γειτόνων φωνὴν θηρευομένους πράγματα παρέχειν ταῖς χορδαῖς· ὀρεγόμεθα δὲ τὴν ἐν κόσμῳ ἁρμονίαν καὶ τὴν ἐν τούτῳ μουσικὴν κατανοῆσαι· ταύτην δὲ οὐχ οἷόν τε κατιδεῖν μὴ τῆς ἐν ἀριθμοῖς πρότερον θεωρητικοὺς γενομένους. διὸ καὶ πέμπτην ὁ Πλάτων φησὶν εἶναι τὴν μουσικήν, τὴν ἐν κόσμῳ λέγων, ἥτις ἐστὶν ἐν τῇ κινήσει καὶ τάξει καὶ συμφωνίᾳ τῶν ἐν αὐτῷ κινουμένων ἄστρων. ἡμῖν δ᾽ ἀναγκαῖον δευτέραν αὐτὴν τάττειν μετὰ ἀριθμητικὴν καὶ κατ᾽ αὐτὸν τὸν Πλάτωνα, ἐπειδὴ οὐδ᾽ ἡ ἐν κόσμῳ μουσικὴ ληπτὴ ἄνευ τῆς ἐξαριθμουμένης καὶ νοουμένης μουσικῆς. ὥστε εἰ μὲν συνέζευκται τῇ περὶ ψιλοὺς ἀριθμοὺς θεωρίᾳ ἡ ἐν ἀριθμοῖς μουσική, δευτέρα ἂν ταχθείη πρὸς τὴν τῆς ἡμετέρας θεωρίας εὐμάρειαν. πρὸς δὲ τὴν φυσικὴν τάξιν πρώτη μὲν ἂν εἴη ἡ περὶ ἀριθμοὺς θεωρία, καλουμένη ἀριθμητική· δευτέρα δὲ ἡ περὶ τὰ ἐπίπεδα, καλουμένη γεωμετρία· τρίτη δὲ ἡ περὶ τὰ στερεά, ἥτις ἐστὶ στερεομετρία· τετάρτη ⟨δὲ⟩ ἡ περὶ τὰ κινούμενα στερεά, ἥτις ἐστὶν ἀστρονομία. ἡ δὲ τῆς τῶν κινήσεων καὶ διαστημάτων ποιὰ σχέσις ἐστὶ μουσική, ἥτις οὐχ οἵα τέ ἐστι ληφθῆναι μὴ πρότερον ἡμῶν αὐτὴν ἐν ἀριθμοῖς κατανοησάντων· διὸ πρὸς τὴν ἡμετέραν θεωρίαν μετ᾽ ἀριθμητικὴν τετάχθω ἡ ἐν ἀριθμοῖς μουσική, ὡς δὲ πρὸς τὴν φύσιν πέμπτη ⟨ἡ⟩ τῆς τοῦ κόσμου ἁρμονίας θεωρητικὴ μουσική. κατὰ δὴ τοὺς Πυθαγορικοὺς πρεσβευτέα

4 τῆς corr. ex τοῖς A 5 Πλάτων: cf. Civ. p. 530 D 6 τὴν ἐν κόσμῳ λέγων] τῶν ἐν κόσμω λόγων A, cf. vs. 2 et 10 7 αὐτῷ Bull.] αὐτῇ A 10 scrib. vid. ἄνευ τῆς ἐν ἀριθμοῖς (vel ἐξ ἀριθμῶν) κατανοουμένης, cf. vs. 21 18 δὲ add. Bull. 19 scr. vid. πέμπτη δὲ ἡ τῆς τῶν κιν. καὶ διαστ. πρὸς ἄλληλα σχέσεως θεωρητικὴ μουσική 21 αὐτὴν] τὴν? 25 μέχρι τούτου mg. A πρεσβευτὰς A

τὰ τῶν ἀριθμῶν ὡς ἀρχὴ καὶ πηγὴ καὶ ῥίζα τῶν πάντων.

ἀριθμός ἐστι σύστημα μονάδων, ἢ προποδισμὸς πλήθους ἀπὸ μονάδος ἀρχόμενος καὶ ἀναποδισμὸς εἰς μονάδα καταλήγων. μονὰς δέ ἐστι περαίνουσα ποσότης [ἀρχὴ καὶ στοιχεῖον τῶν ἀριθμῶν], ἥτις μειουμένου τοῦ πλήθους κατὰ τὴν ὑφαίρεσιν τοῦ παντὸς ἀριθμοῦ στερηθεῖσα μονήν τε καὶ στάσιν λαμβάνει. οὐ γὰρ οἷόν τε περαιτέρω γενέσθαι τὴν τομήν· καὶ γὰρ ἐὰν εἰς μόρια διαιρῶμεν τὸ ἓν ἐν αἰσθητοῖς, ἔμπαλιν πλῆθος γενήσεται τὸ ἓν καὶ πολλά, καὶ καταλήξει εἰς ἓν κατὰ τὴν ὑφαίρεσιν ἑκάστου τῶν μορίων· κἂν ἐκεῖνο πάλιν εἰς μόρια διαιρῶμεν, πλῆθός τε τὰ μόρια γενήσεται καὶ ἡ κατάληξις καθ' ὑφαίρεσιν ἑκάστου τῶν μορίων εἰς ἕν. ὥστε ἀμέριστον καὶ ἀδιαίρετον τὸ ἓν ὡς ἕν. καὶ γὰρ ὁ μὲν ἄλλος ἀριθμὸς διαιρούμενος ἐλαττοῦται καὶ διαιρεῖται εἰς ἐλάττονα αὐτοῦ μόρια, οἷον τὰ ϛ′ εἰς τὰ γ′ καὶ γ′ ἢ δ′ καὶ β′ ἢ ε′ καὶ α′. τὸ δὲ ἓν ἂν μὲν ἐν αἰσθητοῖς διαιρῆται, ὡς μὲν σῶμα ἐλαττοῦται καὶ διαιρεῖται εἰς ἐλάττονα αὐτοῦ μόρια τῆς τομῆς γινομένης, ὡς δὲ ἀριθμὸς αὔξεται· ἀντὶ γὰρ ἑνὸς γίνεται πολλά. ὥστε καὶ κατὰ τοῦτο ἀμερὲς τὸ ἕν. οὐδὲν γὰρ διαιρούμενον εἰς μείζονα ἑαυτοῦ μόρια διαιρεῖται· τὸ δὲ ⟨ἓν⟩

3 inscr. περὶ ἑνὸς καὶ μονάδος A, γ̄ in mg. Stob. ecl. I 1, 8 ἐκ τῶν Μοδεράτου Πυθαγορείου. ἔστι δ' ἀριθμὸς ὡς τύπῳ εἰπεῖν σύστημα μονάδων, ἢ προποδισμὸς πλήθους ἀπὸ μονάδος ἀρχόμενος καὶ ἀναποδισμὸς εἰς μονάδα καταλήγων, μονάδας δὲ περαίνουσα ποσότης, ἥτις μειουμένου τοῦ πλήθους κατὰ τὴν ὑφαίρεσιν παντὸς ἀριθμοῦ στερηθεῖσα μονήν τε καὶ στάσιν λαμβάνει. περαιτέρω γὰρ ἡ μονὰς τῆς ποσότητος (scr. τῆς μονάδος ἡ ποσότης) οὐκ ἰσχύει ἀναποδίζειν. cf. schol. Dion. Thr. p. 820, 14 9 περαιτέρω: α corr. ex ε A 14 post ἑκάστου ras. trium fere litt. A 23 εἰς ⟨ἴσα ἑαυτῷ ἢ εἰς⟩ μείζονα ἑαυτοῦ?

διαιρούμενον καὶ εἰς μείζονα τοῦ ὅλου μόρια ὡς ἐν ἀριθμοῖς διαιρεῖται καὶ <εἰς> ἴσα τῷ ὅλῳ· οἷον τὸ ἓν τὸ ἐν αἰσθητοῖς ἂν εἰς ἓξ διαιρεθῇ, εἰς ἴσα μὲν τῷ ὅλῳ ὡς ἀριθμὸς διαιρεθήσεται α΄ α΄ α΄ α΄ α΄ α΄, εἰς μείζονα δὲ τοῦ ὅλου ὡς ἀριθμὸς εἰς δ΄ καὶ β΄· τὰ γὰρ β΄ καὶ δ΄ ὡς ἀριθμοὶ πλείονα τοῦ ἑνός. ἀδιαίρετος ἄρα ἡ μονὰς ὡς ἀριθμός. καλεῖται δὲ μονὰς ἤτοι ἀπὸ τοῦ μένειν ἄτρεπτος καὶ μὴ ἐξίστασθαι τῆς ἑαυτῆς φύσεως· ὁσάκις γὰρ ἂν ἐφ' ἑαυτὴν πολλαπλασιάσωμεν τὴν μονάδα, μένει μονάς· καὶ γὰρ ἅπαξ ἓν ἕν, καὶ μέχρις ἀπείρου ἐὰν πολλαπλασιάζωμεν τὴν μονάδα, μένει μονάς. ἢ ἀπὸ τοῦ διακεκρίσθαι καὶ μεμονῶσθαι ἀπὸ τοῦ λοιποῦ πλήθους τῶν ἀριθμῶν καλεῖται μονάς. ᾗ δὲ διενήνοχεν ἀριθμὸς καὶ ἀριθμητόν, ταύτῃ καὶ μονὰς καὶ ἕν. ἀριθμὸς μὲν γάρ ἐστι τὸ ἐν νοητοῖς ποσόν, οἷον αὐτὰ ε΄ καὶ αὐτὰ ι΄, οὐ σώματά τινα οὐδὲ αἰσθητά, ἀλλὰ νοητά· ἀριθμητὸν δὲ το ἐν αἰσθητοῖς ποσόν, ὡς ἵπποι ε΄, βόες ε΄, ἄνθρωποι ε΄. καὶ μονὰς τοίνυν ἐστὶν ἡ τοῦ ἑνὸς ἰδέα ἡ νοητή, ἥ ἐστιν ἄτομος· ἓν δὲ τὸ ἐν αἰσθητοῖς καθ' ἑαυτὸ λεγόμενον, οἷον εἷς ἵππος, εἷς ἄνθρωπος. ὥστ' εἴη ἂν ἀρχὴ τῶν μὲν ἀριθμῶν ἡ μονάς, τῶν δὲ ἀριθμητῶν τὸ ἕν· καὶ τὸ ἓν ὡς ἐν αἰσθητοῖς

7 pergit Stob. l. c. *ὥστε μονὰς ἤτοι ἀπὸ τοῦ ἑστάναι καὶ κατὰ ταὐτὰ ὡσαύτως ἄτρεπτος μένειν, ἢ ἀπὸ τοῦ διακεκρίσθαι καὶ παντελῶς μεμονῶσθαι τοῦ πλήθους εὐλόγως ἐκλήθη* 11 fort. add. *ἐφ' ἑαυτὴν* 19 *ἥ*] *ὃ* A 21 inscr. *τίς ἀρχὴ ἀριθμοῦ* A, *δ̄* in mg. 22 Stob. ecl. I 1, 9 *τινὲς τῶν ἀριθμῶν ἀρχὴν ἀπεφήναντο τὴν μονάδα, τῶν δὲ ἀριθμητῶν τὸ ἕν, τοῦτο δὲ σῶμα τεμνόμενον εἰς ἄπειρον· ὥστε τὰ ἀριθμητὰ τῶν ἀριθμῶν ταύτῃ διαλλάττειν ᾗ διαφέρει τὰ σώματα τῶν ἀσωμάτων. εἰδέναι δὲ καὶ τοῦτο χρὴ ὅτι τῶν ἀριθμῶν εἰσηγήσαντο τὰς ἀρχὰς οἱ μὲν νεώτεροι τήν τε μονάδα καὶ τὴν δυάδα, οἱ δὲ Πυθαγόρειοι πάσας παρὰ τὸ ἑξῆς τὰς τῶν ὅρων ἐκθέσεις,*

τέμνεσθαί φασιν εἰς ἄπειρον, οὐχ ὡς ἀριθμὸν οὐδὲ ὡς ἀρχὴν ἀριθμοῦ, ἀλλ' ὡς αἰσθητόν. ὥστε ἡ μὲν μονὰς νοητὴ οὖσα ἀδιαίρετος, τὸ δὲ ἓν ὡς αἰσθητὸν εἰς ἄπειρον τμητόν. καὶ τὰ ἀριθμητὰ τῶν ἀριθμῶν εἴη ἂν διαφέροντα τῷ τὰ μὲν σώματα εἶναι, τὰ δὲ ἀσώματα. ἁπλῶς δὲ ἀρχὰς ἀριθμῶν οἱ μὲν ὕστερόν φασι τήν τε μονάδα καὶ τὴν δυάδα, οἱ δὲ ἀπὸ Πυθαγόρου πάσας κατὰ τὸ ἑξῆς τὰς τῶν ὅρων ἐκθέσεις, δι' ὧν ἄρτιοί τε καὶ περιττοὶ νοοῦνται, οἷον τῶν ἐν αἰσθητοῖς τριῶν ἀρχὴν τὴν τριάδα καὶ τῶν ἐν αἰσθητοῖς τεσσάρων πάντων ἀρχὴν τὴν τετράδα καὶ ἐπὶ τῶν ἄλλων ἀριθμῶν κατὰ ταὐτά. οἱ δὲ καὶ αὐτῶν τούτων ἀρχὴν τὴν μονάδα φασὶ καὶ τὸ ἓν πάσης ἀπηλλαγμένον διαφορᾶς ὡς ἐν ἀριθμοῖς, μόνον αὐτὸ ἕν, οὐ τὸ ἕν, τουτέστιν οὐ τόδε τὸ ποιὸν καὶ διαφοράν τινα πρὸς ἕτερον ἓν προσειληφός, ἀλλ' αὐτὸ καθ' αὑτὸ ἕν. οὕτω γὰρ ἂν ἀρχή τε καὶ μέτρον εἴη τῶν ὑφ' ἑαυτὸ ὄντων, καθὸ ἕκαστον τῶν ὄντων ἓν λέγεται, μετασχὸν τῆς πρώτης τοῦ ἑνὸς οὐσίας τε καὶ ἰδέας. Ἀρχύτας δὲ καὶ Φιλόλαος ἀδιαφόρως τὸ ἓν καὶ μονάδα καλοῦσι καὶ τὴν μονάδα ἕν. οἱ δὲ πλεῖστοι προστιθέασι τῷ μονάδα αὐτὴν τὴν πρώτην μονάδα, ὡς οὔσης τινὸς οὐ πρώτης μονάδος, ἥ ἐστι κοινότερον καὶ αὐτὴ μονὰς καὶ ἕν — λέγουσι δὴ καὶ τὸ ἕν —, τουτ-

δι' ὧν ἄρτιοί τε καὶ περιττοὶ νοοῦνται. cf. Phot. Bibl. p. 438 b 34. Zeller die Philos. d. Gr. I[4] p. 318. 335, 1. 339, 4   5 ἁπλῶς corr. ex ἁπλῶν A   11 ταῦτα A   14 μόνον ⟨ὂν⟩ αὐτὸ ἕν? αὐτὸ ἓν corr. in αὐτοὲν A   ποιὸν ⟨ἓν⟩?   16 καθ' αὑτὸ τὸ ἓν Bull.   17 ἑαυτὸ: ὸ corr. ex ῶ A   19 Ἀρχύτας: Mullach fragm. philos. Gr. II p. 117   Φιλόλαος: Boeckh Philolaos Lehren p. 147. Mullach II p. 5. cf. Zeller I p. 320, 1   21 τῷ μονάδα] scrib. vid. aut τῇ μονάδι aut τῷ μονάδα ⟨εἶναι⟩   22 μονάδος] μό A   23 αὔτη A   καὶ τὸ ἕν] οὐ τὸ ἕν? cf. vs. 14

ἐστιν ἡ πρώτη καὶ νοητὴ οὐσία τοῦ ἑνός, ἑκάστου τῶν πραγμάτων παρέχουσα ἕν· μετοχῇ γὰρ αὐτῆς ἕκαστον ἓν καλεῖται. διὸ καὶ τοὔνομα αὐτοῦ οὐδὲν παρεμφαίνει τί ἓν καὶ τίνος γένους, κατὰ πάντων δὲ κατηγορεῖται, [ὥστε καὶ ἡ μονὰς καὶ ἕν ἐστι,] κἂν τὰ μὲν νοητὰ καὶ παραδείγματα μηδὲν ἀλλήλων διαφέροντα, τὰ δὲ αἰσθητά. ἔνιοι δὲ ἑτέραν διαφορὰν τῆς μονάδος καὶ τοῦ ἑνὸς παρέδοσαν. τὸ μὲν γὰρ ἓν οὔτε κατ' οὐσίαν ἀλλοιοῦται, οὔτε τῇ μονάδι καὶ τοῖς περιττοῖς αἴτιόν ἐστι τοῦ μὴ ἀλλοιοῦσθαι κατ' οὐσίαν, οὔτε κατὰ ποιότητα, αὐτὸ γὰρ μονάς ἐστι καὶ οὐχ ὥσπερ αἱ μονάδες πολλαί, οὔτε κατὰ τὸ ποσόν· οὐδὲ γὰρ συντίθεται ὥσπερ αἱ μονάδες ἄλλῃ μονάδι· ἓν γάρ ἐστι καὶ οὐ πολλά, διὸ καὶ ἑνικῶς καλεῖται ἕν. καὶ γὰρ εἰ παρὰ Πλάτωνι ἑνάδες εἴρηνται ἐν Φιλήβῳ, οὐ παρὰ τὸ ἓν ἐλέχθησαν, ἀλλὰ παρὰ τὴν ἑνάδα, ἥτις ἐστὶ μονὰς μετοχῇ τοῦ ἑνός. κατὰ πάντα δὴ ἀμετάβλητον τὸ ἓν τὸ ὡρισμένον τοῦτο ἐν τῇ μονάδι. ὥστε διαφέροι ἂν τὸ ἓν τῆς μονάδος, ὅτι τὸ μέν ἐστιν ὡρισμένον καὶ πέρας, αἱ δὲ μονάδες ἄπειροι καὶ ἀόριστοι.

τῶν δὲ ἀριθμῶν ποιοῦνται τὴν πρώτην τομὴν εἰς δύο· τοὺς μὲν γὰρ αὐτῶν ἀρτίους, τοὺς δὲ περιττούς φασι. καὶ ἄρτιοι μέν εἰσιν οἱ ἐπιδεχόμενοι τὴν εἰς ἴσα διαίρεσιν, ὡς ἡ δυάς, ἡ τετράς· περισσοὶ δὲ οἱ εἰς ἄνισα διαιρούμενοι, οἷον ὁ ε', ὁ ζ'. πρώτην δὲ τῶν περισσῶν ἔνιοι ἔφασαν τὴν μονάδα. τὸ γὰρ ἄρτιον τῷ περισσῷ ἐναντίον· ἡ δὲ μονὰς ἤτοι περιττόν ἐστιν ἢ ἄρτιον· καὶ

1 *ἑκάστῳ?* 9 *καὶ τοῖς ⟨ἀρτίοις καὶ⟩ περιττοῖς?* *μὴ* del. Bull. 12 *συντίθεται* A 14 *εἰ* corr. ex *οἱ* A 15 *ἐν Φιλήβῳ*: p. 15 A 16 *μετοχῇ* corr. ex *μετοχὴ* A 18 *τὸ μὲν ⟨ἓν⟩?* 20 inscr. *περὶ ἀρτίου καὶ περιττοῦ* A, ε̄ in mg. 22 *εἰς δύο ἴσα* Gelder, sed cf. p. 25, 21 sqq. 70, 16. 19. 71, 3. 72, 20

ἄρτιον μὲν οὐκ ἂν εἴη· οὐ γὰρ ὅπως εἰς ἴσα, ἀλλ' οὐδὲ ὅλως διαιρεῖται· περιττὴ ἄρα ἡ μονάς. κἂν ἀρτίῳ δὲ ἄρτιον προσθῇς, τὸ πᾶν γίνεται ἄρτιον· μονὰς δὲ ἀρτίῳ προστιθεμένη τὸ πᾶν περιττὸν ποιεῖ· οὐκ ἄρα ἄρτιον ἡ μονὰς ἀλλὰ περιττόν. Ἀριστοτέλης δὲ ἐν τῷ Πυθαγορικῷ τὸ ἓν φησιν ἀμφοτέρων μετέχειν τῆς φύσεως· ἀρτίῳ μὲν γὰρ προστεθὲν περιττὸν ποιεῖ, περιττῷ δὲ ἄρτιον, ὃ οὐκ ἂν ἠδύνατο, εἰ μὴ ἀμφοῖν τοῖν φυσέοιν μετεῖχε· διὸ καὶ ἀρτιοπέριττον καλεῖσθαι τὸ ἕν. συμφέρεται δὲ τούτοις καὶ Ἀρχύτας. περιττοῦ μὲν οὖν πρώτη ἰδέα ἐστὶν ἡ μονάς, καθάπερ καὶ ἐν κόσμῳ τῷ ὡρισμένῳ καὶ τεταγμένῳ τὸ περιττὸν προσαρμόζουσιν· ἀρτίου δὲ πρώτη ἰδέα ἡ ἀόριστος δυάς, καθὰ καὶ ἐν κόσμῳ τῷ ἀορίστῳ καὶ ἀγνώστῳ καὶ ἀτάκτῳ τὸ ἄρτιον προσαρμόττουσι. διὸ καὶ ἀόριστος καλεῖται ἡ δυάς, ἐπειδὴ οὐκ ἔστιν ὥσπερ ἡ μονὰς ὡρισμένη. οἱ δ' ἑξῆς ἑπόμενοι τούτοις ὅροι ἀπὸ μονάδος ἐκτιθέμενοι τὰ αὐτὰ αὔξονται μὲν τῇ ἴσῃ ὑπεροχῇ· μονάδι γὰρ ἕκαστος αὐτῶν τοῦ προτέρου πλεονάζει· αὐξόμενοι δὲ τοὺς λόγους τῆς πρὸς ἀλλήλους σχέσεως αὐτῶν μειοῦσιν. οἷον ἐκτεθέντων ἀριθμῶν α' β' γ' δ' ε' ϛ' ὁ μὲν τῆς δυάδος λόγος πρὸς τὴν μονάδα ἐστὶ διπλάσιος, ὁ δὲ τῆς τριάδος πρὸς τὴν δυάδα ἡμιόλιος, ὁ δὲ τῆς τετράδος πρὸς τὴν τριάδα ἐπίτριτος, ὁ δὲ τῆς πεντάδος πρὸς τὴν τετράδα ἐπιτέταρτος, ὁ δὲ τῆς ἑξάδος πρὸς τὴν πεντάδα ἐπίπεμπτος. ἔστι δ' ἐλάττων λόγος ὁ μὲν ἐπίπεμπτος τοῦ ἐπιτετάρτου,

5 Ἀριστοτέλης: ed. Berol. fr. 194. Rose Arist. pseudepigr. fr. 184. Heitz fragm. Aristot. 115. cf. Zeller I p. 368, 4. II 2^2 p. 48 πυθαγορικῷ: ω corr. ex ων ut vid. A 8 φυσέοιν mut. in φύσεοιν A 17 τὰ αὐτὰ del. esse cj. Hultsch 18 μονάδι γὰρ corr. ex μόνοι A

ὁ δὲ ἐπιτέταρτος τοῦ ἐπιτρίτου, ὁ δὲ ἐπίτριτος <τοῦ> ἡμιολίου, ὁ δὲ ἡμιόλιος τοῦ διπλασίου· καὶ ἐπὶ τῶν λοιπῶν δὲ ἀριθμῶν ὁ αὐτὸς λόγος. ἐναλλὰξ δ' εἰσὶν ἀλλήλοις οἵ τε ἄρτιοι καὶ οἱ περιττοὶ παρ' ἕνα θεωρούμενοι.

τῶν δὲ ἀριθμῶν οἱ μὲν πρῶτοι καλοῦνται ἁπλῶς καὶ ἀσύνθετοι, οἱ δὲ πρὸς ἀλλήλους πρῶτοι καὶ οὐχ ἁπλῶς, οἱ δὲ σύνθετοι ἁπλῶς, οἱ δὲ πρὸς αὑτοὺς σύνθετοι. πρῶτοι μὲν ἁπλῶς καὶ ἀσύνθετοι οἱ ὑπὸ μηδενὸς μὲν ἀριθμοῦ, ὑπὸ μόνης δὲ μονάδος μετρούμενοι, ὡς ὁ γ' ε' ζ' ια' ιγ' ιζ' καὶ οἱ τούτοις ὅμοιοι. λέγονται δὲ οἱ αὐτοὶ οὗτοι γραμμικοὶ καὶ εὐθυμετρικοὶ διὰ τὸ καὶ τὰ μήκη καὶ τὰς γραμμὰς κατὰ μίαν διάστασιν θεωρεῖσθει· καλοῦνται δὲ καὶ περισσάκις περισσοί· ὥστε ὀνομάζεσθαι αὐτοὺς πενταχῶς, πρώτους, ἀσυνθέτους, γραμμικούς, εὐθυμετρικούς, περισσάκις περισσούς. μόνον δὲ οὕτως καταμετροῦνται. τὰ γὰρ τρία οὐκ ἂν ὑπ' ἄλλου καταμετρηθείη ἀριθμοῦ ὥστε γεννηθῆναι ἐκ τοῦ πολλαπλασιασμοῦ αὐτῶν, ἢ ὑπὸ μόνης μονάδος· ἅπαξ γὰρ τρία τρία. ὁμοίως δὲ καὶ ἅπαξ ε' ε', καὶ ἅπαξ ζ' ζ', καὶ ἅπαξ ια' ια'. διὸ καὶ περισσάκις περισσοὶ κέκληνται· οἵ τε γὰρ καταμετρούμενοι περισσοὶ ἥ τε καταμετροῦσα αὐτοὺς μονὰς περισσή. διὸ καὶ πρῶτοι καὶ ἀσύνθετοι μόνοι οἱ περισσοί. οἱ γὰρ ἄρτιοι οὔτε πρῶτοι οὔτε ἀσύνθετοι οὔτε ὑπὸ μόνης μονάδος μετρούμενοι, ἀλλὰ καὶ ὑπ'

1 τοῦ add. apogr. 2 καὶ supra vs. add. A 6 inscr. περὶ πρώτου καὶ ἀσυνθέτου A, ϛ̄ ac mox ad significanda quattuor genera ᾱ β̄ γ̄ δ̄ in mg. 8 scr. vid. οἱ δὲ σύνθετοι ἁπλῶς καὶ πρὸς αὑτούς, οἱ δὲ πρὸς ἀλλήλους σύνθετοι 9 ᾱ mg. A 11 ὡς] οὕτως A 16 μόνοι A 18 πολλασιασμοῦ A, em. apogr.

ἄλλων ἀριθμῶν· οἷον τετρὰς μὲν ὑπὸ δυάδος· δὶς γὰρ β′ δ′· ἑξὰς δὲ ὑπὸ δυάδος καὶ τριάδος· δὶς γὰρ γ′ ϛ′ καὶ τρὶς β′ ϛ′· καὶ οἱ λοιποὶ ἄρτιοι κατὰ τὰ αὐτὰ ὑπό τινων μειζόνων τῆς μονάδος ἀριθμῶν καταμετροῦνται, πλὴν τῆς δυάδος. ταύτῃ γὰρ μόνῃ συμβέβηκεν, ὅπερ καὶ ἐνίοις τῶν περισσῶν, τὸ ὑπὸ μονάδος μετρεῖσθαι μόνον· ἅπαξ γὰρ β′ β′· διὸ καὶ περισσοειδὴς εἴρηται ταὐτὸ τοῖς περισσοῖς πεπονθυῖα. πρὸς ἀλλήλους δὲ λέγονται πρῶτοι ἀριθμοὶ καὶ οὐ καθ’ αὑτοὺς οἱ κοινῷ μέτρῳ μετρούμενοι τῇ μονάδι, κἂν ὑπ’ ἄλλων τινῶν ἀριθμῶν ὡς πρὸς ἑαυτοὺς καταμετρῶνται. οἷον ὁ η′ μετρεῖται μὲν καὶ ὑπὸ τῶν β′ καὶ δ′, καὶ ὁ ϑ′ ὑπὸ τῶν γ′, καὶ ὁ ι′ ὑπὸ τῶν β′ καὶ ε′· ἔχουσι δὲ καὶ κοινὸν μέτρον καὶ πρὸς ἀλλήλους καὶ πρὸς τοὺς καθ’ ἑαυτοὺς πρώτους τὴν μονάδα· καὶ γὰρ ἅπαξ γ′ γ′ καὶ ἅπαξ η′ η′ καὶ ἅπαξ ϑ′ ϑ′ καὶ ἅπαξ ι′ ι′.

σύνθετοι δέ εἰσι πρὸς ἑαυτοὺς οἱ ὑπό τινος ἐλάττονος ἀριθμοῦ μετρούμενοι, ὡς ὁ ϛ′ ὑπὸ δυάδος καὶ τριάδος. πρὸς ἀλλήλους δὲ σύνθετοι οἱ κοινῷ ᾡτινιοῦν μέτρῳ μετρούμενοι· ὡς ὁ η′ καὶ ὁ ϛ′ [καὶ ὁ ϑ′]· κοινὸν γὰρ ἔχουσι μέτρον δυάδα [καὶ τριάδα]· δὶς γὰρ γ′ ϛ′ καὶ δὶς δ′ η′ [καὶ τρὶς γ′ ϑ′]· ⟨καὶ ὁ ϛ′ καὶ ὁ ϑ′·⟩ κοινὸν γὰρ αὐτῶν μέτρον ἡ τριάς· καὶ γὰρ τρὶς β′ ϛ′ καὶ τρὶς γ′ ϑ′. οὔτε δὲ ἡ μονὰς ἀριθμός, ἀλλὰ ἀρχὴ ἀριθμοῦ, οὔτε ἡ ἀόριστος δυάς, πρώτη οὖσα ἑτερότης μονάδος καὶ μηδὲν αὐτῆς ἐν ἀρτίοις ἀρχικώτερον ἔχουσα. τῶν δὲ συνθέτων τοὺς μὲν ὑπὸ δύο ἀριθμῶν περιεχομένους καλοῦσιν ἐπιπέδους, ὡς κατὰ δύο διαστάσεις θεωρου-

4 ἀριθμῶν corr. ex ἀριθμὸν A 8 β̄ mg. A 14 καὶ] ὡς A 15 inscr. περὶ συνθέτου ἀριθμοῦ A, ζ̄ et γ̄ in mg. 18 δ̄ mg. A 23 sqq. οὔτε δὲ — ἔχουσα fort. del.

μένους καὶ οἷον ὑπὸ μήκους καὶ πλάτους περιεχομένους, τοὺς δὲ ὑπὸ τριῶν στερεούς, ὡς καὶ τὴν τρίτην διάστασιν προσειληφότας. περιοχὴν δὲ καλοῦσιν ἀριθμῶν τὸν δι' ἀλλήλων αὐτῶν πολυπλασιασμόν.

τῶν δὲ ἀρτίων οἱ μέν εἰσιν ἀρτιάκις ἄρτιοι, οἱ δὲ περιττάκις ἄρτιοι, οἱ δὲ ἀρτιοπέριττοι. ἀρτιάκις μὲν ἄρτιοι [τὸ σημεῖον τοῦτό ἐστιν] οἷς τρία συμβέβηκεν, ἓν τὸ ὑπὸ δύο ἀρτίων ἐπ' ἀλλήλους πολυπλασιασθέντων γεγενῆσθαι, δεύτερον τὸ πάντα ἄρτια ἔχειν τὰ μέρη μέχρι τῆς εἰς μονάδα καταλήξεως, τρίτον τὸ μηδὲν αὐτῶν μέρος ὁμώνυμον εἶναι περιττῷ· ὁποῖοί εἰσιν ὁ λβ' ξδ' ρκη' καὶ οἱ ἀπὸ τούτων ἑξῆς κατὰ τὸ διπλάσιον λαμβανόμενοι. τὰ γὰρ λβ' γέγονε μὲν ἔκ τε δ' καὶ η', ἅ ἐστιν ἄρτια· μέρη δὲ αὐτῶν πάντα ἄρτια, ἥμισυ ις', τέταρτον ὁ η', ὄγδοον ὁ δ'· αὐτά τε τὰ μόρια ὁμώνυμα ἀρτίοις, τό τε ἥμισυ ὡς ἐν δυάδι θεωρούμενον καὶ τέταρτον καὶ ὄγδοον. ὁ δὲ αὐτὸς λόγος καὶ ἐπὶ τῶν λοιπῶν ὁμοίως ἀριθμῶν.

ἀρτιοπέριττοι δέ εἰσιν οἱ ὑπὸ δυάδος καὶ περιττοῦ οὑτινοσοῦν μετρούμενοι, οἵτινες ἐκ παντὸς περιττὰ μέρη ἔχουσι τὰ ἡμίσεα κατὰ τὴν εἰς ἴσα διαίρεσιν· ὡς τὰ δὶς ζ' ιδ'. ἀρτιάκις μὲν γὰρ οὗτοι καλοῦνται περιττοί, ἐπεὶ ὑπὸ τῆς δυάδος ἀρτίας οὔσης μετροῦνται καὶ περισσοῦ τινος, ὁ μὲν δύο τοῦ ἑνός, ὁ δὲ ς' τοῦ γ', ὁ δὲ ι' τοῦ ε', ὁ δὲ ιδ' τοῦ ζ'. διαιροῦνται δὲ οὗτοι τὴν πρώτην

5 inscr. περὶ τῆς τῶν ἀρτίων διαφορᾶς A, η̄ in mg. 6 inscr. περὶ τῶν ἀρτιάκις ἀρτίων A. cf. Zeller I p. 366 μὲν ἄρτιοι A] μὲν ἀρτίου apogr. 7 οἷς] ὧ A 9 τὸ apogr.] τὸν A 11 ὁμώνυμον: ω corr. ex ο A περιττῷ: ω corr. ex ου A 14 ις̄ corr. ex ιγ̄ A 18 inscr. περὶ ἀρτιοπεριττων A, ῑ in mg. 20 μέρη del. Hultsch

διαίρεσιν εἰς περιττόν, μετὰ δὲ τὴν πρώτην εἰς ἴσα διαίρεσιν οὐκ ἔτι διαιροῦνται. τῶν γὰρ ϛ′ τὰ μὲν γ′ ἥμισυ, τὰ δὲ γ′ οὐκ ἔτι εἰς ἴσα διαιρεῖται· μονὰς γὰρ ἀδιαίρετος.

περισσάκις δὲ ἄρτιοί εἰσιν ὧν ὁ πολλαπλασιασμὸς ἐκ δυεῖν ὡντινωνοῦν περισσοῦ καὶ ἀρτίου γίνεται, καὶ πολλαπλασιασθέντες εἰς ἴσα μὲν ἄρτια μέρη δίχα διαιροῦνται, κατὰ δὲ τὰς πλείους διαιρέσεις ἃ μὲν ἄρτια μέρη, ἃ δὲ περισσὰ ἔχουσιν· ὡς ὁ ιβ′ καὶ κ′· τρὶς γὰρ δ′ ιβ′, καὶ πεντάκις δ′ κ′· καὶ τὰ μὲν ιβ′ διχῇ διαιρεῖται ⟨εἰς⟩ ϛ′ καὶ ϛ′, τριχῇ δὲ εἰς δ′ καὶ δ′ καὶ δ′, τετραχῇ δὲ εἰς τετράκις γ′· τὰ δὲ κ′ διχῇ μὲν εἰς ι′, τετραχῇ δὲ εἰς ε′, πενταχῇ δὲ εἰς δ′.

ἔτι τῶν συνθέτων ἀριθμῶν οἱ μὲν ἰσάκις ἴσοι εἰσὶ καὶ τετράγωνοι καὶ ἐπίπεδοι, ἐπειδὰν ἴσος ἐπὶ ἴσον πολλαπλασιασθεὶς γεννήσῃ τινὰ ἀριθμόν, [ὁ γεννηθεὶς ἰσάκις τε ἴσος καὶ τετράγωνός ἐστιν] ὡς ὁ δ′, ἔστι γὰρ δὶς β′, καὶ ὁ θ′, ἔστι γὰρ τρὶς γ′· οἱ δὲ ἀνισάκις ἄνισοι, ἐπειδὰν ἄνισοι ἀριθμοὶ ἐπ' ἀλλήλους πολλαπλασιασθῶσιν, ὡς ὁ ϛ′· ἔστι γὰρ δὶς γ′ ϛ′.

τούτων δὲ ἑτερομήκεις μέν εἰσιν οἱ τὴν ἑτέραν πλευρὰν τῆς ἑτέρας μονάδι μείζονα ἔχοντες. ἔστι δὲ ὁ τοῦ περισσοῦ ἀριθμοῦ μονάδι πλεονάζων καὶ ἄρτιος·

5 inscr. περὶ περισσάκις ἀρτίων A, ια̅ in mg. 14 inscr. περὶ ἰσάκις ἴσων A, ιβ̅ in mg. 15 καὶ ἐπίπεδοι fort. del. γὰρ post ἐπειδὰν add. A[2] 16 γεννήσῃ: σῃ corr. ex σει A 18 inscr. περὶ τῶν ἀνισάκις ἀνίσων A, ιγ̅ in mg. 21 sqq. cf. Cantor mathemat. Beitr. zum Culturleben der Völker p. 105 sqq. inscr. περὶ ἑτερομηκῶν (corr. ex ἑτερομήκων) A 23 τοῦ περισσοῦ ἀριθμοῦ mut. in τῷ περισσῷ ἀριθμῷ A

διὸ μόνον ἄρτιοι οἱ ἑτερομήκεις. ἡ γὰρ ἀρχὴ τῶν ἀριθμῶν, τουτέστιν ἡ μονάς, περισσὴ οὖσα τὴν ἑτερότητα ζητοῦσα τὴν δυάδα ἑτερομήκη τῷ αὐτῆς διπλασιασμῷ ἐποίησε, καὶ διὰ τοῦτο ἡ δυὰς τῆς μονάδος ἑτερομήκης οὖσα καὶ μονάδι ὑπερέχουσα τοὺς ἀρτίους ἀριθμοὺς τῶν περισσῶν ἑτερομήκεις ποιεῖ μονάδι ὑπερέχοντας. γεννῶνται δὲ διχῶς, ἔκ τε πολλαπλασιασμοῦ καὶ ἐπισυνθέσεως. ἐκ μὲν ἐπισυνθέσεως οἱ ἄρτιοι τοῖς ἐφεξῆς ἐπισυντιθέμενοι τοὺς ἀπογεννωμένους ποιοῦσιν ἑτερομήκεις. οἷον ἐκκείσθωσαν ἄρτιοι κατὰ τὸ ἑξῆς β′ δ′ ϛ′ η′ ι′ ιβ′ ιδ′ ιϛ′ ιη′· γίνονται δὲ κατ᾽ ἐπισύνθεσιν β′ καὶ δ′ ϛ′, ϛ′ καὶ ϛ′ ιβ′, ιβ′ καὶ η′ κ′, κ′ καὶ ι′ λ′· ὥστε εἶεν ἂν οἱ γεγεννημένοι ἑτερομήκεις ϛ′ ιβ′ κ′ λ′. ὁ δὲ αὐτὸς λόγος καὶ ἐπὶ τῶν ἑξῆς. κατὰ δὲ πολλαπλασιασμὸν οἱ αὐτοὶ ἑτερομήκεις γεννῶνται τῶν ἐφεξῆς ἀρτίων τε καὶ περιττῶν τοῦ πρώτου ἐπὶ τὸν ἑξῆς πολλαπλασιαζομένου· οἷον α′ β′ γ′ δ′ ε′ ϛ′ ζ′ η′ ϑ′ ι′· ἅπαξ μὲν γὰρ β′ β′, δὶς δὲ γ′ ϛ′, τρὶς <δὲ> δ′ ιβ′, τετράκις δὲ ε′ κ′, πεντάκις δὲ ϛ′ λ′· καὶ ἐπὶ τῶν ἑξῆς ὁ αὐτὸς λόγος. ἑτερομήκεις δὲ οἱ τοιοῦτοι κέκληνται, ἐπειδὴ πρώτην ἑτερότητα τῶν πλευρῶν ἡ προσθήκη τῇ ἑτέρᾳ πλευρᾷ τῆς μονάδος ποιεῖ.

παραλληλόγραμμοι δέ εἰσιν ἀριθμοὶ οἱ δυάδι ἢ καὶ μείζονι ἀριθμῷ τὴν ἑτέραν πλευρὰν τῆς ἑτέρας

1 διὸ corr. ut vid. ex δύο A 3 ἑτερομήκη: ο corr. ex ω A 5 ἑτερομήκης: ομήκη in ras., ερο corr. ut vid. ex ἑρα A 6 τῶν περισσῶν mut. in τῷ περισσῷ A 9 ἀπογεννωμένους: ω corr. ex ο A 11 ϛ ιβ κ λ μβ νϛ οβ ϟ supra numerorum seriem add. A 13 γεγενημένοι A, em. Bull. 16 τὸν apogr.] τῶν A 18 δὲ add. Bull. 20 πρώτην corr. ex πρῶτον A 23 inscr. περὶ παραλληλογράμμων ἀριθμῶν A, ι̅ε̅ in mg. figuras inutiles add. A[2]

ὑπερέχουσαν ἔχοντες, ὡς ὁ δὶς δʹ καὶ ὁ τετράκις ϛʹ καὶ ὁ ἑξάκις ηʹ καὶ ὁ ὀκτάκις ιʹ, οἵτινές εἰσιν ὁ ηʹ κδʹ μηʹ πʹ.

τετράγωνοί εἰσιν οἱ ἐκ τῶν κατὰ τὸ ἑξῆς περισσῶν ἐπισυντιθεμένων ἀλλήλοις γεννώμενοι. οἷον ἐκκείσθωσαν ἐφεξῆς περισσοὶ αʹ γʹ εʹ ζʹ θʹ ιαʹ· ἓν καὶ γʹ δʹ, ὅς ἐστι τετράγωνος, ἰσάκις γάρ ἐστιν ἴσος, τουτέστι δὶς βʹ δʹ· δʹ καὶ εʹ θʹ, ὃς καὶ αὐτὸς τετράγωνος· ἔστι γὰρ τρὶς γʹ θʹ· θʹ καὶ ζʹ ιϛʹ, ὃς καὶ αὐτὸς τετράγωνός ἐστι· τετράκις γὰρ δʹ ιϛʹ· ιϛʹ καὶ θʹ κεʹ, ὃς καὶ αὐτὸς τετράγωνός ἐστι καὶ ἰσάκις ἴσος· ἔστι γὰρ πεντάκις εʹ κεʹ· καὶ μέχρις ἀπείρου ὁ αὐτὸς λόγος. κατὰ μὲν οὖν ἐπισύνθεσιν οὕτως γεννῶνται οἱ τετράγωνοι, τῶν ἐφεξῆς περισσῶν τῷ γεννωμένῳ ἀπὸ μονάδος τετραγώνῳ προστιθεμένων· κατὰ πολλαπλασιασμὸν δέ, ἐπειδὰν ὁστισοῦν ἀριθμὸς ἐφʼ ἑαυτὸν πολλαπλασιασθῇ, οἷον δὶς βʹ δʹ, τρὶς γʹ θʹ, τετράκις δʹ ιϛʹ.

οἱ μὲν οὖν τετράγωνοι πάντες τοὺς ἑτερομήκεις περιλαμβάνουσι κατὰ τὴν γεωμετρικὴν ἀναλογίαν καὶ μέσους αὐτοὺς ποιοῦσι [τουτέστι τοὺς μονάδι μείζονας τὴν ἑτέραν πλευρὰν τῆς ἑτέρας ὑπερέχοντας]· οἱ δὲ ἑτερομήκεις οὐκ ἔτι τοὺς τετραγώνους περιλαμβάνουσιν ὡς μέσους εἶναι κατὰ ἀναλογίαν. οἷον αʹ βʹ γʹ δʹ εʹ. οὗτοι τῷ μὲν ἰδίῳ πλήθει πολλαπλασιαζόμενοι ποιοῦσι τετραγώνους· ἅπαξ τε γὰρ αʹ αʹ καὶ δὶς βʹ δʹ καὶ τρὶς γʹ θʹ καὶ τετράκις δʹ ιϛʹ καὶ πεντάκις εʹ κεʹ· καὶ οὐκ ἐκβαίνουσι τῶν ἰδίων ὅρων· ἥ τε γὰρ δυὰς ἑαυτὴν

3 inscr. περὶ τετραγώνων ἀριθμῶν A, $\overline{\text{ιϛ}}$ in mg. τετράγωνοι ⟨δέ⟩ εἰσιν? 5 δ θ ιϛ κε λϛ supra numerorum seriem add. A ὅς apogr.] ὃ A 16 inscr. ὅτι οἱ τετράγωνοι μέσους τοὺς ἑτερομήκεις λαμβάνουσιν A, $\overline{\text{ιζ}}$ in mg. 18 μείζονα Gelder 19 ὑπερέχοντας] ἔχοντας apogr. 22 οὗτοι] οὕτως οἱ A 25 τὸν ἴδιον ὅρον A²

ἐδύασε καὶ ἡ τριὰς ἑαυτὴν ἐτρίασεν, ὥστε εἶεν ἂν τετράγωνοι οἱ ἑξῆς α' δ' ϑ' ις' κε'. μέσους δὲ ἔχουσι τοὺς ἑτερομήκεις οὕτως. τετράγωνοι δύο ἐφεξῆς ὅ τε α' καὶ δ'· τούτων μέσος ἑτερομήκης ὁ β'· κείσθωσαν δὴ α' β' δ'· μέσος γίνεται ὁ β', τῷ αὐτῷ λόγῳ τῶν ἄκρων τοῦ μὲν ὑπερέχων, ὑφ' οὗ δὲ ὑπερεχόμενος· τοῦ μὲν γὰρ ἑνὸς τὰ β' διπλάσια, τῶν δὲ β' τὰ δ'. πάλιν τετράγωνοι μὲν ὁ δ' καὶ ϑ'· μέσος δὲ αὐτῶν ἑτερομήκης ὁ ς'· κείσθωσαν δὴ δ' ς' ϑ'· μέσος ὁ ς', τῷ αὐτῷ λόγῳ τῶν ἄκρων τοῦ μὲν [γὰρ] ὑπερέχων, ὑφ' οὗ δὲ ὑπερεχόμενος· τῶν μὲν γὰρ δ' τὰ ς' ἡμιόλια, τῶν δὲ ς' τὰ ϑ'. ὁ δὲ αὐτὸς λόγος καὶ ἐπὶ τῶν ἑξῆς. οἱ δὲ ἑτερομήκεις, ὑπὸ τῶν τῇ μονάδι ὑπερεχόντων πολλαπλασιαζόμενοι, οὔτε μένουσιν ἐν τοῖς ἰδίοις ὅροις οὔτε περιέχουσι τοὺς τετραγώνους. οἷον τὰ δὶς γ' γεννᾷ τὸν ς' καὶ τὰ τρὶς δ' γεννᾷ τὸν ιβ' καὶ τὰ τετράκις ε' γεννᾷ τὸν κ', καὶ οὐδεὶς αὐτῶν μένει ἐν τῷ ἑαυτοῦ ὅρῳ, ἀλλὰ μεταπίπτει ἐν τῷ πολλαπλασιασμῷ, οἷον δυὰς ἐπὶ τριάδα καὶ τριὰς ἐπὶ τετράδα καὶ τετρὰς ἐπὶ πεντάδα· οἵ τε γεννώμενοι ὑπὸ τῶν ἑτερομήκων οὐ περιλαμβάνουσι τοὺς τετραγώνους ἀριθμούς· οἷον ἐφεξῆς ἑτερομήκεις β' ς', μεταξὺ δὲ αὐτῶν ἐστι τῇ τάξει τετράγωνος ὁ δ'· ἀλλὰ κατ' οὐδεμίαν ἀναλογίαν περιλαμβάνεται ὑπ' αὐτῶν ὥστε ἐν τῷ αὐτῷ λόγῳ πρὸς τὰ ἄκρα εἶναι. ἐκκείσθω γὰρ β' δ' ς'· ἡ τετρὰς ἐν διαφόροις λόγοις πρὸς τὰ ἄκρα γενήσεται· τῶν μὲν γὰρ β' τὰ δ' διπλάσια, τῶν δὲ δ'

9 μέσος ὁ] μέσα τὰ A 10 γὰρ om. apogr. 20 ὑπὸ τῶν ἑτερομήκων del. vid. 23 οὐδὲ μίαν A, em. apogr. 24 αὐτῷ supra vs. add. A ἐκκείσθω γὰρ] ἐκκείσθωσαν apogr. 26 τὰ $\overline{δ}$ πλάσια A, em. apogr.

τὰ ϛʹ ἡμιόλια. ἵνα δὲ ἀναλόγως μέσον ᾖ, δεῖ αὐτὶ οὕτως μέσον εἶναι, ὥστε ὃν ἔχει λόγον τὸ πρῶτον πρὸς τὸ μέσον, τοῦτον τὸ μέσον πρὸς τὸ τρίτον. πάλιν τῶν ϛʹ καὶ ιβʹ ἑτερομήκων μέσος τῇ τάξει τετράγωνος ὁ ϑʹ, ἀλλ' οὐχ εὑρεθήσεται ἐν τῷ αὐτῷ λόγῳ πρὸς τὰ ἄκρα· ϛʹ ϑʹ ιβʹ· τῶν μὲν γὰρ ϛʹ τὰ ϑʹ ἡμιόλια, τῶν δὲ ϑʹ τὰ ιβʹ ἐπίτριτα. ὁ δὲ αὐτὸς καὶ ἐπὶ τῶν ἑξῆς λόγος.

προμήκης δέ ἐστιν ἀριθμὸς ὁ ὑπὸ δύο ἀνίσων ἀριθμῶν ἀποτελούμενος ὡντινωνοῦν, ἢ μονάδι ἢ δυάδι ἢ καὶ πλείονι τοῦ ἑτέρου τὸν ἕτερον ὑπερέχοντος, ὡς ὁ κδʹ, ἔστι γὰρ ἑξάκις δʹ, καὶ οἱ τοιοῦτοι. ἔστι δὲ τρία μέρη τῶν προμήκων. καὶ γὰρ πᾶς ἑτερομήκης προμήκης, καθὸ μείζονα τὴν ἑτέραν πλευρὰν τῆς ἑτέρας ἔχει. ὥστε εἰ μέν τις ἑτερομήκης, οὗτος καὶ προμήκης· οὐ μὴν ἀνάπαλιν· ὁ γὰρ μείζονα πλέον ἢ μονάδι τὴν ἑτέραν ἔχων πλευρὰν προμήκης μέν, οὐ μὴν ἑτερομήκης· ἦν γὰρ ἑτερομήκης ὁ μονάδι μείζονα τὴν ἑτέραν ἔχων πλευράν, ὡς ὁ ϛʹ· ἔστι γὰρ δὶς γʹ ϛʹ. ἔτι προμήκης καὶ ὁ κατὰ διαφορὰν πολλαπλασιασμοῦ ποτὲ μὲν μονάδι μείζονα τὴν ἑτέραν πλευρὰν ⟨ἔχων⟩, ποτὲ δὲ πλεῖον ἢ μονάδι· ὡς ὁ ιβʹ· ἔστι γὰρ καὶ τρὶς δʹ καὶ δὶς ϛʹ, ὥστε κατὰ μὲν τὸ τρὶς δʹ εἴη ἂν ἑτερομήκης, κατὰ δὲ τὸ δὶς ϛʹ προμήκης. ἔτι προμήκης ἐστὶν ὁ κατὰ πάσας τὰς σχέσεις τῶν πολλαπλασιασμῶν πλέον ἢ μονάδι μείζονα τὴν ἑτέραν ἔχων πλευράν· ὡς ὁ μʹ· καὶ γὰρ τετράκις ιʹ

3 τὸ τρίτον apogr.] τὸν τρίτον A 6 ϛʹ ϑʹ ιβʹ fort. del. 8 inscr. περὶ προμηκῶν (corr. ex προμήκων) ἀριθμῶν A, $\overline{\iota\eta}$ in mg. 9 δυάδι apogr.] δια (δ supra) A 12 μέρη] γένη? 14 οὗτος corr. ex οὕτως A 19 πολλαπλασιασμός A, κατὰ διάφορον πολλαπλασιασμὸν Bull. 20 ἔχων add. apogr. 25 τετράκι A, em. apogr.

καὶ πεντάκις η' καὶ δὶς κ'· ὅστις καὶ μόνος ἂν εἴη προμήκης. ἑτερομήκης γάρ ἐστιν ὁ ἐκ τῶν ἴσων ἀριθμῶν τὴν πρώτην λαμβάνων ἑτερότητα· ἡ δὲ τῆς μονάδος τῷ ἑτέρῳ ἀριθμῷ προσθήκη πρώτην ποιεῖ ἑτερότητα· διὸ οἱ ἐκ τούτων κυρίως ἀπὸ τῆς πρώτης τῶν πλευρῶν ἑτερότητος ἑτερομήκεις. οἱ δὲ πλέον ἢ μονάδι τὴν ἑτέραν πλευρὰν μείζονα ἔχοντες διὰ τὸν ἐπὶ πλέον προβιβασμὸν τοῦ μήκους προμήκεις κέκληνται.

εἰσὶ δὲ τῶν ἀριθμῶν οἱ μὲν ἐπίπεδοι, ὅσοι ὑπὸ δύο ἀριθμῶν πολλαπλασιάζονται, οἷον μήκους καὶ πλάτους, τούτων δὲ οἱ μὲν τρίγωνοι, οἱ δὲ τετράγωνοι, οἱ δὲ πεντάγωνοι καὶ κατὰ τὸ ἑξῆς πολύγωνοι.

γεννῶνται δὲ οἱ τρίγωνοι τὸν τρόπον τοῦτον. [ὥσπερ] οἱ ἐφεξῆς ἄρτιοι ἀλλήλοις ἐπισυντιθέμενοι κατὰ τὸ ἑξῆς ἑτερομήκεις ἀριθμοὺς ποιοῦσιν. οἷον ὁ β' πρῶτος ἄρτιος· καὶ ἔστιν ἑτερομήκης· ἔστι γὰρ ἅπαξ β'. εἶτα τοῖς β' ἂν προσθῇς δ', γίνεται ϛ', ὃς καὶ αὐτὸς ἑτερομήκης· ἔστι γὰρ δὶς γ'. καὶ μέχρις ἀπείρου ὁ αὐτὸς λόγος. ἐναργέστερον δέ, ὥστε πᾶσιν εὐσύνοπτον εἶναι τὸ λεγόμενον, δείκνυται καὶ τῇδε. πρώτη δυὰς ἔστω ἄλφα ἐκκείμενα δύο τάδε·

α α

τὸ σχῆμα αὐτῶν ἔσται ἑτερόμηκες· κατὰ μὲν γὰρ τὸ μῆκός ἐστιν ἐπὶ δύο, κατὰ δὲ τὸ πλάτος ἐφ' ἕν. μετὰ τὰ δύο ἐστὶν ἄρτιος ὁ δ'· ἃ ἐὰν προσθῶμεν τοῖς πρώτοις

1 μόνον? 3 λαμβάνον A, em. apogr. 4 πρώτην corr. ex πρῶτον ut vid., antea una litt. erasa A 9 inscr. περὶ ἐπιπέδων ἀριθμῶν A, ιθ in mg. 13 inscr. περὶ τριγώνων ἀριθμῶν πῶς γεννῶνται καὶ περὶ τῶν ἑξῆς πολυγώνων A, κ̄ in mg. 23 post ἔσται compendium eiusdem voculae erasum in A 24 ἐφ'] ὑφ' A 25 ἣν A

δύο ἄλφα [α´ α´] καὶ περιθῶμεν τὰ δ´ τοῖς β´, γίνεται ἑτερόμηκες τὸ τῶν ϛ´ σχῆμα· κατὰ μὲν γὰρ τὸ μῆκος γίνεται ἐπὶ τρία, κατὰ δὲ τὸ πλάτος ἐπὶ β´. ἑξῆς ἐστιν ἄρτιος μετὰ δ´ ὁ ϛ´· ἂν προσθῇς ταῦτα τοῖς πρώτοις ϛ´, γίνεται ὁ ιβ´, κἂν περιθῇς αὐτὰ τοῖς πρώτοις, ἔσται σχῆμα ἑτερόμηκες· ὡς ἔχειν ταῦτα κατὰ τὸ μῆκος μὲν δ´, κατὰ πλάτος δὲ γ´. καὶ μέχρις ἀπείρου ὁ αὐτὸς λόγος κατὰ τὴν τῶν ἀρτίων ἐπισύνθεσιν.

α α α   α α α α
α α α   α α α α
             α α α α

πάλιν δὲ οἱ ἑξῆς περισσοὶ ἀλλήλοις ἐπισυντιθέμενοι τετραγώνους ποιοῦσιν ἀριθμούς. εἰσὶ δὲ οἱ ἐφεξῆς περισσοὶ α´ γ´ ε´ ζ´ θ´ ια´. ταῦτα δὲ ἐφεξῆς συντιθεὶς ποιήσεις τετραγώνους ἀριθμούς. οἷον τὸ ἓν πρῶτον τετράγωνον· ἔστι γὰρ ἅπαξ ἓν ἕν. εἶτα περισσὸς ὁ γ´· τοῦτον ἂν προσθῇς τὸν γνώμονα τῷ ἑνί, ποιήσεις τετράγωνον ἰσάκις ἴσον· ἔσται γὰρ κατὰ μῆκος β´ καὶ κατὰ πλάτος β´. ἐφεξῆς περισσὸς ὁ ε´· τοῦτον ἂν περιθῇς τὸν γνώμονα τῷ δ´ τετραγώνῳ, γενήσεται πάλιν τετράγωνος ὁ θ´, καὶ κατὰ μῆκος ἔχων γ´ καὶ κατὰ πλάτος γ´. ἐφεξῆς περισσὸς ὁ ζ´· τοῦτον ἂν προσθῇς τῷ θ´, ποιεῖς τὸν ιϛ´, καὶ κατὰ μῆκος δ´ καὶ κατὰ πλάτος δ´. ὁ δὲ αὐτὸς λόγος μέχρις ἀπείρου.

α α   α α α   α α α α
α α   α α α   α α α α
         α α α   α α α α
                     α α α α

κατὰ ταὐτὰ δὲ ἂν μὴ μόνον τοὺς ἐφεξῆς ἀρτίους

2 γὰρ supra vs. A 5 περιθῇς Bull.] προσθῇς A τοῖς πρώτοις] τοῖς ϛ´? cf. vs. 1 6 ταῦτα del. vid. 8 fig. semper lineis circumscr. A 14 περιθῇς Gelder 22 ταὐτὰ corr. ex ταῦτα A

μηδὲ μόνον τοὺς ἐφεξῆς περισσούς, ἀλλὰ καὶ ἀρτίους καὶ περισσοὺς ἀλλήλοις ἐπισυντιθῶμεν, τρίγωνοι ἡμῖν ἀριθμοὶ γενήσονται. ἐκκείσθωσαν γὰρ ἐφεξῆς περισσοὶ καὶ ἄρτιοι, α' β' γ' δ' ε' ϛ' ζ' η' θ' ι'. γίνονται κατὰ τὴν τούτων σύνθεσιν οἱ τρίγωνοι. πρώτη μὲν ἡ μονάς· αὕτη γάρ, εἰ καὶ μὴ ἐντελεχείᾳ, δυνάμει πάντα ἐστίν, ἀρχὴ πάντων ἀριθμῶν οὖσα. τῆς δὲ ἑξῆς αὐτῇ δυάδος προστεθείσης γίνεται τρίγωνος ὁ γ'· εἶτα πρόσθες γ', γίνεται ϛ'· εἶτα πρόσθες δ', γίνονται ι'· εἶτα πρόσθες ε', γίνονται ιε'· εἶτα πρόσθες ϛ', γίνονται κα'· εἶτα πρόσθες ζ', γίνονται κη'· εἶτα πρόσθες η', γίνονται λϛ'· εἶτα πρόσθες θ', γίνονται με'· εἶτα πρόσθες ι', γίνονται νε'· καὶ μέχρις ἀπείρου ὁ αὐτὸς λόγος. δῆλον δὲ ὅτι τρίγωνοι οὗτοι οἱ ἀριθμοὶ κατὰ τὸν σχηματισμόν, τοῖς πρώτοις ἀριθμοῖς τοῦ ἐφεξῆς γνώμονος προστιθεμένου· καὶ εἶεν ἂν οἱ ἐκ τῆς ἐπισυνθέσεως ἀπογεννώμενοι τρίγωνοι οἵδε· γ' ϛ' ι' ιε' κα' κη' λϛ' με' νε'. καὶ οὕτως ἐπὶ τῶν ἑξῆς τῶν με' καὶ νε'.

α'
α

γ'
α
α α

ϛ'
α
α α
α α α

ι'
α
α α
α α α
α α α α

ιε'
α
α α
α α α
α α α α
α α α α α

κα'
α
α α
α α α
α α α α
α α α α α
α α α α α α

κη'
α
α α
α α α
α α α α
α α α α α
α α α α α α
α α α α α α α

λϛ'
α
α α
α α α
α α α α
α α α α α
α α α α α α
α α α α α α α
α α α α α α α α

4 γίνωνται A[1] 6 ἐντελεχεία corr. ex ἐντελέχεια A
10 γίνονται κα': γίνονται compendio scr. A ut in sequentibus
18 τῶν με' καὶ νε' del. vid.

οἱ δὲ τετράγωνοι γεννῶνται μέν, ὡς προείρηται, ἐκ τῶν ἐφεξῆς ἀπὸ μονάδος περιττῶν ἀλλήλοις ἐπισυντιθεμένων· συμβέβηκε δὲ αὐτοῖς ὥστε ἐναλλὰξ παρ' ἕνα ἀρτίοις εἶναι καὶ περιττοῖς, ὥσπερ ὁ πᾶς ἀριθμὸς παρ' ἕνα ἄρτιός ἐστιν ἢ περιττός· οἷον α' δ' θ' ις' κε' λς' μθ' ξδ' πα' ρ'. τῇ δὲ ἀπὸ μονάδος κατὰ τὸ ἑξῆς ἐκθέσει τῶν ἀρτίων τε καὶ περιττῶν ἀριθμῶν συμβέβηκε, τοὺς γνώμονας τοὺς δυάδι ἀλλήλων ὑπερέχοντας ἐν τῇ συνθέσει τετραγώνους ἀποτελεῖν, ὡς ἐπάνω ἀποδέδεικται· ὑπερέχουσι γὰρ δυάδι ἀλλήλων ἀπὸ μονάδος ἀρχόμενοι ⟨οἱ⟩ περιττοί. ὁμοίως δὲ οἱ τριάδι ἀλλήλων ὑπερέχοντες ἐν τῇ συνθέσει ἀπὸ μονάδος πενταγώνους ἀποτελοῦσιν, ἑξαγώνους δὲ οἱ τετράδι, αἰεί τε ἡ ὑπεροχὴ τῶν γνωμόνων ἐξ ὧν ἀποτελοῦνται οἱ πολύγωνοι δυάδι λείπεται τοῦ πλήθους τῶν ἀποτελουμένων γωνιῶν.

ἑτέρα δὲ πάλιν ἐστὶ τάξις ἐν τοῖς πολυγώνοις τῶν ἀπὸ μονάδος πολλαπλασίων ἀριθμῶν. τῶν γὰρ ἀπὸ μονάδος πολλαπλασίων, λέγω δὲ διπλασίων τριπλασίων καὶ τῶν ἑξῆς, οἱ μὲν ἕνα παρ' ἕνα διαλείποντες ἀριθμοὶ τετράγωνοι πάντες εἰσίν, οἱ δὲ δύο διαλείποντες κύβοι πάντες, οἱ δὲ πέντε διαλείποντες κύβοι ἅμα καὶ τετράγωνοί εἰσι καὶ τὰς μὲν πλευρὰς ἔχουσι τετραγώνους

1 inscr. περὶ τῶν ἑξῆς πολυγώνων A, κα in mg.
δ θ ις κε λς
α γ ε ζ θ ια in mg. A προείρηται: p. 28, 3. 32, 9
5 in mg. sup. cod. A haec scripta sunt:

δ θ ις κε
α β γ δ ε ς ζ η θ ι δ θ ις κε τετράγωνοι
ε ιβ κβ λε
α β γ δ ε ς ζ η θ ι ια ιβ ιγ ε ιβ κβ λε πεντάγωνοι
ς ιε κη με
α β γ δ ε ς ζ η θ ι ια ιβ ιγ ιδ ιε ις ιζ ς ιε κη με ἑξάγωνοι

12 πενταγώνους corr. ex τετραγώνους A 13 ἡ supra vs. A

ἀριθμοὺς κύβοι ὄντες, τετράγωνοι δὲ ὄντες ἀριθμοὶ κυβικὰς ἔχουσι τὰς πλευράς. ὅτι δὲ τῶν πολλαπλασίων ἀριθμῶν οἱ μὲν παρ' ἕνα ἀπὸ μονάδος τετράγωνοί εἰσιν, οἱ δὲ παρὰ β' κύβοι, οἱ δὲ παρὰ ε' κύβοι ἅμα καὶ τετράγωνοί εἰσι, δῆλον οὕτως. ἐν μὲν τοῖς διπλασίοις, κειμένων πλειόνων ἀριθμῶν οἷον α' β' γ' δ' ε' ς' ζ' η' θ' ι' ια' ιβ' ιγ' ιδ' ιε' ις' ιζ' ιη' ιθ' κ' κα' κβ' κγ' κδ' κε' πρῶτος διπλάσιος ὁ β'· εἶτα ὁ δ', ὅς ἐστι τετράγωνος· εἶτα ὁ η', ὅς ἐστι κύβος· εἶτα ις', ὅς ἐστι τετράγωνος· εἶτα ὁ λβ'· μεθ' ὃν ὁ ξδ', ὅς ἐστι τετράγωνος ἅμα καὶ κύβος· εἶτα ρκη'· μεθ' ὃν σνς', ὅς ἐστι τετράγωνος· καὶ μέχρις ἀπείρου ὁ αὐτὸς λόγος. καὶ ἐν τῷ τριπλασίῳ εὑρεθήσονται οἱ παρ' ἕνα τετράγωνοι, καὶ ἐν τῷ πενταπλασίῳ, καὶ κατὰ τοὺς ἑξῆς πολλαπλασίους. ὁμοίως δὲ εὑρεθήσονται καὶ οἱ δύο διαλείποντες ἐν τοῖς πολλαπλασίοις κύβοι πάντες, καὶ οἱ ε' διαλείποντες κύβοι ἅμα καὶ τετράγωνοι. ἰδίως δὲ τοῖς τετραγώνοις συμβέβηκεν ἤτοι τρίτον ἔχειν ἢ μονάδος ἀφαιρεθείσης τρίτον ἔχειν πάντως, ἢ πάλιν τέταρτον ἔχειν ἢ μονάδος ἀφαιρεθείσης τέταρτον ἔχειν πάντως· καὶ τὸν μὲν μονάδος ἀφαιρεθείσης τρίτον ἔχοντα ἔχειν καὶ τέταρτον πάντως, ὡς ὁ δ', τὸν δὲ μονάδος ἀφαιρεθείσης τέταρτον ἔχοντα ἔχειν τρίτον πάντως, ὡς ὁ θ', ἢ τὸν αὐτὸν πάλιν καὶ τρίτον ἔχειν καὶ τέταρτον, ὡς ὁ λς' [ἢ μηδέτερον τούτων ἔχοντα τοῦτον μονάδος ἀφαιρεθείσης τρίτον ἔχειν πάν-

5 ἐν μὲν τοῖς διπλασίοις δῆλον οὕτως? 6 pro hac numerorum serie Gelderus hanc posuit: α' β' δ' η' ις' λβ' ξδ' ρκη' σνς' 13 ἐν τῷ πενταπλασίῳ A[2]] οἱ παρ' ἕνα πενταπλάσιοι A[1] 15 διαλείποντες: ει corr. ex ι A 17 sqq. cf. Nesselmann die Algebra der Griechen p. 227 sq. 24 ἢ — πάντως del. Bull. 25 τοῦτον corr. ex τούτων A

τως], ἢ μήτε τρίτον μήτε τέταρτον ἔχοντα μονάδος ἀφαιρεθείσης καὶ τρίτον ἔχειν καὶ τέταρτον, ὡς ὁ κε´.

ἔτι τῶν ἀριθμῶν οἱ μὲν ἰσάκις ἴσοι τετράγωνοί εἰσιν, οἱ δὲ ἀνισάκις ἄνισοι ἑτερομήκεις καὶ προμήκεις, καὶ ἁπλῶς οἱ διχῶς πολλαπλασιαζόμενοι ἐπίπεδοι, οἱ δὲ τριχῶς στερεοί. λέγονται δὲ ἐπίπεδοι ἀριθμοὶ καὶ τρίγωνοι καὶ τετράγωνοι καὶ στερεοὶ καὶ τἆλλα οὐ κυρίως ἀλλὰ καθ᾽ ὁμοιότητα τῶν χωρίων ἃ καταμετροῦσιν· ὁ γὰρ δ´, ἐπεὶ τετράγωνον χωρίον καταμετρεῖ, ἀπ᾽ αὐτοῦ καλεῖται τετράγωνος, καὶ ὁ ϛ´ διὰ τὰ αὐτὰ ἑτερομήκης.

ὅμοιοι δ᾽ εἰσὶν ἀριθμοὶ ἐν μὲν ἐπιπέδοις τετράγωνοι οἱ πάντες πᾶσιν, ἑτερομήκεις δὲ ὅσων αἱ πλευραί, τουτέστιν οἱ περιέχοντες αὐτοὺς ἀριθμοί, ἀνάλογόν εἰσιν. οἷον ἑτερομήκη ἢν τὰ ϛ´· πλευραὶ δὲ αὐτοῦ μῆκος γ´, πλάτος β´· ἕτερος πάλιν ἐπίπεδος ὁ κδ´· πλευραὶ δὲ αὐτοῦ μῆκος μὲν ϛ´, πλάτος δὲ δ´. καὶ ἔστιν ὡς τι μῆκος πρὸς τὸ μῆκος, οὕτως τὸ πλάτος πρὸς τὸ πλάτος· ὡς γὰρ ϛ´ πρὸς γ´, οὕτως δ´ πρὸς β´. ὅμοιοι οὖν ἀριθμοὶ ἐπίπεδοι ὅ τε ϛ´ καὶ ὁ κδ´. σχηματίζονται δὲ οἱ αὐτοὶ ἀριθμοὶ ὁτὲ μὲν εἰς πλευρὰς ὡς μήκη καὶ πρὸς ἑτέρων σύστασιν λαμβανόμενοι, ὁτὲ δὲ εἰς ἐπιπέδους, ὅταν ἐκ πολλαπλασιασμοῦ δύο ἀριθμῶν γεννηθῶσιν, ὁτὲ

1 ἢ supra vs. A 3 inscr. περὶ ἰσάκις ἴσων καὶ ἀνισάκις ἀνίσων A, $\overline{\kappa\beta}$ in mg. 7 στερεοὶ corr. ex στερρεοὶ A 9 τετράγωνον apogr.] □̑ (i. e. τετραγώνων) A 12 inscr. περὶ ὁμοίων ἀριθμῶν A, $\overline{\kappa\gamma}$ in mg., figuras add. A[2]

14 αὐτοὺς] αὐτὰς A, cf. p. 24, 26 19 $\frac{\bar{\beta}}{\delta}$ πρὸς $\frac{\bar{\alpha}}{\beta}$ apogr. β πρὸς $\bar{\delta}$ A 21 ὡς μήκη καὶ <πλάτη καὶ ὕψη>? 23 δύο apogr.] $\bar{\beta}$ δύο A

δὲ εἰς στερεούς, ὅταν ἐκ πολλαπλασιασμοῦ τριῶν ληφθῶσιν ἀριθμῶν. ἐν δὲ τοῖς στερεοῖς πάλιν οἱ μὲν κύβοι πάντες πᾶσίν εἰσιν ὅμοιοι, τῶν δὲ ἄλλων οἱ τὰς πλευρὰς ἔχοντες ἀνάλογον· ὡς ἡ τοῦ μήκους πρὸς τὴν τοῦ μήκους, οὕτως ἡ τοῦ πλάτους πρὸς τὴν τοῦ πλάτους καὶ ⟨ἡ⟩ τοῦ ὕψους πρὸς τὴν τοῦ ὕψους.

τῶν δὲ ἐπιπέδων καὶ πολυγώνων ἀριθμῶν πρῶτος ὁ τρίγωνος, ὡς καὶ τῶν ἐπιπέδων εὐθυγράμμων σχημάτων πρῶτόν ἐστι τὸ τρίγωνον. πῶς δὲ γεννῶνται προείρηται, ὅτι τῷ πρώτῳ ἀριθμῷ τοῦ ἑξῆς ἀρτίου καὶ περιττοῦ προστιθεμένου. πάντες δὲ οἱ ἐφεξῆς ἀριθμοί, ἀπογεννῶντες τριγώνους ἢ τετραγώνους ἢ πολυγώνους, γνώμονες καλοῦνται. τοσούτων δὲ μονάδων ἕκαστον τρίγωνον ἔχει πλευρὰς πάντως, ὅσων καὶ μόνος ἐστὶν ὁ προσλαμβανόμενος γνώμων. οἷον ἔστω πρῶτον ἡ μονάς, λεγομένη τρίγωνον οὐ κατ᾽ ἐντελέχειαν, ὡς προειρήκαμεν, ἀλλὰ κατὰ δύναμιν· ἐπεὶ γὰρ αὕτη οἷον σπέρμα πάντων ἐστὶν ἀριθμῶν, ἔχει ἐν αὑτῇ καὶ τριγωνοειδῆ δύναμιν. προσλαμβάνουσα γοῦν τὴν δυάδα ἀποτελεῖ τρίγωνον, ἔχον πλευρὰς τοσούτων μονάδων, ὅσων ἐστὶν ὁ προσληφθεὶς γνώμων τῆς δυάδος. τὸ δὲ ὅλον τρίγωνον τοσούτων ἐστὶ μονάδων, ὅσων καὶ οἱ συντεθέντες γνώμονες. ὅ τε γὰρ τοῦ ἑνὸς καὶ ⟨ὁ⟩ τῶν δυεῖν γνώμων τὰ γ′ ἐποίησαν, ὥστε καὶ τὸ τρίγωνον

7 inscr. περὶ τριγώνων ἀριθμῶν A, $\overline{\kappa\delta}$ in mg. 10 προείρηται: p. 33, 1 11 cf. Nesselmann p. 203 14 τὰς ante πλευρὰς add. A² πάντως corr. ex πάντων A 17 προειρήκαμεν: p. 33, 6 24 τοσούτων, φησί, μονάδων ἐστὶν ἡ πλευρὰ τοῦ τριγώνου, ὅσων μονάδων ἐστὶν ὁ προστεθεὶς γνώμων· τοσαῦται δέ εἰσιν αἱ τοῦ γνώμονος μονάδες, ὅσοι εἰσὶν οἱ γνώμονες οἱ εἰς τὸ τρίγωνον συνελθόντες mg. A

ἔσται μὲν τριῶν μονάδων, ἕξει δ' ἑκάστην πλευρὰν τῶν δυεῖν, ὅσοι καὶ οἱ γνώμονες συνετέθησαν. εἶτα τὸ γ´ τρίγωνον προσλαμβάνει τὸν τῶν γ´ γνώμονα, ὃς μονάδι ὑπερέχει τῆς δυάδος, καὶ γίνεται τὸ μὲν ὅλον τρίγωνον ϛ´· πλευρὰς δ' ἕξει τοσούτων μονάδων καὶ τοῦτο τὸ τρίγωνον, ὅσοι γνώμονες συντέθεινται· ἐκ γὰρ τοῦ ἑνὸς καὶ β´ καὶ γ´ συνετέθη ὁ ϛ´.

α   α
α α   α α
       α α α

εἶτα ὁ ϛ´ προσλαμβάνει τὸν δ´· γίνεται τὸ τοῦ ι´ τρίγωνον, ἑκάστην πλευρὰν ἔχον δ´ μονάδων· ὁ γὰρ προσληφθεὶς γνώμων ἦν ὁ δ´, καὶ ἐκ δ´ δὲ γνωμόνων ἦν τὸ ὅλον, τοῦ τε ἑνὸς καὶ β´ καὶ γ´ καὶ δ´. ἔτι ὁ ι´ προσλαμβάνει τὸν ε´, καὶ γίνεται ⟨τὸ τοῦ ιε´⟩ τρίγωνον, πλευρὰν ἔχον ἑκάστην μονάδων ε´, καὶ ἐκ τῶν ε´ γνωμόνων συνέστη. ὁμοίως καὶ οἱ ἓξ γνώμονες .... τοὺς γνωμονικοὺς ἀριθμοὺς ἀποτελοῦσι.

λέγονται δέ τινες καὶ κυκλοειδεῖς καὶ σφαιροειδεῖς καὶ ἀποκαταστατικοὶ ἀριθμοί· οὗτοι δ' εἰσὶν οἵτινες ἐν τῷ πολλαπλασιάζεσθαι ἢ ἐπιπέδως ἢ στερεῶς, τουτέστι κατὰ δύο διαστάσεις ἢ κατὰ τρεῖς, ἀφ' οὗ ἂν ἄρξωνται ἀριθμοῦ ἐπὶ τοῦτον ἀποκαθιστάμενοι. τοιοῦτον δέ ἐστι καὶ ὁ κύκλος· ἀφ' οὗ ἂν ἄρξηται σημείου,

2 γνώμονες: ο corr. ex ω A εἶτα corr. ex εἰς A γ´] τρίτον A, om. apogr. 3 ὃς corr. ex οἳ A 4 τῆς δυάδος corr. ex τὴν δυάδα A 5 τὰς ante πλευρὰς add. A[2] 9 ἔχον corr. ex ἔχων A 10 γνώμων A[2]] γνώμω A[1] 12 τὸ τοῦ ιε´ add. apogr. 13 γνωμόνω A[1] 14 ἓξ] ἑξῆς apogr. 16 inscr. περὶ κυκλοειδῶν καὶ σφαιροειδῶν καὶ ἀποκαταστατικῶν ἀριθμῶν A, κδ in mg. 17 οἵτινες — ἀποκαθιστάμενοι] scr. οἱ — ἀποκαθιστάμενοι aut οἵτινες — ἀποκαθίστανται 21 κύκλος ⟨ὅς⟩?

ἐπὶ τοῦτο ἀποκαθίσταται· ὑπὸ γὰρ μιᾶς γραμμῆς περιεχόμενος ἀπὸ τοῦ αὐτοῦ ἄρχεται καὶ εἰς ταὐτὸ καταλήγει. τοιαύτη δὲ καὶ ἐν στερεῷ ἡ σφαῖρα· κύκλου γὰρ κατὰ πλευρὰν περιαγομένου ἡ ἀπὸ τοῦ αὐτοῦ ἐπὶ τὸ αὐτὸ ἀποκατάστασις σφαῖραν γράφει. καὶ ἀριθμοὶ δὴ οἱ ἐν τῷ πολλαπλασιασμῷ ἐφ' ἑαυτοὺς καταλήγοντες κυκλικοί τε καλοῦνται καὶ σφαιροειδεῖς· ὧν εἰσιν ὅ τε ε' καὶ ὁ ς'· πεντάκις γὰρ ε' κε', πεντάκις κε' ρκε', ἑξάκις ς' λς', καὶ ἑξάκις λς' σις'.

τῶν δὲ τετραγώνων ἡ μὲν γένεσις, ὡς εἶπον, ἐκ τῶν περισσῶν ἀλλήλοις ἐπισυντιθεμένων, τουτέστι τῶν ἀπὸ μονάδος δυάδι ἀλλήλων ὑπερεχόντων· ἓν γὰρ καὶ γ' δ', καὶ δ' καὶ ε' θ', καὶ θ' καὶ ζ' ις', καὶ ις' καὶ θ' κε'.

α α	α α α	α α α α	α α α α α
α α	α α α	α α α α	α α α α α
	α α α	α α α α	α α α α α
		α α α α	α α α α α
			α α α α α

πεντάγωνοι δέ εἰσιν ἀριθμοὶ οἱ ἐκ τῶν ἀπὸ μονάδος κατὰ τὸ ἑξῆς τριάδι ⟨ἀλλήλων⟩ ὑπερεχόντων συντιθέμενοι. ὧν εἰσιν οἱ μὲν γνώμονες α' δ' ζ' ι' ιγ' ις' ιθ'· αὐτοὶ δὲ οἱ πεντάγωνοι α' ε' ιβ' κβ' λε' να' καὶ ἑξῆς ὁμοίως. σχηματίζονται δὲ πενταγωνικῶς οὕτως·

α'	ε'	ιβ'	κβ'	λε'
α	α	α	α	α
	α α	α α	α α	α α
	α α	α α α	α α α	α α α
		α α α	α α α α	α α α α
		α α α	α α α α	α α α α α
			α α α α	α α α α α
			α α α α	α α α α α
				α α α α α
				α α α α α

10 inscr. περὶ τετραγώνων ἀριθμῶν A εἶπον: p. 28, 3. 32, 9. 34, 1 14 inscr. περὶ πενταγώνων ἀριθμῶν A, $\overline{κε}$ in mg.

ἑξάγωνοι δέ εἰσιν ἀριθμοὶ οἱ ἐκ τῶν κατὰ τὸ ἑξῆς ἀπὸ μονάδος τετράδι ἀλλήλων ὑπερεχόντων συντιθέμενοι· ὧν οἱ γνώμονές εἰσιν α' ε' ϑ' ιγ' ιζ' κα' κε'· οἱ δὲ ἐκ τούτων ἑξάγωνοι οἵδε· α' ϛ' ιε' κη' με' ξϛ' ϟα'. σχηματίζονται δὲ οὕτως·

α'	ϛ'	ιϛ'	κη'	με'	ξϛ'
α	α	α	α	α	α
	α α	α α	α α	α α	α α
	α α	α α α	α α α	α α α	α α α
	α	α α α	α α α α	α α α α	α α α α
		α α α	α α α α	α α α α α	α α α α α
		α α	α α α α	α α α α α	α α α α α α
		α	α α α α	α α α α α	α α α α α α
			α α α	α α α α α	α α α α α α
			α α	α α α α α	α α α α α α
			α	α α α α α	α α α α α α
				α α α α	α α α α α α
				α α α	α α α α α
				α α	α α α α
				α	α α α
					α α
					α

ἑπτάγωνοι δέ εἰσιν οἱ ἀπὸ μονάδος πεντάδι ἀλλήλων ὑπερεχόντων συνιστάμενοι· ὧν γνώμονες μὲν α' ϛ' ια' ιϛ' κα' κϛ'· οἱ δὲ ἐκ τούτων συντιθέμενοι α' ζ' ιη' λδ' νε' πα'. ὁμοίως δὲ καὶ ὀκτάγωνοι ⟨οἱ⟩ ἀπὸ μονάδος ἑξάδι ἀλλήλων ὑπερεχόντων συντιθέμενοι, ἐννεάγωνοι δὲ οἱ ἀπὸ μονάδος ἑβδομάδι ἀλλήλων ὑπερεχόντων συνιστάμενοι, δεκάγωνοι δὲ οἱ ἀπὸ μονάδος ὀγδοάδι ἀλλήλων ὑπερεχόντων συντιθέμενοι. ἐπὶ πάντων δὲ τῶν πολυγώνων καθόλου ὁσάγωνος ἂν λέγηται ἀριθμός, δυεῖν δεούσαιν μονάδων τοῦ πλήθους τῶν

1 inscr. περὶ ἑξαγώνων ἀριθμῶν A 6 inscr. ὁμοία δὲ ἡ σύνθεσις καὶ ἐπὶ τῶν λοιπῶν πολυγώνων A ἐκ τῶν hic et in iis quae sequuntur neglegenter omissum 11 μονάδος A²] νάδος A¹ 13 καὶ ante ἐπὶ add. A² 15 δυεῖν δεούσαιν μονάδων corr. ex δύο δὲ οὔσαις μόνας ut vid. A

γωνιῶν ἡ ὑπεροχὴ τῶν ἀριθμῶν λαμβάνεται, ἐξ ὧν οἱ πολύγωνοι συντίθενται.

ἐκ δύο τριγώνων ἀποτελεῖται τετράγωνον· α′ καὶ γ′ δ′, γ′ καὶ ς′ θ′, ς′ καὶ ι′ ις′, ι′ καὶ ιε′ κε′, ιε′ καὶ κα′ λς′, κα′ καὶ κη′ μθ′, κη′ καὶ λς′ ξδ′, λς′ καὶ με′ πα′, καὶ οἱ ἑξῆς ὁμοίως συνδυαζόμενοι τρίγωνοι τετραγώνους ἀποτελοῦσιν, ὡς καὶ ἐπὶ τῶν γραμμικῶν τριγώνων σύνθεσις τετράγωνον σχῆμα ποιεῖ.

ἔτι τῶν στερεῶν ἀριθμῶν οἱ μὲν ἴσας πλευρὰς ἔχουσιν, [ὡς ἀριθμοὺς τρεῖς ἴσους ἐπὶ ἴσους πολλαπλασιάζεσθαι,] οἱ δὲ ἀνίσους. τούτων δ᾽ οἱ μὲν πάσας ἀνίσους ἔχουσιν, οἱ δὲ τὰς δύο ἴσας καὶ τὴν μίαν ἥττονα. πάλιν τε τῶν τὰς δύο ἴσας ἐχόντων οἱ μὲν μείζονα τὴν τρίτην ἔχουσιν, οἱ δὲ ἐλάττονα. οἱ μὲν οὖν ἴσας ἔχοντες πλευράς, ἰσάκις ἴσοι ἰσάκις ὄντες, κύβοι καλοῦνται· οἱ δὲ πάσας ἀνίσους τὰς πλευράς, ἀνισάκις ἄνισοι ἀνισάκις, βωμίσκοι καλοῦνται· οἱ δὲ δύο μὲν ἴσας, τὴν δὲ τρίτην ἑκατέρας τῶν δυεῖν ἐλάσσονα, ἰσάκις ἴσοι ἐλαττονάκις, πλινθίδες ἐκλήθησαν· οἱ δὲ δύο μὲν ἴσας,

1 γωνιῶν Bull.] ἀριθμῶν in ras. A ἀριθμῶν] γωνιῶν in ras. vocis ἀριθμῶν A 2 πολύγωνοι: ι post ν er. A 3 inscr. ὅτι ἐκ δύο τριγώνων τὸ τετράγωνον A, κς̄ in mg. ἐκ: inter E et κ complures literae erasae in A δὲ post δύο add. A[2] 7 ἐπὶ] ἢ? 8 inscr. περὶ στερεῶν ἀριθμῶν A, κζ̄ in mg. 11 aut delenda sunt verba καὶ τὴν μίαν ἥττονα (sic Bullialdus) aut scribendum καὶ τὴν μίαν ἄνισον 16 τὰς post δὲ add. A[2] ἴσας corr. ex ἴσοι A 18 πλινθίδες corr. ex πληνθίδες A τὰς post δὲ add. A[2]

τὴν δὲ τρίτην ἑκατέρας τῶν δυεῖν μείζονα, ἰσάκις ἴσοι μειζονάκις, δοκίδες καλοῦνται.

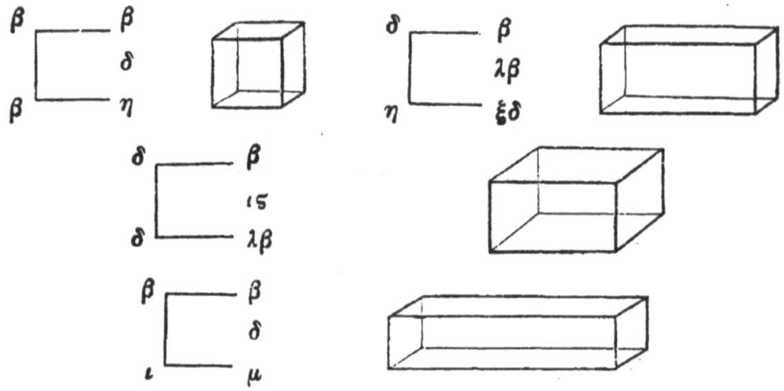

εἰσὶ δὲ καὶ πυραμοειδεῖς ἀριθμοὶ πυραμίδας καταμετροῦντες καὶ κολουροπυραμίδας. κόλουρος δὲ πυραμίς ἐστιν ἡ τὴν κορυφὴν ἀποτετμημένη. τινὲς δὲ [κόλουρον] τὸ τοιοῦτον τραπέζιον προσηγόρευσαν ἀπὸ τῶν ἐπιπέδων τραπεζίων· τραπέζιον γὰρ λέγεται, ὅταν τριγώνου ἡ κορυφὴ ὑπὸ παραλλήλου τῇ βάσει εὐθείας ἀποτμηθῇ.

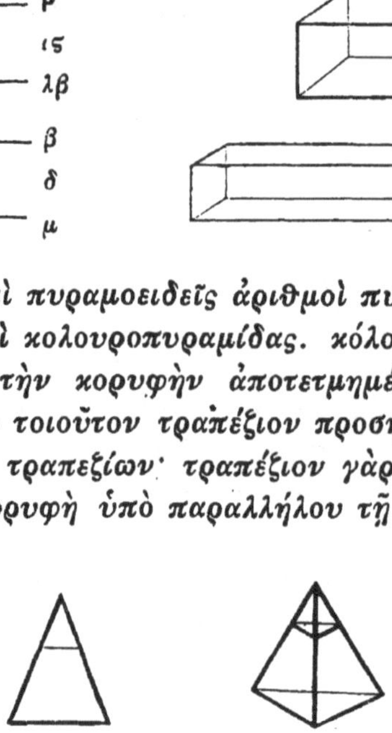

ὥσπερ δὲ τριγωνικοὺς καὶ τετραγωνικοὺς καὶ πεν-

2 ad figuras, quae satis neglegenter descriptae sunt, pertinet haec adnotatio marginis A: τὸ ἐπάνω σημεῖόν ἐστιν ἴσον, τὸ ὑποκάτω μεῖζον 3 inscr. περὶ πυραμοειδῶν ἀριθμῶν A, κη̅ in mg. πυραμίδα A 4 κολουροπυραμίδας: ας corr. ex ες A 10 inscr. περὶ πλευρικῶν καὶ διαμετρικῶν ἀριθμῶν A, κθ̅ in mg. cf. Nesselmann p. 228 sqq.

ταγωνικοὺς καὶ κατὰ τὰ λοιπὰ σχήματα λόγους ἔχουσι δυνάμει οἱ ἀριθμοί, οὕτως καὶ πλευρικοὺς καὶ διαμετρικοὺς λόγους εὕροιμεν ἂν κατὰ τοὺς σπερματικοὺς λόγους ἐμφανιζομένους τοῖς ἀριθμοῖς. ἐκ γὰρ τούτων ῥυθμίζεται τὰ σχήματα. ὥσπερ οὖν πάντων τῶν σχημάτων κατὰ τὸν ἀνωτάτω καὶ σπερματικὸν λόγον ἡ μονὰς ἄρχει, οὕτως καὶ τῆς διαμέτρου καὶ τῆς πλευρᾶς λόγος ἐν τῇ μονάδι εὑρίσκεται. οἷον ἐκτίθενται δύο μονάδες, ὧν τὴν μὲν θῶμεν εἶναι διάμετρον, τὴν δὲ πλευράν, ἐπειδὴ τὴν μονάδα, πάντων οὖσαν ἀρχήν, δεῖ δυνάμει καὶ πλευρὰν εἶναι καὶ διάμετρον. καὶ προστίθεται τῇ μὲν πλευρᾷ διάμετρος, τῇ δὲ διαμέτρῳ δύο πλευραί, ἐπειδὴ ὅσον ἡ πλευρὰ δὶς δύναται, ἡ διάμετρος ἅπαξ. ἐγένετο οὖν μείζων μὲν ἡ διάμετρος, ἐλάττων δὲ ἡ πλευρά. καὶ ἐπὶ μὲν τῆς πρώτης πλευρᾶς τε καὶ διαμέτρου εἴη ἂν τὸ ἀπὸ τῆς μονάδος διαμέτρου τετράγωνον μονάδι μιᾷ ἔλαττον ἢ διπλάσιον τοῦ ἀπὸ τῆς μονάδος πλευρᾶς τετραγώνου· ἐν ἰσότητι γὰρ αἱ μονάδες· τὸ δ' ἓν τοῦ ἑνὸς μονάδι ἔλαττον ἢ διπλάσιον. προσθῶμεν δὴ τῇ μὲν πλευρᾷ διάμετρον, τουτέστι τῇ μονάδι μονάδα· ἔσται ἡ πλευρὰ ἄρα δύο μονάδων· τῇ δὲ διαμέτρῳ προσθῶμεν δύο πλευράς, τουτέστι τῇ μονάδι δύο μονάδας· ἔσται ἡ διάμετρος μονάδων τριῶν· καὶ τὸ

4 ⟨ἐν⟩ τοῖς ἀριθμοῖς? 12 δὲ μέτρῳ (supra scr. δια) A 15 γ^{ρ′} μοναδικῆς supra πρώτης add. A² 16 μονάδος διαμέτρου] μονόποδος (ex corr.) δ^{υ} A 17 ἔλαττον ἢ corr. ex ἐλάττονι A μονάδος apogr.] μονόποδος A 20 διάμετρον] δ^{ν′} A 21 μονάδων apogr.] μ^{όα} A, μονάδες Bull. 23 μονάδας] μ^{ος} A, em. apogr. ἔσται] nota vocabuli ἄρα in ras. notae voc. ἔσται A μονάδων corr. ex μονάδι A

μὲν ἀπὸ τῆς δυάδος πλευρᾶς τετράγωνον δ', τὶ δ' ἀπο τῆς τρίαδος διαμέτρου τετράγωνον ϑ'· τὸ ϑ' ἄρα μονάδι μεῖζον ἢ διπλάσιον τοῦ ἀπὸ τῆς β' πλευρᾶς. πάλιν προσθῶμεν τῇ μὲν β' πλευρᾷ διάμετρον τὴν τρίαδα· ἔσται ἡ πλευρὰ ε'· τῇ δὲ τρίαδι διαμέτρῳ β' πλευράς, τουτέστι δὶς τὰ β'· ἔσται ζ'· ἔσται τὸ μὲν ἀπὸ τῆς ⟨ε'⟩ πλευρᾶς τετράγωνον κε', τὸ δὲ ἀπὸ τῆς ζ' ⟨διαμέτρου⟩ μϑ'· μονάδι ἔλασσον ἢ διπλάσιον τοῦ κε' ἄρα τὸ μϑ'. πάλιν ἂν τῇ ⟨ε'⟩ πλευρᾷ προσθῇς τὴν ζ' διάμετρον, ἔσται ιβ'· κἂν τῇ ζ' διαμέτρῳ προσθῇς δὶς τὴν ε' πλευράν, ἔσται ιζ'· καὶ τοῦ ἀπὸ τῆς ιβ' τετραγώνου τὸ ἀπὸ τῆς ιζ' μονάδι πλέον ἢ διπλάσιον. καὶ κατὰ τὸ ἑξῆς τῆς προσθήκης ὁμοίως γιγνομένης, ἔσται τὸ ἀνάλογον ἐναλλάξ· ποτὲ μὲν μονάδι ἔλαττον, ποτὲ δὲ μονάδι πλέον ἢ διπλάσιον τὸ ἀπὸ τῆς διαμέτρου τετράγωνον τοῦ ἀπὸ τῆς πλευρᾶς· καὶ ῥηταὶ αἱ τοιαῦται καὶ πλευραὶ καὶ τδιάμεροι.

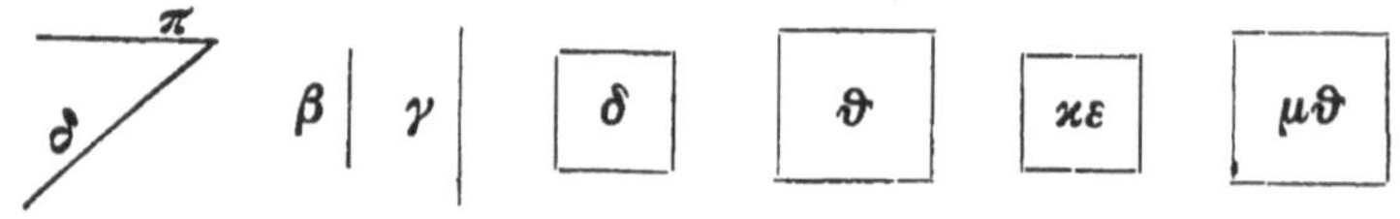

αἱ δὲ διάμετροι τῶν πλευρῶν ἐναλλὰξ παρὰ μίαν ποτὲ

1 δυάδος in ras. A 2 διαμέτρου] δ̣ύ A ϑ'· τὸ ϑ' ἄρα: τὸ et nota vocis ἄρα supra vs., $\overline{\vartheta}$ τὸ in ras. A 4 β'] δύο A διάμετρον] δ̣'ν A 5 ἔσται A[1]] μονάδων ἄρα A[2] διαμέτρῳ] δυνάμει A 6 ἔσται ζ': μο' supra notam vocis ἔσται add. A[2] ἔσται τὸ: nota voc. ἔσται mut. in ἄρα A 8 τοῦ $\overline{\kappa\varepsilon}$ ἄρα τὸ $\overline{\mu\vartheta}$ apogr.] τὸ $\overline{\kappa\varepsilon}$ ἄρα τοῦ $\overline{\mu\vartheta}$ A 9 διάμετρον] δυνάμει A 10 nota vocis ἔσται mut. in μ,ο A 11 nota vocis ἔσται mut. in μονάδων A ἄρα post καὶ add. A[2] 17 duo quadrata cum numeris ρμϑ et σπϑ add. A[2] 18 αἱ δὲ corr. ex ἡ δ.αι A

μὲν μονάδι μείζους ἢ διπλάσιαι δυνάμει, ποτὲ δὲ μονάδι ἐλάττους ἢ διπλάσιαι ὁμαλῶς· πᾶσαι οὖν αἱ διάμετροι πασῶν τῶν πλευρῶν γενήσονται δυνάμει διπλάσιαι, τοῦ ἐναλλὰξ πλείονος καὶ ἐλάττονος τῇ αὐτῇ μονάδι ἐν πάσαις ὁμαλῶς τιθεμένῃ ἰσότητα ποιοῦντος εἰς τὸ μήτε ἐλλείπειν μήτε ὑπερβάλλειν ἐν ἁπάσαις τὸ διπλάσιον· τὸ γὰρ τῇ προτέρᾳ διαμέτρῳ λεῖπον δυνάμει τῇ ἐφεξῆς ὑπερβάλλει.

ἔτι τε τῶν ἀριθμῶν οἱ μέν τινες τέλειοι λέγονται, οἱ δ' ὑπερτέλειοι, οἱ δ' ἐλλιπεῖς. καὶ τέλειοι μέν εἰσιν οἱ τοῖς αὐτῶν μέρεσιν ἴσοι, ὡς ὁ τῶν ϛ'· μέρη γὰρ αὐτοῦ ἥμισυ γ', τρίτον β', ἕκτον α', ἅτινα συντιθέμενα ποιεῖ τὸν ϛ'. γεννῶνται δὲ οἱ τέλειοι τοῦτον τὸν τρόπον. ἐὰν ἐκθώμεθα τοὺς ἀπὸ μονάδος διπλασίους καὶ συντιθῶμεν αὐτούς, μέχρις οὗ ἂν γένηται πρῶτος καὶ ἀσύνθετος ἀριθμός, καὶ τὸν ἐκ τῆς συνθέσεως ἐπὶ τὸν ἔσχατον τῶν συντιθεμένων πολλαπλασιάσωμεν, ὁ ἀπογεννηθεὶς ἔσται τέλειος. οἷον ἐκκείσθωσαν διπλάσιοι α' β' δ' η' ιϛ'. συνθῶμεν οὖν α' καὶ β'· γίνεται γ'· καὶ τὸν γ' ἐπὶ τὸν ὕστερον τὸν ἐκ τῆς συνθέσεως πολλαπλασιάσωμεν, τουτέστιν ἐπὶ τὸν β'· γίνεται ϛ', ὅς ἐστι πρῶτος τέλειος. ἂν πάλιν τρεῖς τοὺς ἐφεξῆς διπλασίους συνθῶμεν, α' καὶ β' καὶ δ', ἔσται ζ'· καὶ τοῦτον ἐπὶ τὸν ἔσχατον τῶν τῆς συνθέσεως πολλαπλασιάσωμεν, τὸν ζ'

1 τῶν πλευρῶν post δυνάμει er. A 6 ἐλλείπειν: λει corr. ex λι A 9 inscr. περὶ τελείων καὶ ὑπερτελείων καὶ ἐλλιπῶν (corr. ex ἐλλιπόντων) ἀριθμῶν A, λ̄ in mg. 15 μέχρι A, em. apogr. 19 οὖν add. fort. A[2] γίνεται corr. ex nota vocis ἔσται ut vid. A 20 τὸν ἐκ τῆς συνθέσεως: immo τῶν συντεθέντων 22 τρεῖς: ει ex ι A 23 et p. 41, 1 ἔσται A[1]] γίνεται ut vid. A[2] fort. recte 24 τῶν ex τὸν A τῆς συνθέσεως: immo συντεθέντων πολαπλασιάσωμεν A, em. apogr.

ἐπὶ τὸν δ'· ἔσται ὁ κη', ὅς ἐστι δεύτερος τέλειος· σύγκειται ἐκ τοῦ ἡμίσεος τοῦ ιδ', τετάρτου τοῦ ζ', ἑβδόμου τοῦ δ', τεσσαρακαιδεκάτου τοῦ β', εἰκοστοῦ ὀγδόου τοῦ α'.

ὑπερτέλειοι δέ εἰσιν ὧν τὰ μέρη συντεθέντα μείζονά ἐστι τῶν ὅλων, οἷον ὁ τῶν ιβ'· τούτου γὰρ ἥμισύ ἐστιν ς', τρίτον δ', τέταρτον γ', ἕκτον β', δωδέκατον α', ἅτινα συντεθέντα γίνεται ις', ὅς ἐστι μείζων τοῦ ἐξ ἀρχῆς, τουτέστι τῶν ιβ'.

ἐλλιπεῖς δέ εἰσιν ὧν τὰ μέρη συντεθέντα ἐλάττονα τὸν ἀριθμὸν ποιεῖ τοῦ ἐξ ἀρχῆς προτεθέντος ἀριθμοῦ, οἷον ὁ τῶν η'· τούτου γὰρ ἥμισυ δ', τετάρτον β', ὄγδοον ἕν. τὸ αὐτὸ δὲ καὶ τῷ ι' συμβέβηκεν, ὃν καθ' ἕτερον λόγον τέλειον ἔφασαν οἱ Πυθαγορικοί, περὶ οὗ κατὰ τὴν οἰκείαν χώραν ἀποδώσομεν. λέγεται δὲ καὶ ὁ γ' τέλειος, ἐπειδὴ πρῶτος ἀρχὴν καὶ μέσα καὶ πέρας ἔχει· ὁ δ' αὐτὸς καὶ γραμμή ἐστι καὶ ἐπίπεδον, τρίγωνον γὰρ ἰσόπλευρον ἑκάστην πλευρὰν δυεῖν μονάδων ἔχον, καὶ πρῶτος δεσμὸς καὶ στερεοῦ δύναμις· ἐν γὰρ τρισὶ διαστάσεσι τὸ στερεὸν νοεῖσθαι.

ἐπεὶ δὲ καὶ συμφώνους τινάς φασιν ἀριθμούς, καὶ ὁ περὶ συμφωνίας λόγος οὐκ ἂν εὑρεθείη ἄνευ ἀρι-

1 δεύτερος] $\widehat{\beta}$ A σύγκειται — τοῦ α' in mg. A (fort. haec e contextu verborum removenda), γὰρ post σύγκειται apogr. 2 ἑβδόμου] $\widehat{\zeta}$ A 3 τεσσαρακαιδεκάτου] $\widehat{\iota\delta}$ A εἰκοστοῦ ὀγδοου] $\widehat{\kappa\eta}$ A 4 συντεθέντα: τε corr. ex τι A 5 τῶν $\overline{\iota\beta}$ A[2]] τὸν $\overline{\iota\beta}$ A[1] 7 ὅς (?) A[1]] καὶ A[2] 8 τῶν corr. ex τὸν A 12 τῷ corr. ex τὸ A 14 ἀποδώσομεν: p. 99, 18. 106, 7 γ': τρία corr. ex τρίτος A 15 μέσον apogr. 16 γάρ ⟨ἐστιν⟩? 18 δύναμις corr. ex δυνάμεις A 19 νοεῖται apogr.; fort. excidit φασίν vel tale quid 20 inscr. Θέωνος Πλατωνικοῦ συγκεφαλαίωσις καὶ σύνοψις τῆς ὅλης μουσικῆς Z, περὶ μουσικῆς A[2] α A

θμητικῆς· ἥτις συμφωνία τὴν μεγίστην ἔχει ἰσχύν, ἐν λόγῳ μὲν οὖσα ἀλήθεια, ἐν βίῳ δὲ εὐδαιμονία, ἐν δὲ τῇ φύσει ἁρμονία. καὶ αὐτὴ δὲ ἡ ἁρμονία ἥτις ἐστὶν ἐν κόσμῳ οὐκ ἂν εὑρεθείη μὴ ἐν ἀριθμοῖς πρότερον ἐξευρεθεῖσα· ἥτις ἐστὶ καὶ νοητή, ἡ δὲ νοητὴ ῥᾷον ἀπὸ τῆς αἰσθητῆς κατανοεῖται. νῦν μὲν οὖν περὶ τῶν δυεῖν ἁρμονιῶν λεκτέον, τῆς τ' αἰσθητῆς ἐν ὀργάνοις καὶ τῆς νοητῆς ἐν ἀριθμοῖς. μετὰ δὲ τὸν περὶ πάντων τῶν μαθηματικῶν λόγον τελευταῖον ἐπάξομεν καὶ τὸν περὶ τῆς ἐν κόσμῳ ἁρμονίας λόγον, οὐκ ὀκνοῦντες τὰ ὑπὸ τῶν πρὸ ἡμῶν ἐξευρημένα καὶ αὐτοὶ ἀναγράφειν, ὥσπερ καὶ τὰ πρόσθεν ὑπὸ τῶν Πυθαγορικῶν παραδοθέντα ἐπὶ τὸ γνωριμώτερον ἐξενεγκόντες παραδεδώκαμεν, οὐδὲν αὐτοὶ τούτων ἐξευρηκέναι φάσκοντες. παραδεικνύντες δέ τινα τῶν ὑπὸ τῶν πρὸ ἡμῶν παραδοθέντων τῷ μέλλοντι συνήσειν τὰ Πλάτωνος ἀναγκαίαν καὶ τούτων συναγωγὴν ἐποιησάμεθα.

Θράσυλλος τοίνυν περὶ τῆς ἐν ὀργάνῳ αἰσθητῆς λέγων ἁρμονίας φθόγγον φησὶν εἶναι φωνῆς ἐναρμονίου τάσιν. ἐναρμόνιος δὲ λέγεται, ἐπὰν δύνηται καὶ τοῦ ὀξέος ὀξύτερος εὑρεθῆναι καὶ τοῦ βαρέος βαρύτερος· καὶ ὁ αὐτὸς καὶ μέσος ἐστίν. ὡς εἴγε τινὰ τοιαύτην φωνὴν νοήσαιμεν ἥτις ὑπεραίρει πᾶσαν ὀξύτητα, οὐκ ἂν εἴη ἐναρμόνιος· οὐδὲ γὰρ τὸν τῆς ὑπερμεγέθους

2 μὲν οὖσα] μένουσα A[1] 4 πρώτερον A[1] 5 cf. Boeckh kl. Schr. III p. 138 sqq. 7 τῆς τ' αἰσθητῆς ἐν ὀργάνοις Z] τῆς τε αἰσθητῶν ὀργάνοις A[1], τῆς τε ἐν αἰσθητοῖς ὀργάνοις A[2] 17 ἐποιησάμεθα Z] πεποιήμεθα A 18 inscr. β̄ τί ἐστι φθόγγος καὶ τί φωνὴ ἐναρμόνιος mg. A. cf. C. Fr. Hermann de Thrasyllo p. 9. Marquard ad Aristox. p. 226 Θράσυλλος Z] Θρασυλλὸς A[1], Θρασύλλος A[2] 22 καὶ ὁ αὐτὸς καὶ μέσος ἐστίν del. vid.

βροντῆς ψόφον ἐναρμόνιον ἐροῦμεν, ὅς γε καὶ ὀλέθριος δια τὴν ὑπερβολὴν πολλάκις γίνεται, ὥς τις ἔφη·

πολλοὺς δὲ βροντῆς τραῦμ' ἄναιμον ὤλεσε.

καὶ μὴν εἴ τις οὕτως βαρὺς εἴη φθόγγος, ὡς μὴ ἔχειν αὐτοῦ βαρύτερον, οὐκ ἂν οὐδὲ φθόγγος εἴη τὸ ἐναρμόνιον οὐκ ἔχων. διὰ τοῦτ' οὖν φθόγγος εἶναι λέγεται οὐ πᾶσα φωνὴ οὐδὲ πάσης φωνῆς τάσις, ἀλλ' ἡ ἐναρμόνιος, οἷον μέσης, νεάτης, ὑπάτης. διάστημα δέ φησιν εἶναι φθόγγων τὴν πρὸς ἀλλήλους ποιὰν σχέσιν, οἷον διὰ τεσσάρων, διὰ πέντε, διὰ πασῶν, σύστημα δὲ διαστημάτων ποιὰν περιοχήν, οἷον τετράχορδον, πεντάχορδον, ὀκτάχορδον. ἁρμονία δέ ἐστι συστημάτων σύνταξις, οἷον Λύδιος, Φρύγιος, Δώριος. καὶ τῶν φθόγγων οἱ μὲν ὀξεῖς, οἱ δὲ βαρεῖς, οἱ δὲ μέσοι· ὀξεῖς μὲν οἱ τῶν νητῶν, βαρεῖς δὲ οἱ τῶν ὑπατῶν, μέσοι δὲ οἱ τῶν μεταξύ. τῶν δὲ διαστημάτων τὰ μὲν σύμφωνα, τὰ δὲ διάφωνα. σύμφωνα μὲν τά τε κατ' ἀντίφωνον, οἷ⟨ο⟩ν ἐστι τὸ διὰ πασῶν καὶ τὸ δὶς διὰ πασῶν, καὶ τὰ ⟨κατὰ⟩ παράφωνον, οἷον τὸ διὰ πέντε, τὸ διὰ τεσσάρων. σύμφωνα δὲ κατὰ συνέχειαν οἷον τόνος, δίεσις. τά τε γὰρ κατ' ἀντίφωνον σύμφωνά ἐστιν, ἐπειδὰν τὸ ἀντικείμενον τῇ ὀξύτητι βάρος συμφωνῇ, τά τε κατὰ παράφωνόν ἐστι σύμφωνα, ἐπειδὰν

3 Eurip. fr. 972 4 εἴ] ἦ A¹ 6 τοῦτ' A] τοῦτο Z 8 inscr. τί ἐστι διάστημα A, δ in mg. cf. Marquard p. 231 10 ε̄ mg. A. cf. Boeckh kl. Schr. III p. 147 sqq. 157. de metris Pind. p. 204 sqq. 12 inscr. τί ἐστιν ἁρμονία καὶ περὶ διαφορᾶς φθόγγων A, ϛ̄ ζ̄ in mg. cf. Marquard p. 212 16 τῶν Z] om. A inscr. περὶ διαστημάτων A, ζ̄ η̄ in mg. 17 cf. Westphal Metrik der Griechen I p. 289. Marquard p. 252 19 τὰ] τὸ AZ, cf. vs. 23 τὸ om. A¹ 20 σύμφωνα — δίεσις fort. del. cf. Marquard p. 235

μήτε ὁμότονον φθέγγηται φθόγγος φθόγγῳ μήτε διάφωνον, ἀλλὰ παρά τι γνώριμον διάστημα ὅμοιον. διάφωνοι δ' εἰσὶ καὶ οὐ σύμφωνοι φθόγγοι, ὧν ἐστι το διάστημα τόνου ἢ διέσεως· ὁ γὰρ τόνος καὶ ἡ δίεσις ἀρχὴ μὲν συμφωνίας, οὔπω δὲ συμφωνία.

ὁ δὲ περιπατητικὸς Ἄδραστος, γνωριμώτερον περί τε ἁρμονίας καὶ συμφωνίας διεξιών, φησί· καθάπερ τῆς ἐγγραμμάτου φωνῆς καὶ παντὸς τοῦ λόγου ὁλοσχερῆ μὲν καὶ πρῶτα μέρη τά τε ῥήματα καὶ ὀνόματα, τούτων δὲ αἱ συλλαβαί, αὗται δ' ἐκ γραμμάτων, τὰ δὲ γράμματα φωναὶ πρῶταί εἰσι καὶ στοιχειώδεις καὶ ἀδιαίρετοι καὶ ἐλάχισται — καὶ γὰρ συνίσταται ὁ λόγος ἐκ πρώτων γραμμάτων καὶ εἰς ἔσχατα ταῦτα ἀναλύεται —, οὕτως καὶ τῆς ἐμμελοῦς καὶ ἡρμοσμένης φωνῆς καὶ παντὸς τοῦ μέλους ὁλοσχερῆ μὲν μέρη τὰ λεγόμενα συστήματα, τετράχορδα καὶ πεντάχορδα καὶ ὀκτάχορδα· ταῦτα δέ ἐστιν ἐκ διαστημάτων, τὰ δὲ διαστήματα ἐκ φθόγγων, οἵτινες πάλιν φωναί εἰσι πρῶται καὶ ἀδιαίρετοι καὶ στοιχειώδεις, ἐξ ὧν πρώτων συνίσταται τὸ πᾶν μέλος καὶ εἰς ἃ ἔσχατα ἀναλύεται. διαφέρουσι δὲ

1 ὁμότονον: το in ras. A (fort. corr. ex ὁμόφωνον), cf. Vetter additam. ad. Steph. Thes. (Zwickau 1867) p. 16 3 οὐ] οἱ AZ ἐστι Z] ἐπὶ A 6 inscr. περὶ ἁρμονίας καὶ συμφωνίας A. cf. Chalcid. 44 10 αὗται δ'] ἅτινα AZ, αἵτινες Manuel Bryennius p. 393 11 ἀδιαίρετοι Z] διαιρεταὶ corr. ex διαιρετοὶ A, *quae sunt primae voces individuae atque elementariae* Chalcid. 15 ὥστε ἀναλογεῖν ταῦτα ταῖς λέξεσιν, οἷον ῥήμασι καὶ ὀνόμασι, τὰ δὲ διαστήματα ταῖς συλλαβαῖς, τοῖς δὲ φθόγγοις τοῖς στοιχείοις (τὰ στοιχεῖα corr. A², scr. τοὺς δὲ φθόγγους τοῖς στοιχείοις) mg. A 18 φθόγγων Z] τῶν φθόγγων A ἀδιαίρετοι] διαιρεταὶ corr. ex διαιρετοὶ A 19 πρώτων A] πρῶτον Z 20 ἃ Z] om. A, cf. Nicom. introd. arithm. p. 73, 6 H.

ἀλλήλων οἱ φθόγγοι ταῖς τάσεσιν, ἐπεὶ οἱ μὲν αὐτῶν ὀξύτεροι, οἱ δὲ βαρύτεροι· αἱ δὲ τάσεις αὐτῶν κατά τινας λόγους εἰσὶν ἀφωρισμέναι.

φησὶ δὲ καὶ τοὺς Πυθαγορικους περὶ αὐτῶν οὕτω τεχνολογεῖν· ἐπεὶ μέλος μὲν πᾶν καὶ πᾶς φθόγγος φωνή τίς ἐστιν, ἅπασα δὲ φωνὴ ψόφος, ψόφος δὲ πλῆξις ἀέρος κεκωλυμένου θρύπτεσθαι, φανερὸν ὡς ἠρεμίας μὲν οὔσης περὶ τὸν ἀέρα οὐκ ἂν γένοιτο οὔτε ψόφος οὔτε φωνή, διὸ οὐδὲ φθόγγος, πλήξεως δὲ καὶ κινήσεως γενομένης περὶ τὸν ἀέρα, ταχείας μὲν ὀξὺς ἀποτελεῖται ὁ φθόγγος, βραδείας δὲ βαρύς, καὶ σφοδρᾶς μὲν μείζων ἦχος, ἠρέμου δὲ μικρός. τὰ δὲ τάχη τῶν κινήσεων καὶ αἱ σφοδρότητες ἢ ἐν λόγοις τισὶν ἀποτελοῦνται ἢ καὶ ἀλόγως πρὸς ἄλληλα. ὑπὸ μὲν οὖν τῶν ἀλόγων ἄλογοι καὶ ἐκμελεῖς γίνονται ψόφοι, οὓς οὐδὲ φθόγγους χρὴ καλεῖν κυρίως, ἤχους δὲ μόνον, ὑπὸ δὲ τῶν ἐν λόγοις τισὶ πρὸς ἀλλήλους πολλαπλασίοις ἢ ἐπιμορίοις ἢ ἁπλῶς ἀριθμοῦ πρὸς ἀριθμὸν ἐμμελεῖς καὶ κυρίως καὶ ἰδίως φθόγγοι· ὧν οἱ μὲν ἄλλοι μόνον ἡρμοσμένοι, οἱ δὲ κατὰ τοὺς πρώτους καὶ γνωριμωτάτους καὶ κυριωτάτους λόγους πολλαπλασίους τε καὶ ἐπιμορίους ἤδη καὶ σύμφωνοι.

συμφωνοῦσι δὲ φθόγγοι πρὸς ἀλλήλους, ὧν θατέ-

1 ἀλλήλων A] ἄλλων Z 3 ˙λόγους ante λόγους er. A 4 φησὶ A] φασὶ Z 5 Porph. comm. in Ptol. Harm. p. 193 ὁ γοῦν περιπατητικὸς Ἄδραστος τὰ κατὰ τοὺς Πυθαγορείους ἐκτιθέμενος γράφει· ἐπεὶ μέλος — δὲ μικρός (vs. 12) 6 ψόφος δὲ Z] om. A, ὁ δὲ add. A², ὁ δὲ ψόφος Porph. 7 φανερὸν Porph.] φανερὸν δὲ AZ 11 μεῖζον A¹ 12 ἠρέμου A] ἠρέμα Z, ἠρεμαίας Porph. 18 ἀριθμοῦ A] καὶ Z 21 πολλαπλασίους A] πολλαπλάσιοί Z ἐπιμορίους A] ἐπιμόριοι Z σύμφωνοι corr. ex. συμφώνους ut vid. A 22 Porph. comm. in Ptol. Harm. p. 270 Ἄδραστος δὲ ὁ περιπατητικὸς ἐν τοῖς εἰς τὸν Τίμαιον λέγει οὕτως· συμφωνοῦσι δὲ — ἐξακούεται

ρου κρουσθέντος ἐπί τινος ὀργάνου τῶν ἐντατῶν καὶ ὁ λοιπὸς κατά τινα οἰκειότητα καὶ συμπάθειαν συνηχεῖ· κατὰ ταὐτὸ δὲ ἀμφοῖν ἅμα κρουσθέντων ἡδεῖα καὶ προσηνὴς ἐκ τῆς κράσεως ἐξακούεται φωνή. τῶν δὲ κατὰ τὸ ἑξῆς ἡρμοσμένων φθόγγων πρῶτοι μὲν οἱ τέταρτοι τάξει συμφωνοῦσι πρὸς ἀλλήλους, συμφωνοῦσι δὲ συμφωνίαν τὴν δι' αὐτὸ τοῦτο διὰ τεσσάρων λεγομένην, ἔπειτα οἱ πέμπτοι τὴν διὰ πέντε, καὶ μετὰ ταῦτα οἱ περιλαμβάνοντες ἀμφοτέρας τὰς συμφωνίας, γινόμενοι δ' ἀπ' ἀλλήλων ὄγδοοι, τὴν διὰ πασῶν, οὕτω προσαγορευθεῖσαν ἐπειδὴ τὸ πρῶτον ἀπὸ τῆς ὀκταχόρδου λύρας ὁ πρῶτος καὶ βαρύτατος φθόγγος, καλούμενος ὑπάτη, τῷ τελευταίῳ καὶ ὀξυτάτῳ, τουτέστι τῇ νήτῃ, τὴν αὐτὴν εὑρέθη συνέχων συμφωνίαν κατ' ἀντίφωνον. ἐπηυξημένης δὲ τῆς μουσικῆς καὶ πολυχόρδων καὶ πολυφθόγγων γεγονότων ὀργάνων τῷ προσληφθῆναι καὶ ἐπὶ τὸ βαρὺ καὶ ἐπὶ τὸ ὀξὺ τοῖς προϋπάρχουσιν ὀκτὼ φθόγγοις ἄλλους πλείονας, ὅμως τῶν πρώτων συμφωνιῶν αἱ προσηγορίαι φυλάττονται, διὰ τεσσάρων, διὰ πέντε, διὰ πασῶν.

φωνή (p. 51, 4). cf. Marquard p. 237. C. Lang Ueberblick über die altgriech. Harmonik p. 27   1 ἐντατῶν A] ἐν τούτοις Z   2 συνηχῇ Porph.   3 ταὐτὸ AZ] τὸ αὐτὸ Porph. ἡδεῖα Z] ἡδία A[1], ἡδεῖα A[2], λεία Porph.   6 τέτταρες A[2] συμφωνία ἡ διὰ δ̄ ἐν ἐπιτρίτῳ, ἡ διὰ ε̄ συμφωνία ἐν ἡμιολίῳ, ἡ διὰ πασῶν συμφωνία A[2] vel recentior manus in mg. sup., adiectis lineis inutilibus   8 πέμπτοι Z] ε̄ A   10 δ' Z] om. A   11 ὅτι τὸ πρῶτον μέχρις ὀκταχορδων (tum καὶ del.) ἡ μουσικὴ ὑπῆρχεν, ὁ ᾱ ὑπάτη βαρύτατος, ὁ ἔσχατος νήτη ὀξύτατος: ἐπεὶ ὁ (μὲν add. A[2]) ὀξύτατος φθόγγος ὁ δ̄ (ὁ δ̄ corr. in ὁ δὲ βαρύτατος A[2])· οὗτοι δὲ ἀντίφωνοι mg. A   12 βαρύτατος ὁ ᾱ φθόγγος ὑπάτη, η̄ ὀξύτατος νήτη A[2] vel rec. m. in mg. inf., adiectis lineis   14 εὑρέθη] εὑρεθήσεται AZ

προσανηύρηνται δὲ ταύταις ἕτεραι πλείους. τῇ γὰρ διὰ πασῶν πάσης ἄλλης προστιθεμένης, καὶ ἐλάττονος καὶ μείζονος καὶ ἴσης, ἐξ ἀμφοῖν ἑτέρα γίνεται συμφωνία, οἷον ἥ τε διὰ πασῶν καὶ διὰ τεσσάρων, καὶ διὰ πασῶν καὶ διὰ πέντε, καὶ δὶς διὰ πασῶν, ἔτι δὲ πάλιν τῇ διὰ πασῶν εἰ προστεθείη τούτων τις, οἷον ἡ δὶς διὰ πασῶν καὶ διὰ τεσσάρων, καὶ ἐπὶ τῶν ἄλλων ὁμοίως μέχρι τοῦ δύνασθαι φθέγγεσθαι ἢ κρίνειν ἀκούοντας. τόπος γάρ τις καλεῖται τῆς φωνῆς ὃν διεξέρχεται ἀπὸ βαρυτάτου τινὸς ἀρξαμένη φθόγγου καὶ κατὰ τὸ ἑξῆς ἐπὶ τὸ ὀξὺ προϊοῦσα, ἢ ἀνάπαλιν. τούτων δὲ οἱ μὲν ἐπὶ πλεῖον, οἱ δὲ ἐπ' ἔλαττον διιστᾶσιν. τὸ μέντοι ἑξῆς καὶ ἐμμελῶς ἐν τούτῳ προκόπτειν οὔτε ὡς ἔτυχε γίνεται οὔτε μὴν ἁπλῶς καὶ μοναχῶς, ἀλλὰ κατά τινας τρόπους ἀφωρισμένους, καθ' οὓς αἱ τῶν λεγομένων γενῶν τῆς μελῳδίας θεωροῦνται διαφοραί. καθάπερ γὰρ ἐπὶ τοῦ λόγου καὶ τῆς ἐγγραμμάτου φωνῆς οὐ πᾶν γράμμα παντὶ συμπλεκόμενον συλλαβὴν ἢ λόγον ἀποτελεῖ, οὕτως οὐδὲ ἐν τῷ μέλει κατὰ τὴν ἡρμοσμένην φωνὴν οὐδ' ἐν τῷ ταύτης τόπῳ πᾶς φθόγγος μετὰ παντὸς τιθέμενος ἐμμελὲς ποιεῖ διάστημα, ἀλλ' ὥς φαμεν κατὰ τρόπους τινὰς ἀφωρισμένους.

1 ταῦται A[1] 6 τῇ δὶς διὰ πασῶν A[2] et Bryenn. p. 394 εἰ primo om., tum add. A, deest in Z 8 ὁμοίως A] οὕτως Z 9 cf. Aristox. p. 18, 27 Marq. Vetter additam. ad. Steph. Thes. p. 24 γρ' οὕτως ὅτι ὁ τῆς φωνῆς τόπος ἢ ἀπὸ βαρυτάτου ἀρξάμενος κατὰ τὸ ἑξῆς ἐπὶ τὸ ὀξὺ δίεισιν ἢ ἔμπαλιν ἀπὸ ὀξυτάτου ἐπὶ τὸ βαρύ mg. A 12 τούτων — διιστᾶσιν fort. del. 13 sq. τὸ — ἐμμελῶς — προκόπτειν Z] corr. in ἡ — ἐμμελὴς — προκοπὴ A 14 ἀλλὰ A] ἀλλὰ καὶ Z 17 cf. Aristox. p. 38 et 52 Marq. 19 κατὰ τὴν Z] om. A

τοῦ δὲ λεγομένου τόπου τῆς φωνῆς καὶ παντὸς τοῦ ἐν τούτῳ διαστήματος γνωριμώτατον μέρος τε καὶ μέτρον ἐστὶ τὸ καλούμενον τονιαῖον διάστημα, καθάπερ ὁ πῆχυς τοῦ κυρίως τοπικοῦ διαστήματος ὃ φερόμενα τὰ σώματα διέξεισιν. ἔστι δὲ γνωριμώτατον τὸ τονιαῖον διάστημα, ἐπειδὴ τῶν πρώτων καὶ γνωριμωτάτων συμφωνιῶν ἐστι διαφορά· τὸ γὰρ διὰ πέντε τοῦ διὰ τεσσάρων ὑπερέχει τόνῳ. τὸ μέντοι ἡμιτόνιον οὐχ ὡς ἥμισυ τόνου λέγεται, ὥσπερ Ἀριστόξενος ἡγεῖται, καθὸ καὶ τὸ ἡμιπήχιον ἥμισυ πήχεως, ἀλλ' ὡς ἔλαττον τοῦ τόνου μελῳδητὸν διάστημα· καθὰ καὶ τὸ ἡμίφωνον γράμμα οὐχ ὡς ἥμισυ φωνῆς καλοῦμεν, ἀλλ' ὡς μὴ αὐτοτελῆ καθ' αὑτὸ φωνήν. δείκνυται γὰρ ὁ τόνος μηδ' ὅλως εἰς δύο ἴσα διαιρεῖσθαι δυνάμενος, ἐν λόγῳ θεωρούμενος ἐπογδόῳ, καθάπερ οὐδ' ἄλλο τι ἐπιμόριον διάστημα. τὰ γὰρ θ' οὐχ οἷόν τε διαιρεθῆναι εἰς ἴσα.

ὅταν μὲν οὖν ἡ φωνὴ μελῳδοῦσα ἐν τῷ λεγομένῳ τόπῳ αὐτῆς ἀπό τινος βαρυτέρου φθόγγου ἐπὶ τὸν ἑξῆς ὀξύτερον μεταβῇ τὸ λεγόμενον ἡμιτονιαῖον διάστημα ποιησαμένη κἄπειτ' ἀπ' αὐτοῦ τόνον διαστήσασα πρῶτον

1 inscr. περὶ τόνου A, ι̅ in mg. 5 διέξεισιν: ει corr. ex. ι A γνωριμώτατον Bryenn. p. 395] γνωριμώτερον AZ 6 cf. Marquard p. 258 sq. 8 inscr. περὶ ἡμιτονίου A. cf. Procl. ad Plat. Tim. p. 196 B 9 Ἀριστόξενος: Harm. p. 30, 7 Marq. 12 αὐτοτελῆ καθ' αὑτὸ φωνήν Z] τὸ αὐτὸ τελεῖ κατ' αὐτὸ φωνὴν A¹, τῷ αὐτοτελεῖ κατὰ ταυτὸ φωνεῖν A² 14 ὅτι ὁ τόνος ἐν ἐπογδόῳ λόγῳ θεωρεῖται mg. A 17 inscr. τί τὸ διάτονον μέλος (γένος Bull.) τῆς μελῳδίας A, ι̅α̅ in mg. 18 βαρυτέρου A²] βραχυτέρου A¹Z 19 ἡμιτονιαῖον Z] ἡμιτόνιον A 20 ἰστέον ὡς οὐ πάντως (πάντος A¹) οὕτως ἔχει τὸ διάτονον, ἀλλ' ἐνδέχεται καὶ μετὰ τὸ ἡμιτόνιον (τὸ ἡμιτόνιον A² corr. ut vid. ex τῶν) δύο τόνους (τόνων A¹) εἶναι καὶ ἑκατέρωθεν (ἑκατέροθεν A¹)· ἐκ δὲ διαφόρου τάξεως διάφορον γίνεται μέλος mg. A

ἐπ' ἄλλον παραγένηται φθόγγον, βουλομένη κατὰ τὸ ἑξῆς προκόπτειν ἐμμελῶς, οὐδὲν ἕτερον εἶναι δύναται διάστημα οὐδὲ προενέγκασθαι φθόγγον ἕτερον ἐμμελῆ καὶ ἡρμοσμένον, ἢ διάστημα μὲν τονιαῖον, φθόγγον δὲ τὸν ἐπὶ τὸ ὀξὺ τοῦτο ὁρίζοντα καὶ συμφωνοῦντα τῷ ἐξ ἀρχῆς τὴν διὰ τεσσάρων συμφωνίαν. καλεῖται δὲ τὸ οὕτω μελῳδηθὲν σύστημα τετράχορδον, συνεστηκὸς ἐκ διαστημάτων μὲν τριῶν, ἡμιτονίου καὶ τόνου καὶ τόνου, φθόγγων δὲ τεσσάρων, ὧν οἱ περιέχοντες, τουτέστιν ὅ τε βαρύτατος καὶ ὀξύτατος, συμφωνοῦσιν εὐθὺς ἣν διὰ τεσσάρων ἔφαμεν λέγεσθαι συμφωνίαν δύο τόνων οὖσαν καὶ ἡμιτονίου. καλεῖται δὲ τὸ τοιοῦτον γένος τῆς μελῳδίας διάτονον, ἤτοι ὅτι διὰ τῶν τόνων τὸ πλεῖστον διοδεύει ἢ ὅτι σεμνόν τι καὶ ἐρρωμένον καὶ εὔτονον ἦθος ἐπιφαίνει.

ἐὰν μέντοι ἡ φωνή, τὸν ἐξ ἀρχῆς πρῶτον ὁρίσασα φθόγγον καὶ ἡμιτόνιον ἐπὶ τὸ ὀξὺ μεταβᾶσα, ἐπὶ τὸν αὐτὸν ἔλθῃ δεύτερον φθόγγον, εἶτα πάλιν ἀπὸ τοῦδε ἡμιτόνιον διαστήσασα τρίτον ὁρίσῃ φθόγγον ἄλλον, ἀπὸ τούτου κατὰ συνέχειαν πειρωμένη προκόπτειν ἐμμελῶς οὔτε διάστημα δύναται ποιήσασθαι ἄλλο πλὴν τὸ λειπόμενον τοῦ πρώτου γενομένου τετραχόρδου, τὸ τριημιτονιαῖον ἀσύνθετον, οὔτε φθόγγον ἕτερον ὁρίσαι

2 εἶναι] ποιήσασθαι? cf. p. 53, 20. 54, 21 5 τοῦτον A² 10 καὶ om. A¹ τίς ἡ διὰ δ̄ καὶ πῶς γίνεται: τί τὸ διάτονον γένος τῆς μελῳδίας καὶ πῶς γίνεται: mg. A οὖν post εὐθὺς add. A² ἣν corr. ex ἢ A 11 ἔφαμεν A] φαμὲν Z. cf. p. 51, 7 12 γίνεται post ἡμιτονίου A² 14 τι Z] τε A 16 inscr. τί τὸ χρωματικόν A, ιβ̄ in mg. καὶ τοῦτο τῆς διὰ δ̄ mg. A τὸν] τῶν A¹ 18 ἔλθῃ apogr.] ἔλθοι AZ ut vid. 19 ὁρίσει A¹

ἢ τὸν ἐπὶ τὸ ὀξὺ περιέχοντα τὸ πρῶτον τετράχορδον, συμφωνοῦντα τῷ βαρυτάτῳ κατὰ τὸ διὰ τεσσάρων· ὥστε γίνεσθαι τὴν τοιαύτην μελῳδίαν κατὰ ἡμιτόνιον καὶ ἡμιτόνιον καὶ τριημιτόνιον ἀσύνθετον. καλεῖται δὲ πάλιν τὸ γένος τῆς τοιαύτης μελῳδίας χρωματικὸν διὰ τὸ παρατετράφθαι καὶ ἐξηλλάχθαι τοῦ πρόσθεν γοερώτερόν τε καὶ παθητικώτερον ἦθος ἐμφαίνειν.

λέγεται δέ τι καὶ τρίτον γένος μελῳδίας ἐναρμόνιον, ἐπειδὰν ἀπὸ τοῦ βαρυτάτου φθόγγου κατὰ δίεσιν καὶ δίεσιν καὶ δίτονον ἡ φωνὴ προελθοῦσα μελῳδήσῃ τὸ τετράχορδον. δίεσιν δὲ καλοῦσιν ἐλαχίστην οἱ περὶ Ἀριστόξενον τὸ τεταρτημόριον τοῦ τόνου, ἥμισυ δὲ ἡμιτονίου, ὡς ἐλάχιστον μελῳδητὸν διάστημα, τῶν Πυθαγορείων δίεσιν καλούντων τὸ νῦν λεγόμενον ἡμιτόνιον. καλεῖσθαι δέ φησιν Ἀριστόξενος τοῦτο τὸ προειρημένον γένος ἁρμονίαν διὰ τὸ εἶναι ἄριστον, ἀπενεγκάμενον τοῦ παντὸς ἡρμοσμένου τὴν προσ-

1 τὸ ὀξὺ A] τὸν ὀξὺ Z 2 κατὰ τὸν διὰ δ' Z (κατὰ τὴν διὰ τεσσάρων συμφωνίαν duo codd. et Bryenn. p. 397), κατὰ τῶν διὰ ε̅ A 4 τὸ τριημιτόνιον (τρημητόνιον A^1) τριῶν ἐστὶν ἡμιτονίων, τόνου α̅ς̅· εἶτα τὰ β̅ ἡμιτόνια· γίνεται ἡ πᾶσα τόνων β̅ς̅ mg. A 6 καὶ ante γοερώτερόν add. A^2 ut vid. 8 inscr. τί τὸ ἐναρμόνιον A, ι̅γ̅ in mg. 9 ἐπεὶ γὰρ τὸ (υ̅̅ add. A^2) διὰ δ̅ διάτονον (scr. δύο τόνων καὶ ἡμιτονίου) ἐστίν, ἀνάγκη τῶν (τῶν A^1, τὸ A^2) β̅ διαστημάτων διεσιαῖον τῶν (scr. διεσιαίων ὄντων) ἅτινά ἐστιν ἡμιτονίου τὸ γ̅ δύο εἶναι τόνων mg. A (in postremis complura ex corr. A^2) ἔτι τῆς διὰ δ̅ mg. A καὶ δίεσιν Z] om. A 10 δίτονον Z] διὰ τόνον A μελωδήσῃ A] μελῳδήσει Z 11 inscr. τί ἐστι δίεσις A οἱ περὶ Ἀριστόξενον: Harm. p. 30, 5 sq. 66, 9 14 πυθαγορίων A^1Z 15 Ἀριστ. A] ὁ Ἀριστ. Z. cf. Mahne diatr. de Arist. p. 163 17 ἀπενεγκάμενον Z] ἐπενεγκάμενον A

ηγορίαν. ἔστι δὲ δυσμελῳδητότατον καί, ὥς ἐκεῖνός φησι, φιλότεχνον καὶ πολλῆς δεόμενον συνηθείας, ὅθεν οὐδ' εἰς χρῆσιν ῥαδίως ἔρχεται, τὸ δὲ διάτονον γένος ἁπλοῦν τι καὶ γενναῖον καὶ μᾶλλον κατὰ φύσιν· διὸ μᾶλλον τοῦτο παραλαμβάνει Πλάτων.

ἡμιτόνιον		τόνος	τόνος	διάτονον
ἡμιτόνιον		ἡμιτόνιον	τριημιτόνιον	χρωματικόν
δίεσις	δίεσις	δίτονον		ἁρμονικόν

τοὺς δὲ συμφωνοῦντας φθόγγους ἐν λόγοις τοῖς πρὸς ἀλλήλους πρῶτος ἀνευρηκέναι δοκεῖ Πυθαγόρας, τοὺς μὲν διὰ τεσσάρων ἐν ἐπιτρίτῳ, τοὺς δὲ διὰ πέντε ἐν ἡμιολίῳ, τοὺς δὲ διὰ πασῶν ἐν διπλασίῳ, καὶ τοὺς μὲν διὰ πασῶν καὶ διὰ τεσσάρων ἐν λόγῳ τῶν η' πρὸς γ' ὅς ἐστι πολλαπλασιεπιμερής, διπλάσιος γὰρ καὶ δισεπίτριτός ἐστι, τοὺς δὲ διὰ πασῶν καὶ διὰ πέντε ἐν λόγῳ τριπλασίῳ, τοὺς δὲ δὶς διὰ πασῶν ἐν τετραπλασίῳ, καὶ τῶν ἄλλων ἡρμοσμένων τοὺς μὲν τὸν τόνον περιέχοντας ἐν ἐπογδόῳ λόγῳ, τοὺς δὲ τὸ νῦν λεγόμενον ἡμιτόνιον, τότε δὲ δίεσιν, ἐν ἀριθμοῦ λόγῳ πρὸς ἀριθ-

1 ἐκεῖνος: Harm. p. 26, 18. cf. Westphal I p. 420. Marquard p. 267 5 cf. Macrob. in Somn. Scip. II 4, 13. Procl. ad Plat. Tim. p. 191 E 6 τόνος διάτονον apogr.] διάτονος διατόνου AZ (utrumque intra figurae lineas scriptum, sicut etiam sequentia) 7 τριημιτόνιον χρῶμα apogr. χρωματικοῦ τριημιτονίου AZ 8 δίτονον ἁρμονικόν] ἁρμονικὸν διατόνιον AZ, δίτονον ἐναρμόνιον apogr. 9 sqq. cf. Chalcid. 45. Zeller I p. 371. Westphal I p. 62 10 ἀνευρικέναι A[1]
11 κεῖται τὸ ὑπόδειγμα ἐπὶ καταγραφῆς ἐν τῷ τέλει mg. A
19 ἀριθμοῦ A] ϛ' Z ἀριθμὸν A] ϛ' Z

μὸν τῷ τῶν σνϛ΄ πρὸς σμγ΄, ἐξετάσας τοὺς λόγους διά τε τοῦ μήκους καὶ πάχους τῶν χορδῶν, ἔτι δὲ τῆς τάσεως γινομένης κατὰ τὴν στροφὴν τῶν κολλάβων ἢ γνωριμώτερον κατα τὴν ἐξάρτησιν τῶν βαρῶν, ἐπὶ δὲ τῶν ἐμπνευστῶν καὶ διὰ τῆς εὐρύτητος τῶν κοιλιῶν ἢ διὰ τῆς ἐπιτάσεως καὶ ἀνέσεως τοῦ πνεύματος, ἢ δι' ὄγκων καὶ σταθμῶν οἷον δίσκων ἢ ἀγγείων. ὅ τι γὰρ ἂν ληφθῇ τούτων κατά τινα τῶν εἰρημένων λόγων, τῶν ἄλλων ⟨ἴσων⟩ ὄντων, τὴν κατὰ τὸν λόγον ἀπεργάσεται συμφωνίαν.

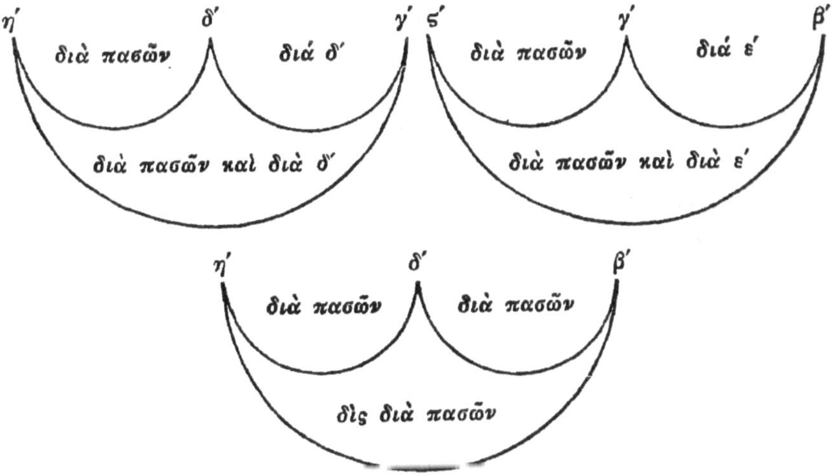

ἀρκείτω δ' ἡμῖν ἐν τῷ παρόντι διὰ τοῦ μήκους τῶν χορδῶν δηλῶσαι ἐπὶ τοῦ λεγομένου κανόνος. τῆς γὰρ ἐν τούτῳ μιᾶς χορδῆς καταμετρηθείσης εἰς τέσσαρα ἴσα ὁ ἀπὸ τῆς ὅλης φθόγγος τῷ μὲν ἀπὸ τῶν τριῶν

1 τῷ Z] τῶν ut vid. eras. A γὰρ post ἐξετάσας A² ut vid. 5 κοιλιῶν: οι corr. ex ω A 9 ⟨ἴσων⟩: cf. p. 59, 12. 60, 19. 65, 13. 12 excidit fort. τοῦτο

μερῶν ἐν λόγῳ γενόμενος ἐπιτρίτῳ συμφωνήσει διὰ τεσσάρων, τῷ δὲ ἀπὸ τῶν δύο, τουτέστι τῷ ἀπὸ τῆς

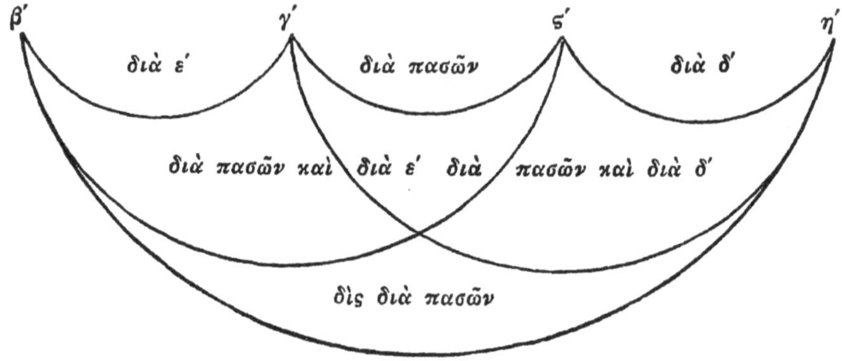

ἡμισείας, ἐν λόγῳ γενόμενος διπλασίῳ συμφωνήσει διὰ πασῶν, τῷ δὲ ἀπὸ τοῦ τετάρτου μέρους γενόμενος ἐν λόγῳ τετραπλασίῳ συμφωνήσει δὶς διὰ πασῶν. ὁ δὲ ἀπὸ τῶν τριῶν μερῶν φθόγγος πρὸς τὸν ἀπὸ τῶν δύο γενόμενος ἐν ἡμιολίῳ συμφωνήσει διὰ πέντε, πρὸς δὲ τὸν ἀπὸ τοῦ τετάρτου μέρους γενόμενος ἐν λόγῳ τριπλασίῳ συμφωνήσει διὰ πασῶν καὶ διὰ πέντε. ἐὰν δὲ εἰς ἐννέα διαμετρηθῇ ἡ χορδή, ὁ ἀπὸ τῆς ὅλης φθόγγος προς τὸν ἀπὸ τῶν ὀκτὼ μερῶν ἐν λόγῳ ἐπογδόῳ τὸ τονιαῖον περιέξει διάστημα.

πάσας δὲ τὰς συμφωνίας περιέχει ἡ τετρακτύς. συνέστησε μὲν γὰρ αὐτὴν α′ καὶ β′ καὶ γ′ καὶ δ′. ἐν δὲ τούτοις τοῖς ἀριθμοῖς ἔστιν ἥ τε διὰ τεσσάρων συμ-

1 μερῶν Bull.] μέτρων A   11 excidit fort. γενόμενος   13 cf. p. 93, 19   14 συνέστησαν Bull.   15 ἣ διὰ δ̅ ὡς ἔχει ὁ δ̅ πρὸς τὰ γ̅· η διὰ ε̅ ὡς ὁ γ̅ πρὸς τὸν β̅· ἣ διὰ πασῶν ὡς β̅ πρὸς α̅· διὰ πασῶν καὶ διὰ ε̅ ὡς γ̅ πρὸς α̅· δὶς δια πασῶν ὡς δ̅ πρὸς α̅· τὴν δὲ διὰ πασῶν καὶ διὰ δ̅ οὐκ ἔστιν εὑρεῖν ἐν

φωνία καὶ ἡ διὰ πέντε καὶ ἡ διὰ πασῶν, καὶ ὁ ἐπίτριτος λόγος καὶ ἡμιόλιος καὶ διπλάσιος καὶ τριπλάσιος καὶ τετραπλάσιος.

ταύτας δὲ τὰς συμφωνίας οἱ μὲν ἀπὸ βαρῶν ἠξίουν λαμβάνειν, οἱ δὲ ἀπὸ μεγεθῶν, οἱ δὲ ἀπὸ κινήσεων [καὶ ἀριθμῶν], οἱ δὲ ἀπὸ ἀγγείων [καὶ μεγεθῶν]. Λᾶσος δὲ ὁ Ἑρμιονεύς, ὥς φασι, καὶ οἱ περὶ τὸν Μεταποντῖνον Ἵππασον Πυθαγορικὸν ἄνδρα συνέπεσθαι τῶν κινήσεων τὰ τάχη καὶ τὰς βραδυτῆτας, δι' ὧν αἱ συμφωνίαι . . . . ἐν ἀριθμοῖς ἡγούμενος λόγους τοιούτους ἐλάμβανεν ἐπ' ἀγγείων. ἴσων γὰρ ὄντων καὶ ὁμοίων πάντων τῶν ἀγγείων τὸ μὲν κενὸν ἐάσας, τὸ δὲ ἥμισυ ὑγροῦ <πληρώσας> ἐψόφει ἑκατέρῳ, καὶ αὐτῷ ἡ διὰ πασῶν ἀπεδίδοτο συμφωνία· θάτερον δὲ πάλιν τῶν ἀγγείων κενὸν ἐῶν εἰς θάτερον τῶν τεσσάρων μερῶν τὸ ἓν ἐνέχεε, καὶ κρούσαντι αὐτῷ ἡ διὰ τεσσάρων συμφωνία ἀπεδίδοτο, ἡ δὲ διὰ πέντε, <ὅτε> ἓν μέρος τῶν τριῶν συνεπλήρου, οὔσης τῆς κενώσεως πρὸς τὴν ἑτέραν ἐν μὲν τῇ διὰ πασῶν ὡς β' πρὸς ἕν, ἐν δὲ τῷ διὰ πέντε ὡς γ' πρὸς β', ἐν δὲ τῷ διὰ τεσσάρων ὡς δ' πρὸς γ'. οἷς ὁμοίως καὶ κατὰ τὰς διαλήψεις τῶν χορδῶν θεωρεῖται, ὡς προείρηται, ἀλλ' οὐκ ἐπὶ μιᾶς χορδῆς, ὡς ἐπὶ τοῦ κανόνος, ἀλλ' ἐπὶ δυεῖν· δύο γὰρ ποιήσας ὁμοτόνους ὅτε μὲν τὴν μίαν αὐτῶν διαλάβοι μέσην πιέσας, τὸ ἥμισυ

τῇ τετρακτύι· ἔστι γὰρ ὡς η̄ πρὸς γ̄ mg. A 5 μηκῶν Bull. 7 λάσος A. cf. Schneidewin de Laso p. 16 οἱ περὶ τὸν A²] οἱ τῶν A¹ μετὰ ποντῖνον A, em. apogr. 8 Ἵππασον: cf. Zeller I p. 457 11 γὰρ post ἐλάμβανεν A² 14 ἐν ante ἑκατέρῳ add. A² 19 κινήσεως A 23 προείρηται: p. 57, 11 24 δυεῖν] om. A¹, δύο A²

πρὸς τὴν ἑτέραν συμφωνίαν τὴν διὰ πασῶν ἐποίει· ὅτε δὲ τὸ τρίτον μέρος ἀπολαμβάνοι, τὰ λοιπὰ μέρη πρὸς τὴν ἑτέραν τὴν διὰ πέντε συμφωνίαν ἐποίει· ὁμοίως δὲ καὶ ἐπὶ τῆς διὰ τεσσάρων· καὶ γὰρ ἐπὶ ταύτης μιᾶς τῶν χορδῶν ἀπολαβὼν τὸ τέταρτον μέρος τὰ λοιπὰ μέρη πρὸς τὴν ἑτέραν συνῆπτεν. ὃ δὴ καὶ ἐπὶ τῆς σύριγγος ἐποίει κατὰ τὸν αὐτὸν λόγον. οἱ δ' ἀπὸ τῶν βαρῶν τὰς συμφωνίας ἐλάμβανον, ἀπὸ δυεῖν χορδῶν ἐξαρτῶντες βάρη κατὰ τοὺς εἰρημένους λόγους, οἱ δ' ἀπὸ τῶν μηκῶν, καὶ τῶν χορδῶν . . . . ἐπίεσαν, τὰς συμφωνίας ἐν ταῖς χορδαῖς ἀποφαινόμενοι.

. . . .

φθόγγον δὲ εἶναι φωνῆς πτῶσιν ἐπὶ μίαν τάσιν. ὅμοιον γάρ φασιν αὐτὸν αὐτῷ δεῖν εἶναι τὸν φθόγγον καὶ ἐλάχιστον κατὰ διαφοράν, οὐκ ἐκ διαφόρων τάσεων οἷον βαρύτητος καὶ ὀξύτητος. τῶν δὲ φωνῶν αἱ μὲν ὀξεῖαι, αἱ δὲ βαρεῖαι, διὸ καὶ τῶν φθόγγων, ⟨ὧν⟩ ὁ μὲν ὀξὺς ταχύς ἐστιν, ὁ δὲ βαρὺς βραδύς. εἰ γοῦν εἰς δύο ἰσοπαχεῖς καὶ ἰσοκοίλους ⟨αὐλοὺς⟩ τετρημένους εἰς σύριγγος τρόπον, ὧν τοῦ ἑτέρου διπλάσιόν ἐστι τὸ μῆκος τοῦ ἑτέρου, ἐμφυσήσαι τις, ἀνακλᾶται τὸ πνεῦμα τὸ ἐκ τοῦ ἡμίσεος μήκους διπλασίῳ τάχει χρώμενον, καὶ ⟨γίνεται⟩ συμφωνία ἡ διὰ πασῶν βαρέος μὲν φθόγγου τοῦ διὰ τοῦ μείζονος, ὀξέος δὲ τοῦ διὰ τοῦ

4 τῆς] τοῦ A 9 οἱ δ' ἀπὸ τῶν μηκῶν — ἀποφαινόμενοι fort. del. 10 post χορδῶν excidisse videntur verba διάφορα μέρη ἀπολαβόντες vel similia ἐπήεσαν A, em. Bull. cf. p. 59, 25 11 ῦ post τὰς erasum A τοῖς χορδοῖς A[1] 13 inscr. τί ἐστι φθόγγος A φθόγγον κτλ.: Aristox. p. 20, 22. cf. Marquard p. 225 18 εἴγουν A, εἰγοῦν A[2] 19 ⟨αὐλοὺς⟩: cf. p. 61, 2 sqq. 20 ὧν A[2]] ὃν A[1] 21 ἐμφυσῆσαι τίς A[1], ἐμφυσήσαί τις A[2] 22 ἥμισυ A[1] 24 ὄντος addendum vid.

ἐλάττονος. αἴτιον δὲ τάχος τε καὶ βραδυτὴς τῆς φορᾶς. καὶ κατὰ τὰ ἀποστήματα δὲ τῶν ἐν τοῖς αὐλοῖς τρημάτων τὰς συμφωνίας ἀπεδίδοσαν καὶ ἐπὶ ἑνός. διχῆ μὲν γὰρ διῃρημένου καὶ τοῦ αὐλοῦ ὅλου ἐμφυσηθέντος ἐκ τοῦ κατὰ τὸ ἥμισυ τρήματος τὸ διὰ πασῶν σύμφωνον ἀποτελεῖται. τριχῆ δὲ διαιρεθέντος καὶ τῶν μὲν δυεῖν μερῶν ὄντων πρὸς τῇ γλωσσίδι, κάτω δὲ τοῦ ἑνός, καὶ τοῦ ὅλου συμφυσηθέντος τοῖς δυσί, τὴν διὰ πέντε γενέσθαι συμφωνίαν. τεσσάρων δὲ διαιρέσεων γενομένων, τριῶν μὲν ἄνω, κάτω δὲ μιᾶς, καὶ τῷ ὅλῳ συμφυσηθέντων τῶν τριῶν γίνεται ἡ διὰ τεσσάρων. οἱ δὲ περὶ Εὔδοξον καὶ Ἀρχύταν τὸν λόγον τῶν συμφωνιῶν ἐν ἀριθμοῖς ᾤοντο εἶναι, ὁμολογοῦντες καὶ αὐτοὶ ἐν κινήσεσιν εἶναι τοὺς λόγους καὶ τὴν μὲν ταχεῖαν κίνησιν ὀξεῖαν εἶναι ἅτε πλήττουσαν συνεχὲς καὶ ὠκύτερον κεντοῦσαν τὸν ἀέρα, τὴν δὲ βραδεῖαν βαρεῖαν ἅτε νωθεστέραν οὖσαν.

ταυτὶ μὲν περὶ τῆς εὑρέσεως τῶν συμφωνιῶν· ἐπανέλθωμεν δὲ ἐπὶ τὰ ὑπὸ τοῦ Ἀδράστου παραδεδομένα. φησὶ γὰρ ὅτι τούτοις τοῖς εἰς τὴν ἀνεύρεσιν τῶν συμφωνιῶν ὀργάνοις κατὰ μὲν τοὺς λόγους προπαρασκευασθεῖσιν ἡ αἴσθησις ἐπιμαρτυρεῖ, τῇ δὲ αἰσθήσει προσληφθείσῃ ὁ λόγος ἐφαρμόζει. πῶς δὲ καὶ οἱ τὸ λεγόμενον ἡμιτόνιον περιέχοντες φθόγγοι πρὸς ἀλλήλους εἰσὶν ἐν λόγῳ τῷ τῶν σνϛʹ πρὸς σμγʹ, μικρὸν ὕστερον

9 συμφωνίαν] scr. aut συμβαίνει aut συμφωνίαν ⟨συμβαίνει⟩ 12 Εὔδοξον: cf. Ideler, Abh. d. Berl. Ak. a. d. J. 1828 p. 200 Ἀρχύταν: cf. Mullach fragm. philos. Gr. I p. 564 b. II p. 118 fr. 6 τὸν λόγον τῶν A[2]] τῶν λεγόντων A[1] 13 αὐτοὶ: ι corr. ex ω A 15 πλήττουσαν: η corr. ex ει A 16 βαρεῖαν βραδεῖαν A 18 εὑρήσεως A[1] 25 ὕστερον: p. 67, 16

ἔσται φανερόν. δῆλον δὲ ὅτι καὶ αἱ συνθέσεις καὶ αἱ διαιρέσεις τῶν συμφωνιῶν ὁμόλογοι καὶ συνῳδοὶ θεωροῦνται ταῖς τῶν κατὰ ταύτας λόγων συνθέσεσί τε καὶ διαιρέσεσιν ἃς πρόσθεν ἐμηνύσαμεν. οἷον ἐπεὶ τὸ διὰ πασῶν ἔκ τε τοῦ διὰ πέντε καὶ διὰ τεσσάρων συντίθεται καὶ εἰς ταῦτα διαιρεῖται, λόγος δὲ τοῦ μὲν διὰ πασῶν διπλάσιος, τοῦ δὲ διὰ τεσσάρων ἐπίτριτος, τοῦ δὲ διὰ πέντε ἡμιόλιος, φαίνεται [ὅτι] καὶ ὁ διπλάσιος λόγος συντίθεσθαί τε ἐκ τοῦ ἐπιτρίτου τε καὶ ἡμιολίου καὶ εἰς τούτους διαιρεῖσθαι· τῶν μὲν γὰρ ϛʹ τὰ ηʹ ἐπίτριτα, τῶν δὲ ηʹ τὰ ιβʹ ἡμιόλια· καὶ γίνεται τὰ ιβʹ τῶν ϛʹ διπλάσια· ϛʹ ηʹ ιβʹ. πάλιν δὲ ὁ τῶν ιβʹ πρὸς τὸν ϛʹ λόγος διπλάσιος διαιρεῖται εἴς τε τὸν ἐπίτριτον λόγον τῶν ιβʹ πρὸς τὰ θʹ καὶ εἰς τὸν ἡμιόλιον τῶν θʹ πρὸς τὰ ϛʹ. ἐπεὶ δὲ καὶ τὸ διὰ πέντε τοῦ διὰ τεσσάρων ὑπερέχει τόνῳ, τὸ μὲν γὰρ διὰ πέντε τριῶν τόνων ἐστὶ καὶ ἡμιτονίου, ὁ δὲ τόνος ἐν ἐπογδόῳ λόγῳ, φαίνεται καὶ τὸ ἡμιόλιον τοῦ ἐπιτρίτου ὑπερέχειν [ἐν] ἐπογδόῳ· ἀπὸ γὰρ ἡμιολίου λόγου οἷον τοῦ τῶν θʹ πρὸς τὰ ϛʹ ἀφαιρεθέντος τοῦ <ἐπιτρίτου> λόγου τῶν ηʹ πρὸς τὰ ϛʹ λείπεται λόγος ἐπόγδοος ὁ τῶν θʹ πρὸς τὰ ηʹ· καὶ πάλιν τούτῳ τῷ λόγῳ προστεθέντος ἐπιτρίτου λόγου τοῦ τῶν

1 περὶ τῶν ἐν λόγοις συμφονιῶν συνθέσεών τε καὶ διαιρέσεων mg. A 3 συνθέσεσί τε καὶ διαιρέσεσιν corr. ex σύνθεσίς τε καὶ διαίρεσις A 4 ἐπεὶ A[2]] ἐπὶ A[1] 14 τῶν — τῶν] τὸν — τὸν A 16 τὸ μὲν — ἡμιτονίου del. vid., nisi exciderunt verba τὸ δὲ διὰ τεσσάρων δυεῖν τόνων καὶ ἡμιτονίου 18 ἡμιόλιον Bull.] ἡμιτόνιον A ἐὰν μειωθείη ὁ τῶν θ̄ πρὸς τὰ ϛ̄ λόγος τῷ λόγῳ τῶν η̄ πρὸς τὰ ϛ̄· ἔστι δὲ τὸ τρίτον τῶν ϛ̄, τουτέστι τὰ β̄· μειοῦται οὖν αὐξομένου τοῦ ἐλάττονος ὅρου τῇ δυάδι, καὶ γενήσεται λόγος ἐπόγδοος τῶν θ̄ πρὸς τὰ η̄ mg. A 22 τούτῳ] οὕτω A

ιβʹ προς τὰ θʹ συμπληροῦται λόγος ἡμιόλιος τῶν ιβʹ πρὸς τὰ ηʹ. καὶ μὴν ἐπεὶ τὸ μὲν διὰ πασῶν ἐν διπλασίῳ λόγῳ, τὸ δὲ διὰ τεσσάρων ἐν ἐπιτρίτῳ, τὸ ἐξ ἀμφοῖν ἐν λόγῳ τῶν ηʹ πρὸς τὰ γʹ· τῶν μὲν γὰρ γʹ ἐπίτριτα τὰ δʹ, τούτων δὲ διπλάσια τὰ ηʹ. τὸ δὲ διὰ πασῶν καὶ διὰ πέντε ἐν λόγῳ τριπλασίονι· ὁ γὰρ ἡμιόλιος καὶ διπλάσιος συντιθέμενοι τοῦτον ποιοῦσιν· ἡμιόλιος μὲν γὰρ ὁ τῶν θʹ πρὸς τὰ ϛʹ, διπλάσιος δὲ ὁ τῶν ιηʹ πρὸς τὰ θʹ· καὶ γίνεται τριπλάσιος ὁ λόγος τῶν ιηʹ πρὸς τὰ ϛʹ. ὁμοίως δὲ τὸ δὶς διὰ πασῶν ἐν λόγῳ τετραπλασίῳ· οὗτος γὰρ σύγκειται ἐκ δύο διπλασίων· τῶν μὲν γὰρ ϛʹ διπλάσια τὰ ιβʹ, τούτων δὲ τὰ κδʹ, ταῦτα δὲ [τὰ] τετραπλάσια τῶν ϛʹ. ἢ μᾶλλον, ὡς κατʼ ἀρχὰς ἐδείξαμεν, ἐπισυντεθεὶς ὁ τριπλάσιος ἐπιτρίτῳ ποιεῖ τετραπλάσιον· ἔστι δὲ τοῦ μὲν διὰ πασῶν καὶ διὰ πέντε τριπλάσιος ὁ λόγος, τοῦ δὲ διὰ τεσσάρων ἐπίτριτος· ἐξ ἀμφοῖν δὲ τούτοιν τὸ δίς ἐστι διὰ πασῶν· εἰκότως οὖν τοῦτο ἐν λόγῳ φαίνεται τετραπλασίῳ· τῶν μὲν γὰρ ϛʹ τριπλάσια τὰ ιηʹ, τούτων δὲ ἐπίτριτα τὰ κδʹ, ἅτινά ἐστι τετραπλάσια τῶν ϛʹ. καὶ πάλιν τῶν μὲν ϛʹ ἐπίτριτα τὰ ηʹ, τούτων δὲ τριπλάσια τὰ κδʹ, ἅ ἐστι τετραπλάσια τῶν ϛʹ. καὶ τὰ ἐκ τούτων δὲ συντιθέμενα ἐν τούτοις εὑρεθήσεται τοῖς λόγοις, ἐφʼ ὅσον ἂν προαγάγωμεν τὰ συστήματα.

ὁ δὲ Πλάτων καὶ γένος διάτονον καὶ συστήματος μέγεθος ἐπὶ τὸ τετράκις διὰ πασῶν καὶ διὰ πέντε καὶ

1 ὅ ἐστι τὰ γ̄, οἷς ὑπερέχει ὁ ιβ̄ τοῦ θ̄· εἰ προστεθείη (προστεθῆ A[1]) τοῖς θ̄, γίνεται ιβ̄, ὅπερ ἐστὶν ἡμιόλιος mg. A 11 οὗτος corr. ex οὕτως A 25 Πλάτων: Tim. p. 35 sq. cf. Procl. in Tim. p. 192 A 26 ἐπὶ] εἶναι A τετράκι A, em. apogr.

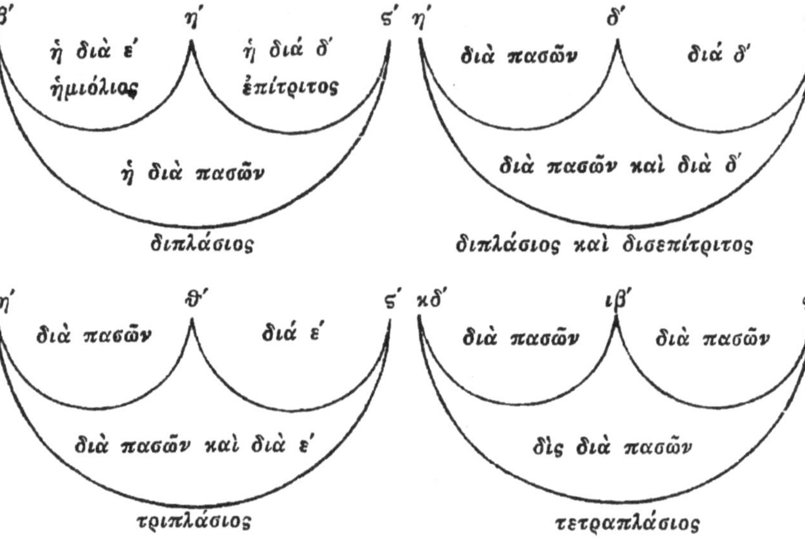

τόνον προαγήοχεν. εἰ δὲ λέγοι τις, φησὶν ὁ Ἄδραστος, ὡς οὐ δέον ἐπὶ τοσοῦτον ἐκτεῖναι, Ἀριστόξενος μὲν γὰρ ἐπὶ τὸ δὶς διὰ πασῶν καὶ διὰ τεσσάρων τὸ τοῦ καθ' αὑτὸν πολυτρόπου διαγράμματος πεποίηται μέγεθος, οἱ δὲ νεώτεροι τὸ πεντεκαιδεκάχορδον τρόπον μέγιστον ἐπὶ τὶ τρὶς διὰ πασῶν καὶ τόνον διεστηκός, ῥητέον, φησίν, ὡς ἐκεῖνοι μὲν πρὸς τὴν ἡμετέραν χρῆσιν ὁρῶντες οὕτως ἐποίουν, ἡγούμενοι μὴ πλεῖόν τι τούτων δύνασθαι μήτε τοὺς ἀγωνιζομένους φθέγγεσθαι μήτε

primam fig. levibus differentiis bis repet. A² vel recentior manus 1 cf. Marquard p. 223. 253. Boeckh kl. Schr. III p. 158 sqq. de metris Pind. p. 213 2 ἐκτείνας ut vid. A¹ 4 πεποίηται: η corr. ex ει A 5 τὸ ε̄ καὶ ῑ ʹχορδον τρόπον μέγιστον A 6 ἐπὶ τὸ δὶς διὰ πασῶν διεστηκός Bull. sed cf. Procl. p. 192 B 8 ἐποίουν: ουν ex corr. A

τοὺς ἀκούοντας εὐγνώστως κρίνειν, Πλάτων δὲ πρὸς τὴν φύσιν ὁρῶν, ἐπειδὴ τὴν ψυχὴν ἀνάγκη συνισταμένην καθ' ἁρμονίαν μέχρι τῶν στερεῶν προάγειν ἀριθμῶν καὶ δυσὶ συναρμόζεσθαι μεσότησιν, ὅπως διὰ παντὸς ἐλθοῦσα τοῦ τελείου στερεοῦ κοσμικοῦ σώματος πάντων ἀντιληπτικὴ γενήσεται τῶν ὄντων, καὶ τὴν ἁρμονίαν αὐτῆς μέχρι τούτου προαγήοχε, τρόπον τινὰ καὶ κατὰ τὴν αὑτῆς φύσιν ἐπ' ἄπειρον δυναμένην προϊέναι.

φησὶ δ' ὅτι καὶ τοὺς μείζονας ἀριθμοὺς τοῖς βαρυτέροις φθόγγοις οἰκεῖον ἀποδιδόναι, κἂν ἐπ' ἐνίων δόξῃ τάσεων διαφωνεῖν, οἷον ἐπὶ τῆς τάσεως τῆς γινομένης διὰ τῆς ἐξαρτήσεως τῶν βαρῶν. δύο γὰρ ἴσων τό τε μῆκος καὶ πάχος χορδῶν καὶ τἆλλα ὁμοίων τὸ πλεῖον βάρος διὰ τὴν πλείω τάσιν τὸν ὀξύτερον ποιήσει φθόγγον. ἐπεὶ γὰρ τὸ πλεῖον βάρος πλείω τάσιν ποιεῖ, πλείονα τὴν ἔξωθεν προσδίδωσι δύναμιν τῷ κατ' αὐτὸν ὀξυτέρῳ φθόγγῳ, ἐλάττονα διὰ τοῦτ' ἔχοντι τὴν ἰδίαν ἰσχὺν τοῦ ἐξαρτήματος. δῆλον ὡς ἀντεστραμμένως ὁ βαρύτερος, τὴν οἰκείαν αὑτοῦ δύναμιν πλείω κεκτημένος τοῦ ἐξαρτήματος, ἐπαρκεῖ πρὸς τὸ σώζειν τὴν οἰκείαν ἁρμονίαν τε καὶ συμφωνίαν. ὥστε τὸν μείζω ἀριθμὸν τῇ πλείονι νεμητέον δυνάμει. ὁμολογεῖ δὲ τούτοις καὶ τὰ ἄλλα. πάλιν γὰρ τὰ μήκη καὶ τὰ πάχη δυσκινησίαν

4 cf. Tim. p. 32 B. Westphal p. 66 5 παντὸς] πάντων A: cf. Tim. p. 34 B. 36 D 7 προαγείοχε A^1 9 προϊέναι ex προσιέναι A 13 ⟨ἐπὶ⟩ δύο? 14 πλείω A^1 16 πλεῖον A^2] πλείω A^1 17 προσδίδωσι corr. ex προδίδωσι A κατ' αὐτὸν del. vid. (fort. ad ἰδίαν adscriptum fuit) 18 δὲ post ἐλάττονα add. A^2 ἔχοντι: ἔ corr. ex ἔλ. A 19 ⟨καὶ⟩ δῆλον? ἀντεστραμμένος A^1

προσάπτοντα ταῖς χορδαῖς ἀσθένειαν παρασκευάζει, ὡς μὴ ῥᾳδίως κινεῖσθαι μηδὲ θᾶττον πλήττειν τε καὶ εἰδοποιεῖν πλείονα ὄντα τὸν πέριξ ἀέρα. δῆλον οὖν [ὅτι] ὡς οἱ βαρύτεροι φθόγγοι τὴν αὐτῶν οἰκείαν δύναμιν κατὰ τὸν πλείω κέκτηνται ἀριθμόν. ὅμοια δὲ ἔστιν εὑρεῖν καὶ ἐπὶ τῶν ἐμπνευστῶν ὀργάνων. καὶ γὰρ τῶν ἐν τούτοις φθόγγων οἱ βαρύτεροι, διὰ τὸ μῆκος καὶ τὴν εὐρύτητα τῶν τρημάτων πλέον εἰδοποιοῦντες τὸν ἀέρα ἢ νὴ Δία τὴν ἄνεσιν τοῦ πνεύματος ὡς ἐπὶ σάλπιγγος ἢ τῆς ἀρτηρίας, ἀτονώτεροι καὶ ἀσθενέστεροι γινόμενοι τὴν αὐτῶν οἰκείαν δύναμιν ἔχουσι φύσει πλείονα.

κυριωτάτη δὲ πασῶν, φησίν, ἡ διὰ τεσσάρων συμφωνία· ἐκ γὰρ ταύτης καὶ αἱ λοιπαὶ εὑρίσκονται. ἡ δὲ διὰ πέντε τόνῳ τοῦ διὰ τεσσάρων διενήνοχεν. ἀμέλει τὸν τόνον οὕτως ὁρίζονται· τὸ ἀπὸ τοῦ διὰ πέντε ἐπὶ τὸ διὰ τεσσάρων διάστημα. εὑρίσκεται δὲ ἐκ τοῦ διὰ τεσσάρων καὶ διὰ πέντε τὸ διὰ πασῶν· σύγκειται γὰρ ἐκ τοῦ διὰ τεσσάρων καὶ διὰ πέντε.

οἱ δὲ παλαιοὶ πρῶτον διάστημα τῆς φωνῆς ἔλαβον τὸν τόνον, ἡμιτόνιον δὲ καὶ δίεσιν οὐχ ἡγοῦντο. ὁ δὲ τόνος εὑρίσκετο ἐν ἐπογδόῳ λόγῳ ἔν τε δίσκων κατασκευαῖς καὶ ἀγγείων καὶ χορδῶν καὶ αὐλῶν καὶ ἐξαρτήσεων καὶ ἄλλων πλειόνων· τὰ γὰρ η′ πρὸς τὰ θ′ ἐποίει τονιαίου ἀκούειν διαστήματος. διὰ τοῦτο δὲ

1 ἀσθένιαν A[1] 3 cf. δῆλον ὡς p. 65, 19 5 κέκτηνται Bull.] κέκτηται A 6 τῶν ἐν A[2]] τὸν ἐν A[1] 7 φθόγγον A[1] 8 τρημάτων corr. ex τρημμάτων A 9 ἢ νὴ δία apogr.] ἦν ἢ διὰ A[1], ἢ νὴ διὰ A[2], cf. ad p. 78, 16 10 ἀτονώτερος καὶ ἀσθενέστερος γινόμενος τὴν αὐτοῦ δύναμιν οἰκείαν (cf. p. 65, 20. 66, 4) ἔχει κτλ. A 14 γὰρ post τόνῳ eras. A inscr. τί ἐστι τόνος A ἀμελὲς A[1]

πρῶτον διάστημα ὁ τόνος, ὅτι μέχρι τούτου καταβαίνουσα ἡ φωνὴ τοῦ διαστήματος ἀπλανῆ τὴν ἀκοὴν φυλάσσει. τὸ δὲ μετὰ τοῦτο οὐκέτι οἵα τε ἡ ἀκοὴ πρὸς ἀκρίβειαν λαβεῖν τὸ διάστημα. ἀμέλει περὶ τοῦ ἐφεξῆς διαστήματος καλουμένου ἡμιτονίου διαφέρονται, τῶν μὲν τέλειον ἡμιτόνιον αὐτὸ λεγόντων, τῶν δὲ λεῖμμα. συμπληροῦται δὲ τὸ διὰ τεσσάρων, ὅ ἐστιν ἐπίτριτον, τῷ τόνῳ, τουτέστι τῷ ἐπογδόῳ διαστήματι, οὕτω. συμφωνεῖται γὰρ παρὰ πᾶσι τὸ διὰ τεσσάρων μεῖζον μὲν εἶναι διτόνου, ἔλαττον δὲ τριτόνου. ἀλλ' Ἀριστόξενος μέν φησιν ἐκ δύο ἡμίσους τόνων αὐτὸ συγκεῖσθαι τελείων, Πλάτων δὲ ἐκ δύο τόνων καὶ τοῦ καλουμένου λείμματος. τὸ δὲ λεῖμμα τοῦτό φησιν ἀκατονόμαστον εἶναι, ἐν λόγῳ δὲ εἶναι ἀριθμοῦ πρὸς ἀριθμὸν ὃν ἔχει τὰ σνϛ' πρὸς σμγ'. τὸ δὲ διάστημα τοῦτό ἐστι, καὶ ἡ ὑπεροχὴ ιγ'. εὑρεθήσεται δὲ οὕτως. τὰ μὲν ϛ' οὐκ ἂν εἴη πρῶτος ὅρος, ἐπειδὴ οὐκ ἔχει ὄγδοον, ἵνα ὑπ' αὐτοῦ γένηται ἐπόγδοος. οὐδὲ μὴν ὁ η'· καὶ γὰρ εἰ ἔχει ἐπόγδοον τὸν ϑ', πάλιν ὁ ϑ' οὐκ ἔχει ἐπόγδοον. δεῖ δὲ ἐπογδόου ἐπόγδοον λαβεῖν, ἐπειδὴ τὸ διὰ τεσσάρων ἐπίτριτον μεῖζόν ἐστι διτόνου. λαμβάνομεν οὖν τὸν πυθμένα τὸν ἐπόγδοον τὸν η' καὶ ϑ', καὶ τὰ η' ἐφ'

5 διάφοροι δόξαι περὶ τῆς διὰ δ̄ πόσων ἐστὶ τόνων mg. A 8 cf. Aristox. Harm. p. 82, 32 10 Ἀριστόξενος: p. 34, 2 11 καὶ post δύο add. A[2], ἐκ δύο καὶ δύο ἡμίσεων τόνων perverse cj. Bull. 12 Πλάτων] τοῦτον A: cf. p. 68, 11. Plat. Tim. p. 36 B. Plut. de an. procr. p. 1017 F. 1022 E. Macrob. in Somn. Scip. II 1, 23. Procl. p. 195 D 13 τί ἐστι λεῖμμα mg. A 16 πῶς εὑρίσκεται τὸ λεῖμμα mg. A 18 οὕτως γὰρ ἐν τῇ διὰ δ̄ ἔχει. ὁ γὰρ δεύτερος φθόγγος ἐπόγδοός ἐστι τοῦ ᾱ· καὶ ὁ τρίτος πάλιν τοῦ β̄ ἐπόγδοος mg. A 22 τὸν η'] ὁ η̄ A[1]. an scr. <ὅς ἐστιν> ὁ η' καὶ ϑ'? ὁ ante τὰ del. A

ἑαυτά, εὑρίσκομεν ξδʹ, εἶτα τὰ ηʹ ἐπὶ τὰ ϑʹ, καὶ γίνεται οβʹ, εἶτα τὰ ϑʹ ἐφʼ ἑαυτά, καὶ γίνεται παʹ· ηʹ ϑʹ ξδʹ οβʹ παʹ· εἶτα πάλιν τούτων ἕκαστον ληφϑήτω τρίς, καὶ ἔσται τὰ μὲν ξδʹ τρὶς ρϟβʹ, τὰ δὲ οβʹ τρὶς σιςʹ, τὰ δὲ παʹ τρὶς σμγʹ· ηʹ ϑʹ ξδʹ οβʹ παʹ ρϟβʹ σιςʹ σμγʹ· εἶτα προστίϑεμεν τοῖς σμγʹ ἀπὸ τῶν ρϟβʹ ἐπίτριτον τὸν σνςʹ· ὥστε εἶναι τὴν ἔκϑεσιν τοιαύτην· ἐπίγδοος πυϑμὴν ϑʹ ηʹ, δεύτεροι ἐπόγδοοι ξδʹ οβʹ παʹ, τρίτοι ἐπόγδοοι ἀλλήλων δύο ρϟβʹ σιςʹ σμγʹ, κείσϑω καὶ ὁ τοῦ ρϟβʹ ἐπίτριτος ὁ σνςʹ, ἔσται τοῦτο τὸ ἐπίτριτον συμπεπληρωμένον ὑπὸ δύο τόνων καὶ τοῦ εἰρημένου λείμματος. ἔνιοι δὲ πρῶτον ὅρον λαμβάνουσι τὸν τπδʹ.

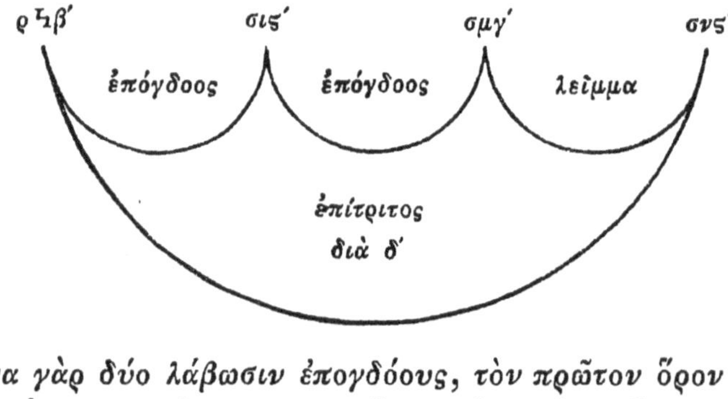

ἵνα γὰρ δύο λάβωσιν ἐπογδόους, τὸν πρῶτον ὅρον τὸν ςʹ ὀκταπλασιάσαντες ποιοῦσι μηʹ, καὶ ταῦτα πάλιν

6 τουτέστι μετὰ τὸν σμγ· ἄλλον δὲ προστίϑεμεν τὸν σνς ὅς ἐστι τοῦ ρϟβ ἐπίτριτος mg. A 8 δύο ἐφεξῆς ἐπογδόων ὄντων τοῦ ξδ οβ πα, ἐπεὶ μὴ ἔχει ἐπίτριτον ὁ ξδ ὃν ἔδει μετὰ πα τεϑῆναι ὥστε γενέσϑαι τὸν διὰ δ, εἰκότως τούτοις (scr. τούτους) μὲν ὑπερέβημεν, τοῖς (scr. τοὺς) δὲ ἑξῆς παρειλήφαμεν τὸν ρϟβ σις σμγ· ἔστι γὰρ τοῦ ρϟβ ἐπίτριτος ὁ σνς, ὁ δὲ ξδ τρίτον οὐκ ἔχει mg. A 12 cf. Procl. p. 194 D τὸν] τῶν A 13 πρῶτον] ἕνα A

ὀκτάκις τπδ΄, οὗ ἐπίτριτος ὁ φιβ΄, μεταξὺ δὲ τούτων δύο ἐπόγδοα, τοῦ μὲν τπδ΄ υλβ΄, τούτου δὲ υπϛ΄, ἀφ᾿ ὧν ἐπὶ τὰ φιβ΄ ὁ λειμματιαῖος γίνεται λόγος. τινὲς δέ

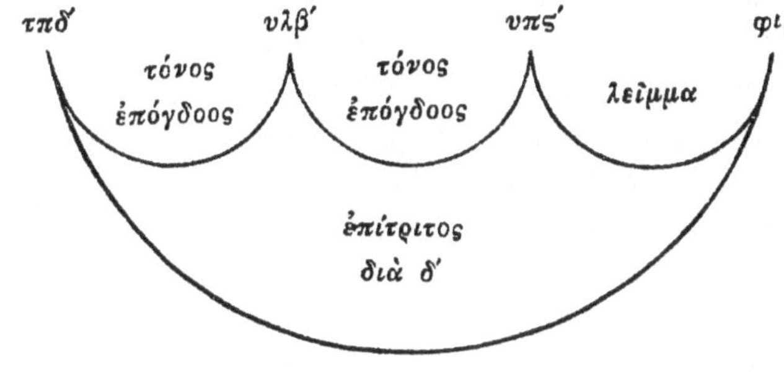

φασι μὴ ὀρθῶς εἰλῆφθαι τούτους τοὺς ἀριθμούς· τὴν γαρ ὑπεροχὴν τοῦ τετάρτου ὅρου πρὸς τὸν τρίτον μὴ γίνεσθαι ιγ΄, ὅσα Πλάτων εἴρηκε δεῖν ἔχειν τὸ λεῖμμα. οὐδὲν δὲ κωλύει καὶ ἐφ᾿ ἑτέρων ἀριθμῶν τὸν αὐτὸν εὑρίσκειν λόγον ὡς ἔχει τὰ σνϛ΄ πρὸς τὰ σμγ΄. οὐ γὰρ ἀριθμὸν ὡρισμένον ἔλαβεν ὁ Πλάτων, ἀλλὰ λόγον ἀριθμοῦ. ὃν δὲ ἔχει λόγον τὰ σνϛ΄ πρὸς σμγ΄, τοῦτον καὶ τὰ φιβ΄ πρὸς τὰ υπϛ΄· τὰ γὰρ φιβ΄ τῶν σνϛ΄ διπλάσια καὶ τὰ υπϛ΄ τῶν σμγ΄. ὅτι δὲ τοῦτο τὸ διάστημα τὸ τῶν σνϛ΄ πρὸς σμγ΄, τουτέστι τὰ ιγ΄, ἔλαττόν ἐστιν ἡμιτονίου, δῆλον. τοῦ γὰρ τόνου ἐπογδόου ὄντος τὸ ἡμιτόνιον δὶς ἐπόγδοον ἔσται, τουτέστιν ἐφεκκαιδέκατον. τὰ δὲ ιγ΄ τῶν σμγ΄ ἐστιν ἐν λόγῳ πλείονι ὀκτωκαιδεκάτου, ὅ ἐστι μέρος ἔλαττον ἑκκαιδεκάτου. οὐδὲ γὰρ οἷόν τε τὸ ἐπόγδοον διαίρεσιν ἐπιδέξασθαι, εἰ καὶ οἱ μὴ λόγῳ

1 οὗ] οὓς A[1], ὧν A[2] 16 ὀκτω post πλείονι del. et ἢ supra vs. add., tum ἐποκτοκαιδεκάτω, π corr. ex φ, supra πο ras. A, ὀκτωκαιδεκάτῳ Bull.

ἀλλὰ τῇ ἀκοῇ ταῦτα κρίνοντες νομίζουσιν. ἀμέλει τοῦ ἐπογδόου πυθμένος τὸ διάστημα τουτέστι τῶν ϑ' πρὸς τὰ η' ἡ μονὰς οὐ τέμνεται. τὸ δὲ λεγόμενον λεῖμμα εἴ τις ἐρωτῴη τίνος ἐστὶ λεῖμμα, δεῖ εἰδέναι ὅτι ἐστὶ τοῦ διὰ τεσσάρων· τῷ γὰρ διὰ τεσσάρων λείπει πρὸς τὸ γενέσθαι δύο ἥμισυ τόνων τελείων.

εὑρέθη δὲ ὁ τόνος οὕτως. ἐπειδὴ τὸ διὰ τεσσάρων ἐν ἐπιτρίτῳ λόγῳ ἐφάνη ὄν, τὸ δὲ διὰ πέντε ἐν ἡμιολίῳ, ἐλήφθη ἀριθμὸς ὁ πρῶτος ἔχων ἥμισυ καὶ τρίτον· ἔστι δὲ οὗτος ὁ ϛ'. τούτου ἐπίτριτος μέν ἐστιν ὁ η', ἡμιόλιος δὲ ὁ ϑ'. ϛ' η' ϑ'. τὸ δὴ διάστημα τὸ ἀπὸ τοῦ ἡμιολίου ἐπὶ τὸ ἐπίτριτον εὑρέθη ἐν λόγῳ μὲν ἐπογδόῳ· τὰ γὰρ ϑ' τῶν η' ἐπόγδοα· ἡ δὲ τάσις ἐλέχθη τόνος. ὅτι δὲ ὁ τόνος δίχα οὐ διαιρεῖται δῆλον οὕτω. πρῶτον μὲν ὁ ἐπόγδοος πυθμὴν τὸ διάστημα ἔχει μονάδα, ἥτις ἀδιαίρετος. εἶτα ἐν μὲν ἀριθμῷ οὐκ ἀεὶ εἰς ἴσα τέμνεται τὸ ἐπόγδοον διάστημα. καὶ γὰρ ἐπὶ τῶν σιϛ' πρὸς σμγ' ἡ ὑπεροχὴ κζ οὐ τέμνεται εἰς ἴσα, ἀλλὰ εἰς ιγ' καὶ εἰς ιδ'· μονὰς γὰρ οὐ διαιρεῖται. ἐπεὶ δὲ ὁ

1 τοῦ ἐπογδόου πυθμένος τῶν ϑ' πρὸς τὰ η' τὸ διάστημα τουτέστιν ἡ μονάς? 3 inscr. τί ἐστι λεῖμμα A 4 ἐρωτῴη corr. ex ἐρωτῶ ἡ A 6 δύο καὶ ἥμισυ Bull. cf. Strab. VIII p. 379 τριῶν ἥμισυ σταδίων. Didymus apud Prisc. de fig. num. 17 τοὺς τέσσαρας ἥμισυ πήχεις. Plut. Cat. min. 44 δεκαδύο ἥμισυ μυριάδας 7 πῶς ηὑρέθη (κυρεθῆ A[1]) ὁ τόνος ἐν ἐπογδόῳ λόγῳ mg. A 10 οὗτος corr. ex οὕτως A 14 inscr. ὅτι ὁ τόνος δίχα οὐ τέμνεται A οὕτω eras. A 15 ὅτι post μὲν A[2] 16 καλῶς δὲ οὐκ ἀ⟨εί·⟩ ποτὲ γὰρ (γὰρ A[2], μὲν A[1]) τέμνε⟨ται·⟩ ὁ γοῦν οβ τοῦ ξδ ἐπόγδοος καὶ ἡ ⟨ὑ⟩περοχή ἐστιν η ἥ⟨τις⟩ διαιρεῖται δίχ⟨α·⟩ ἀλλὰ καὶ ὁ πα ἐπόγδοος τοῦ οβ οὗ (corr. ex ὧ) ἡ ὑπεροχὴ ϑ οὐ διαιρεῖται εἰς ἴσα mg. A (quae hic et ad p. 71, 14 uncis inclusi, folio circumciso absumpta sunt)

τόνος ὁ μέν τις νοήσει λαμβάνεται, ὁ δὲ ἐν ἀριθμοῖς, ὁ δὲ ἐν διαστήμασιν, ὁ δὲ δι᾽ ἀκοῆς ἐν φωναῖς, οὔτε ⟨ὁ⟩ ἐν ἀριθμοῖς εἰς ἴσα ἀεὶ τέμνεται, ὡς δέδεικται, οὔτε ὁ ἐν αἰσθητοῖς καὶ ὁρατοῖς διαστήμασιν. ἐπὶ γὰρ τοῦ κανόνος αἰσθητὸς ὢν ὁ ὑποβολεὺς πάντως ἕξει τι πλάτος καὶ οὐκ ἔσται οὕτως ἀπλατής, ὡς μὴ πάντως τι ἐπιλαβεῖν ἐν τῇ διαιρέσει τοῦ τόνου καὶ τοῦ πέρατος τοῦ πρώτου μέρους καὶ τῆς πρώτης ἀρχῆς τοῦ δευτέρου, καὶ διὰ τοῦτο ἀπαναλωθήσεταί τι τοῦ τόνου. ἔτι ἐν ταῖς διαιρέσεσι τρία ἐστί, δύο μὲν τὰ διαιρούμενα, τρίτον δὲ τὸ ἐξαιρούμενον. τῶν δὲ διαιρουμένων ἀπ᾽ αὐτῆς τῆς διαιρέσεως ὡς ἐπὶ πρίονος ἐν τῇ τομῇ ἀναλοῦταί τι τὸ ἐξαιρούμενον ὑπ᾽ αὐτῆς τῆς τομῆς. ὡς οὖν ἐπ᾽ ἐνίων αἰσθητῶν ἐξαιρεῖταί τι, οὕτω καὶ ἐπὶ πάντων κἂν ἐκφεύγῃ τὴν αἴσθησιν πάντως ἀναλωθήσεταί τι ἐν τῇ τομῇ. δόρυ γοῦν ἢ κάλαμον ἢ ἄλλο ὁτιοῦν αἰσθητὸν μῆκος ἂν πρὶν ἢ διελεῖν μετρήσῃς, ἔπειτα διέλῃς εἰς πολλὰ μέρη, εὑρήσεις τὸ τῶν διαιρουμένων πάντων κοινὸν μέτρον ἔλαττον ὂν τοῦ ὅλου πρὶν ἢ διῃρῆσθαι. ἔτι χορδὴν ἂν διέλῃς, εἶτα διακόψῃς, ἡ ἔκτασις μετὰ τὴν διακοπὴν ἀνέδραμε, κἂν πάλιν τὰ διακοπέντα τείνῃς, ἀνάγκη ἀφῃρῆσθαί τι τοῦ

3 ὁ add. A[2] 10 ἐν corr. ut vid. ex ἔτι A 11 τῶν δὲ] τῶν γὰρ? 14 τοῦτο ἐναντ⟨ίον⟩ τῷ τὴν δοθεῖσαν ⟨εὐ⟩θεῖαν δίχα τέμν⟨εσθαι⟩. εἰ γὰρ καταν⟨α⟩λίσκεταί τι π⟨άντως⟩ παντὸς διαιρουμένου, οὐ δίχα τέμνε⟨ται⟩, ἀλλ᾽ οὐδὲ τὸ δοθὲν μέρος ἀποτέμ⟨εται⟩. καὶ ἐκ τῆς ἐνεργείας δ⟨ῆλον⟩ τὸ ψεῦδος. εἰ γὰρ δ⟨ι⟩αρρήξω τρίχα δηλ⟨αδή⟩, μηδενὸς ἐκ πρη . . (?) γενομένου, οὐδὲν αὐ⟨τῆς⟩ παραναλωται. καὶ ἐπὶ τῶν παραπλ⟨η⟩σίων ταὐτό mg. A ἐπενίων, ν corr. ex μ A 16 τι corr. ex τῇ A 18 διέλεις corr. ex διελεῖς A 19 διῃρημένων? ὂν corr. ex ὢν A 21 ἡ corr. ex ἢ A 22 τι corr. ex τῇ A

μεγέθους εἰς τὰς ἐξάψεις τῶν ἑκατέρωθεν ἁφῶν τοῦ τεινομένου. καὶ διὰ τοῦτο οὐκ ἔσται τέλεια δύο ἡμιτόνια. οὐ μὴν οὐδ' ἐπὶ τῶν φωνῶν εὑρίσκεται εἰς ἴσα ἡ τομὴ τοῦ τόνου. μελῳδήσας γὰρ τόνον καὶ τόνον μελῳδῶ πάλιν τοῦ ἑνὸς τόνου τὰ δύο ἡμιτόνια ἐν τρισὶ φθόγγοις, δυσὶ δὲ διαστήμασιν ἀναβαίνων τῇ τάσει. ὁ δὴ τρίτος φθόγγος τοῦ δευτέρου ὀξύτερος ἔσται, καὶ διέστηκεν ἀπὸ μὲν τοῦ πρώτου τόνον, ἀπὸ δὲ τοῦ δευτέρου δοκεῖ μὲν ἡμιτόνιον, οὐ μὴν ὅμοιον ἡμιτόνιον οὐδὲ οἷον ὁ δεύτερος ἀπὸ τοῦ πρώτου· οὐ γὰρ δύναται ὅμοιον εἶναι τὸ βαρύτερον τῷ ὀξυτέρῳ. οὐδὲ γὰρ ἐπὶ τοῦ αὐτοῦ φθόγγου ἂν δὶς μελῳδῆσαι θέλωμεν διακόψαντες τὴν φωνήν, τὸν αὐτὸν ἦχον ἀποδώσομεν, ἀλλ' ἀνάγκη γενέσθαι τινὰ διαφοράν, ἥτις λήσει τὴν ἀκοήν. οὐδὲ γὰρ κεντῆσαι ταὐτὸν καὶ ὅμοιον δὶς οἷόν τε, οὐδὲ πλῆξαι τὴν αὐτὴν χορδὴν δὶς ὁμοίως, ἀλλὰ ἢ λαγαρώτερον ἢ σφοδρότερον, οὐδὲ βάψαι δὶς εἰς τὸ αὐτὸ ὑγρὸν ὁμοίως, οὐδὲ βάψαντα τὸ αὐτὸ ἀνενεγκεῖν διὰ δακτύλου ἢ μέλανος ἢ μέλιτος ἢ πίττης. ὁ δὲ νοήσει ληπτὸς τόνος δύναται νοεῖσθαι καὶ εἰς ἴσα διαιρούμενος.

περὶ δὲ τῆς ἐν ἀριθμοῖς ἁρμονίας λεκτέον ἑξῆς, ὅτι [ὁ] ὅρος ἐστὶν ὁ τὸ καθ' ἕκαστον ἀποφαίνων ἰδίωμα τῶν λεγομένων, οἷον ἀριθμός, μέγεθος, δύναμις, ὄγκος, βάρος. λόγος δὲ κατὰ μὲν τοὺς περιπατητικοὺς λέγεται πολλαχῶς, ὅ τε μετὰ φωνῆς προφορικὸς ὑπὸ τῶν νεω-

1 ἁφῶν: ἁφ corr. ex ἀρκ.. A 5 μελωδῷ A 8 διέστηκεν: η corr. ex ι A 9 ὅμοιον] τέλειον? 15 οἷόν τε corr. ex οἴονται A 18 βάψαντα: β corr. ex ψ A 19 ληπτὸς Bull.] λεπτὸς A 20 cf. descr. post finem libri 21 inscr. τί ἐστιν ὅρος A 22 ὁ om. apogr. 24 inscr. ποσαχῶς λέγεται λόγος A 25 cf. Plut. cum princ. philos. diss. p. 777 C

τέρων λεγόμενος καὶ ὁ ἐνδιάθετος καὶ ὁ ἐν διανοίᾳ κείμενος ἄνευ φθόγγου καὶ φωνῆς καὶ ὁ τῆς ἀναλογίας, καθ' ὃν λέγεται ἔχειν λόγον τόδε πρὸς τόδε, καὶ ἡ τῶν τοῦ λόγου στοιχείων ἀπόδοσις καὶ ὁ τῶν τιμώντων καὶ τιμωμένων, καθ' ὅν φαμεν λόγον τινὸς ἔχειν ἢ μὴ ἔχειν, καὶ ὁ τραπεζιτικὸς λόγος καὶ ὁ ἐν τῷ βιβλίῳ Δημοσθενικὸς ἢ Λυσιακὸς καὶ ὁ ὅρος ὁ τὸ τί ἦν εἶναι καὶ τὴν οὐσίαν σημαίνων, ὁριστικὸς ὤν, καὶ ὁ συλλογισμὸς δὲ καὶ ἡ ἐπαγωγὴ καὶ ὁ Λιβυκὸς καὶ ὁ μῦθος καὶ ὁ αἶνος λόγος λέγεται καὶ ἡ παροιμία, ἔτι δὲ καὶ ὁ τοῦ εἴδους καὶ ὁ σπερματικὸς καὶ ἄλλοι πλείονες. κατὰ δὲ Πλάτωνα τετραχῶς λέγεται λόγος, ἥ τε διάνοια ἄνευ φθόγγου καὶ τὸ μετὰ φωνῆς ῥεῦμα ἀπὸ διανοίας καὶ ἡ τῶν τοῦ ὅλου στοιχείων ἀπόδοσις καὶ ὁ τῆς ἀναλογίας. νῦν δὲ πρόκειται περὶ τοῦ τῆς ἀναλογίας λόγου ζητεῖν.

λόγος δέ ἐστιν ὁ κατ' ἀνάλογον δυοῖν ὅρων ὁμογενῶν ἡ πρὸς ἀλλήλους [αὐτῶν] ποιὰ σχέσις, οἷον διπλάσιος, τριπλάσιος. τὰ μὲν γὰρ ἀνομογενῆ πῶς ἔχει πρὸς ἄλληλά φησιν Ἄδραστος εἰδέναι ἀδύνατον· οἷον πῆχυς πρὸς μνᾶν ἢ χοίνιξ πρὸς κοτύλην ἢ τὸ λευκὸν πρὸς τὸ γλυκὺ ἢ θερμόν ἀσύγκριτα καὶ ἀσύμβλητα· τὰ δὲ ὁμο-

1 [ὁ] ἐν διανοίᾳ? 2 ἀλογίας (να superscr.) A 6 τραπεζητικὸς A 7 λυσικός (α superscr.) A 8 σημαίνων: αι corr. ex ε A ὁριστικὸς Bull.] ὁριστικῶς A 10 τὸ βιβλίον ἔχει παρο (μ, superscr.) (signo lineolae haec verba ad παροιμία relata erant) in mg. del. A 11 cf. Plat. Soph. p. 263 E. Theaet. p. 206 D 14 ὁ] ἡ A 16 inscr. τί ἐστι λόγος ἀναλογίας A ἀναλογίαν Ast ad Nicom. arithm. p. 304 17 cf. p. 81, 8. 18 20 χοῖνιξ Bull. cf. Herod. dichr. p. 285. Lobeck paralip. gramm. Gr. p. 411 κοτύλην: cf. tamen Hultsch griech. u. röm. Metrol. p. 83 21 ante καὶ rasura trium fere litt., γὰρ add. apogr.

γενῆ δυνατόν, οἷον μήκη πρὸς μήκη ⟨καὶ⟩ ἐπίπεδα πρὸς ἐπίπεδα καὶ στερεὰ πρὸς στερεὰ καὶ βάρη πρὸς βάρη καὶ ὑγρὰ πρὸς ὑγρὰ καὶ χυτὰ πρὸς χυτὰ καὶ ξηρὰ πρὸς ξηρὰ καὶ ἀριθμοὺς πρὸς ἀριθμοὺς καὶ χρόνον πρὸς χρόνον καὶ κίνησιν πρὸς κίνησιν καὶ φωνὴν πρὸς φωνὴν καὶ χυμὸν πρὸς χυμὸν καὶ χρῶμα πρὸς χρῶμα καὶ ὅσα τοῦ αὐτοῦ γένους ἢ εἴδους ὄντα πως ἔχει πρὸς ἄλληλα. ὅρους δὲ λέγομεν τὰ ὁμογενῆ ἢ ὁμοειδῆ λαμβανόμενα εἰς σύγκρισιν, οἷον ὅταν σκεπτώμεθα τίνα λόγον ἔχει τάλαντον πρὸς μνᾶν, ὁμογενεῖς ὅρους φαμὲν τὸ τάλαντον καὶ τὴν μνᾶν, ὅτι ἀμφοῖν γένος τὸ βαρύ. καὶ ἐπὶ τῶν ἄλλων ὁ αὐτὸς λόγος. ἀναλογία δέ ἐστι λόγων ἡ πρὸς ἀλλήλους ποιὰ σχέσις, οἷον ὡς β′ πρὸς ἕν, οὕτως η′ πρὸς δ′.

τῶν δὲ λόγων οἱ μέν εἰσι μείζονες, οἱ δὲ ἐλάττονες, οἱ δ' ἴσοι. ὁ μὲν οὖν ἴσος εἷς καὶ ὁ αὐτὸς λόγος καὶ προηγεῖται πάντων τῶν λόγων καὶ ἔστι στοιχειώδης. ἴσοι δέ εἰσιν οἱ κατὰ τὴν αὐτὴν ποσότητα ἐξεταζόμενοι πρὸς ἀλλήλους, οἷον ἓν πρὸς ἓν καὶ β′ πρὸς β′ καὶ ι′ πρὸς ι′ καὶ ρ′ πρὸς ρ′. τῶν δὲ μειζόνων οἱ μὲν πολλαπλάσιοι, οἱ δὲ ἐπιμόριοι, οἱ δὲ οὐδέτεροι. ὁμοίως δὲ καὶ τῶν ἐλαττόνων οἱ μὲν ὑποπολλαπλάσιοι, οἱ δὲ ὑπεπιμόριοι, οἱ δ' οὐδέτεροι. τούτων δὲ οἱ μὲν ἐν συμφωνίᾳ εἰσίν, οἱ δ' οὔ. αἱ μὲν οὖν συμφωνίαι τῶν

4 καὶ χρόνον: ον corr. ex ου A 7 πῶς A 8 inscr. τί ἐστιν ὅρος A, ιζ in mg., praeterea quaedam in mg. er. ὁμοειδῆ corr. ex ὁμοιοειδῆ A 12 inscr. περὶ ἀναλογίας A, ιη in mg. 15 inscr. περὶ ἰσότητος A, ιθ in mg. ἐλλάττονες A, em. apogr. 18 ποσότητα] ἰσότητα A 22 ὑπεπιμόριοι corr. ex ὑποεπιμόριοι A 24 αἱ συμφ. neglegenter dictum (cf. p. 75, 11): nisi scr. ἐν μὲν οὖν συμφωνίᾳ

πολλαπλασίων ὅ τε διπλάσιος καὶ ὁ τριπλάσιος καὶ ὁ τετραπλάσιος, ἐν δὲ ἐπιμορίοις ἡμιόλιος ἐπίτριτος, ἐν οὐδετέρῳ δὲ ὅ τε ἐπόγδοος καὶ ὁ τῶν σνϛ′ πρὸς σμγ′, καὶ οἱ τούτοις ὑπεναντίοι ὅ τε ὑποδιπλάσιος καὶ ὁ ὑποτριπλάσιος καὶ ὁ ὑποτετραπλάσιος καὶ ὁ ὑφημιόλιος καὶ ὁ ὑπεπίτριτος καὶ ὁ ὑπεπόγδοος καὶ ὁ τῶν σμγ′ πρὸς σνϛ′. καὶ ὁ μὲν διπλάσιος ἐν τῇ διὰ πασῶν εὑρίσκεται συμφωνίᾳ, ὡς ἐπάνω ἀποδέδεικται, ὁ δὲ τρίπλασιος ἐν τῇ διὰ πασῶν καὶ διὰ πέντε, ὁ δὲ τετραπλάσιος ἐν τῇ δὶς διὰ πασῶν, ὁ δ' ἡμιόλιος ἐν τῇ διὰ πέντε, ὁ δ' ἐπίτριτος ἐν τῇ διὰ τεσσάρων, ὁ δ' ἐπόγδοος τόνος ἐστίν, ὁ δὲ τῶν σνϛ′ πρὸς σμγ′ ἐν λείμματι. ὁμοίως δὲ καὶ οἱ τούτων ὑπεναντίοι. ἐν οὐδετέρῳ δέ εἰσι λόγῳ ὅ τε ἐπόγδοος καὶ ὁ τῶν σνϛ′ πρὸς σμγ′, ὅτι οὔτε ἐν συμφωνίαις εἰσὶν οὔτε ἔξω συμφωνίας· ὁ γὰρ τόνος καὶ τὸ λεῖμμα ἀρχαὶ μέν εἰσι συμφωνίας καὶ συμπληρωτικαὶ συμφωνίας, οὔπω δὲ συμφωνίαι. λέγονται δέ τινες ἐν ἀριθμητικῇ λόγοι ἀριθμῶν οὐ μόνον πολλαπλάσιοι καὶ ἐπιμόριοι, ἀλλὰ καὶ ἐπιμερεῖς καὶ πολλαπλασιεπιμερεῖς καὶ ἔτι πλείους, περὶ ὧν ἐφεξῆς σαφέστερον παραδώσομεν. συνέστηκε δὲ τὸ μὲν διὰ τεσσάρων ἐκ δυεῖν τόνων καὶ λείμματος, τὸ δὲ διὰ πέντε ἐκ τριῶν τόνων καὶ λείμματος, τὸ δὲ διὰ πασῶν ἐκ τοῦ διὰ πέντε καὶ διὰ τεσσάρων. ἐκ δὲ τούτων εἰσὶν αἱ προηγούμεναι τῶν ἀναλογιῶν.

3 οὐδετέροις apogr. 6 ὑποεπίτριτος A ὑπόγδοος A[1] 7 ἐκ πόσων τόνων ἥ τε διὰ δ̄ καὶ αἱ λοιπαὶ συνεστήκασιν mg. A 8 ἐπάνω: p. 56, 12. 62, 6 11 τόνος: immo ἐν τόνῳ 13 ἐν οὐδέτερῳ κτλ. — 25: haec plane supervacanea sunt, quaedam etiam inepta 15 sqq. cf. p. 49, 4 18 πολαπλάσιοι A, em. apogr. 20 ἔτι] ἐπὶ A ἐφεξῆς: p. 78, 6 sqq. 21 συνέστηκε corr. ex συνέστικε A

πάλιν δὲ κατὰ τὴν ἀριθμητικὴν παράδοσιν λέγονται ⟨λόγοι⟩ τῶν ἀριθμῶν, ὡς καὶ ὁ Ἄδραστος παραδίδωσιν, οἱ μὲν πολλαπλάσιοι, οἱ δὲ ἐπιμόριοι, οἱ δ' ἐπιμερεῖς, οἱ δὲ πολλαπλασιεπιμόριοι, οἱ δὲ πολλαπλασιεπιμερεῖς, οἱ δ' οὐδέτεροι, τῶν δὲ ἐλαττόνων οἱ μὲν ὑποπολλαπλάσιοι, οἱ δ' ὑπεπιμόριοι, καὶ οἱ λοιποὶ ἀντιστρέφοντες τοῖς μείζοσι.

πολλαπλάσιος μὲν οὖν ἐστι λόγος, ὅταν ὁ μείζων ὅρος πλεονάκις ἔχῃ τὸν ἐλάττονα, τουτέστιν ὅταν ὁ μείζων ὅρος καταμετρῆται ὑπὸ τοῦ ἐλάττονος ἀπαρτιζόντως, ὡς μηδὲν ἔτι λείπεσθαι ἀπ' αὐτοῦ, καὶ κατ' εἶδος τοσαυταπλασίων [ἕκαστος πολλαπλάσιος δ'] ὁ μείζων ὅρος λέγεται τοῦ ἐλάττονος, ὁσάκις ἂν καταμετρῆται ὑπ' αὐτοῦ· οἷον ἂν μὲν δίς, διπλάσιος, ἂν δὲ τρίς, τριπλάσιος, ἂν δὲ τετράκις, τετραπλάσιος, καὶ κατὰ τὸ ἑξῆς οὕτως. ἀνάπαλιν δὲ ὁ ἐλάττων τοῦ μείζονος μέρος ὁμώνυμον τῷ λόγῳ, κατὰ μὲν τὸν διπλάσιον ἥμισυ, κατὰ δὲ τὸν τριπλάσιον τριτημόριον, καὶ λόγος ὁ μὲν ἥμισυς, ὁ δὲ τριτημόριος· καὶ ἐπὶ τῶν ἄλλων ὁμοίως.

ἐπιμόριος δέ ἐστι λόγος, ὅταν ὁ μείζων ὅρος ἅπαξ ἔχῃ τὸν ἐλάττονα καὶ μόριον ἕν τι τοῦ ἐλάττονος, τουτ-

3 sqq. οἱδ' ἐπιμερεῖς, οἱ δὲ πολλαπλασιεπιμερεῖς (corr. ex πολλαπλάσιοι ἐπιμερεῖς), οἱ δὲ πολλαπλασιεπιμόριοι (corr. ex πολλαπλάσιοι ἐπιμόριοι), significato literis $\bar{\beta}$ et $\bar{\alpha}$ vero ordine, A 5 οὐδέτεροι hoc loco inepte dictum, cf. p. 80, 8 6 ὑπομόριοι A, em. apogr. 8 inscr. τί ἐστιν ὁ πολλαπλάσιος λόγος A, $\bar{\kappa}$ in mg. 9 ἔχῃ corr. ex ἔχει A 10 ἀπαρτιζόντως corr. ex ἀπαρτίζοντος A 11 κατ' εἶδος: cf. p. 80, 15 13 μεῖζον (ον in ras.) A, em. apogr. 17 ὁμώνυμον corr. ex ὁμόνυμον A 21 inscr. τί ἐστιν ἐπιμόριος λόγος A, $\overline{\kappa\alpha}$ in mg. μεῖζον A, em. apogr. 22 ἔχῃ corr. ex ἔχει A

ἐστιν ὅταν ὁ μείζων τοῦ ἐλάττονος ταύτην ἔχῃ τὴν ὑπεροχήν, ἥτις τοῦ ἐλάττονος ἀριθμοῦ μέρος ἐστίν. ὡς ἡ τετρὰς τῆς τριάδος· ὑπερέχει γὰρ αὐτῆς μονάδι, ἥτις ἐστὶ τῆς τριάδος τὸ τρίτον· καὶ ἡ ἑξὰς τῆς τετράδος ὑπερέχει δυεῖν, ἅτινα τῶν τεσσάρων ἥμισύ ἐστι. διὸ καὶ ἀπὸ τῆς τῶν μερῶν ὀνομασίας ἕκαστος τῶν ἐπιμορίων ἰδίας ἔτυχε προσηγορίας. ὁ μὲν γὰρ τῷ ἡμίσει τοῦ ἐλάττονος μέρει ὑπερέχων ἡμιόλιος ὠνόμασται, ὡς ἡ τριὰς τῆς δυάδος καὶ ἡ ἑξὰς τῆς τετράδος. αὐτήν τε γὰρ ὅλην ἔχει τὴν ἐλάττονα καὶ τὸ ἥμισυ αὐτῆς· ἐν μὲν γὰρ τῇ τριάδι ἔνεστιν ἡ δυὰς καὶ τὸ ἥμισυ αὐτῆς ἡ μονάς, ἐν δὲ τῇ ἑξάδι ἡ τετρὰς καὶ τὸ ἥμισυ αὐτῆς ἡ δυάς. πάλιν οἱ τῷ τρίτῳ μέρει τοῦ ἐλάττονος ὑπερεχοντες ἐπίτριτοι καλοῦνται, ὡς ἡ τετρὰς τῆς τριάδος, οἱ δὲ τῷ τετάρτῳ ὑπερέχοντες ἐπιτέταρτοι, ὡς ὁ ε΄ τῶν δ΄ καὶ ὁ ι΄ τῶν η΄, καὶ ὁμοίως προκόπτοντες ἐπίπεμπτοί τε καὶ ἔφεκτοι καὶ ἐφέβδομοι ἐκλήθησαν πάντες οὗτοι ἐπιμόριοι ὄντες. διὸ καὶ οἱ ἀντικείμενοι τούτοις οἱ ἐλάττονες τῶν μειζόνων ὑπεπιμόριοι ἐκλήθησαν· ὡς γὰρ ἡ τριὰς ⟨τῆς⟩ δυάδος ἐλέγετο ἡμιόλιος, οὕτως καὶ ἡ δυὰς τῆς τριάδος κατὰ τὸ ἀνάλογον ὑφημιόλιος λεχθήσεται, καὶ ὁμοίως ἡ τριὰς τῆς τετράδος ὑπεπίτριτος.

ἔστι δὲ τῶν πολλαπλασίων λόγων πρῶτος καὶ ἐλάχιστος ὁ διπλάσιος, μετὰ δὲ τοῦτον ὁ τριπλάσιος, εἶτα ὁ τετραπλάσιος, καὶ οὕτως οἱ ἑξῆς ἐπ' ἄπειρον αἰεὶ

1 μείζων corr. ex μεῖζον A 7 τῷ A[2]] τὸ A[1] 8 ἐφ' ante ἡμιόλιος A[1]. cf. Vetter additam. ad Steph. Thes. p. 13 13 οἱ A[2]] ἡ A[1] 16 δέκα corr. ex δεκὰς A 19 ὑπεπιμόριοι corr. ex ὑποἐπιμόριοι A 20 τῆς add. in ed. Bull. 22 ὑποεπίτριτος A 23 ἐν post τῶν, et πολλαπλασίων mut. in πολλαπλασίονι A

οἱ μείζονες. τῶν δ' ἐπιμορίων λόγων πρῶτος καὶ μέγιστος ὁ ἡμιόλιος, ὅτι δὴ καὶ τὸ ἥμισυ μέρος πρῶτον καὶ μέγιστον καὶ ἐγγυτάτω τῷ ὅλῳ, μετὰ δὲ τοῦτον ὁ ἐπίτριτος, καὶ ὁ ἐπιτέταρτος, καὶ οὕτω πάλιν ἐπ' ἄπειρον ἡ πρόοδος ἀεὶ ἐπ' ἐλάττονος.

ἐπιμερὴς δέ ἐστι λόγος, ὅταν ὁ μείζων ὅρος ἅπαξ ἔχῃ τὸν ἐλάττονα καὶ ἔτι πλείω μέρη αὐτοῦ [τοῦ ἐλάττονος], εἴτε ταὐτὰ καὶ ὅμοια εἴτε ἕτερα καὶ διάφορα· ταὐτὰ μὲν οἷον δύο τρίτα ἢ δύο πέμπτα καὶ εἴ τινα ἄλλα οὕτως· ὁ μὲν γὰρ τῶν ε' ἀριθμὸς τοῦ τῶν γ' δὶς ἐπίτριτος, ὁ δὲ τῶν ζ' τοῦ τῶν ε' δὶς ἐπίπεμπτος, ὁ δὲ τῶν η' τοῦ τῶν ε' τρὶς ἐπίπεμπτος, καὶ οἱ ἑξῆς ὁμοίως· ἕτερα δὲ καὶ διάφορα οἷον ὅταν ὁ μείζων αὐτόν τε ἔχῃ τὸν ἐλάττονα καὶ ἔτι ἥμισυ αὐτοῦ καὶ τρίτον, οἷον ἔχει λόγον ὁ τῶν ια' πρὸς τὸν τῶν ς', ἢ πάλιν ἥμισυ καὶ τέταρτον, ὅς ἐστι λόγος τῶν ζ' πρὸς δ', ἢ νὴ Δία τρίτον καὶ τέταρτον, ὃν ἔχει λόγον τὰ ιθ' πρὸς τὰ ιβ'. παραπλησίως δὲ θεωρείσθωσαν καὶ οἱ λοιποὶ ἐπιμερεῖς δυσὶν ὑπερέχοντες μέρεσιν ἢ τρισὶν ἢ πλείοσι, καὶ ὁμοίοις ἢ ἀνομοίοις. ὑπεπιμερὴς δέ ἐστιν [ὁ] ἀνάπαλιν ὁ ἐν τῷ προειρημένῳ λόγῳ ἐλάσσων πρὸς τὸν μείζονα ἐξεταζόμενος.

πολλαπλασιεπιμόριος δέ ἐστι λόγος, ὅταν ὁ μείζων ὅρος δὶς ἢ πλεονάκις ἔχῃ τὸν ἐλάττονα καὶ ἔτι μέρος

1 οἱ μείζονες] ἐπὶ μείζονος? cf. v. 5 4 ϛ̄Ϛ̄(?) ante ὁ A, ἑξῆς apogr. 6 inscr. περὶ ἐπιμεροῦς λόγου A, κ̄β̄ in mg. μείζων: ω ex ο A 7 ἔχῃ ex ἔχει A μέρει A, em. apogr. cf. vs. 24. p. 79, 17 13 δὲ primo om. tum add. A ἔχῃ corr. ex ἔχει A 16 νὴ δία A[2]] ἢ διὰ A[1] 20 ἀνομίοις A[1] ὑπομερὴς A[1] 21 τὸ μεῖζον A 23 inscr. περὶ πολλαπλασιεπιμορίων A μείζων corr. ex μεῖζον A 24 ἔχῃ corr. ex ἔχει A

αὐτοῦ, ὡς ὁ μὲν τῶν ζ' δὶς ἔχει τὸν γ' καὶ ἔτι τρίτον αὐτοῦ, καὶ λέγεται αὐτοῦ διπλασιεπίτριτος, ὁ δὲ τῶν ϑ' δὶς ἔχει ⟨τὸν⟩ τῶν δ' καὶ ἔτι τὸ τέταρτον αὐτοῦ, λέγεται δὲ διπλασιεπιτέταρτος, ὁ δὲ τῶν ι' τρὶς ἔχει τὸν τῶν γ' καὶ τὸ τρίτον αὐτοῦ, καὶ λέγεται τριπλασιεπίτριτος. παραπλησίως δὲ ϑεωρείσϑωσαν καὶ οἱ λοιποὶ πολλαπλασιεπιμόριοι. τοῦτο δὲ συμβαίνει, ὅταν δυεῖν προτεϑέντων ἀριϑμῶν ὁ ἐλάττων καταμετρῶν τὸν μείζονα μὴ ἰσχύσῃ ὅλον καταμετρῆσαι, ἀλλ' ἀπολείπῃ μέρος τοῦ μείζονος, ὅ ἐστιν αὐτοῦ τοῦ ἐλάσσονος μέρος· οἷον ὁ τῶν κϛ' τοῦ τῶν η' πολλαπλασιεπιμόριος λέγεται, ἐπειδήπερ ⟨ὁ⟩ η' τρὶς καταμετρήσας τὸν κϛ' οὐχ ὅλον ἀπήρτισεν, ἀλλὰ μέχρι τῶν κδ' ἐλϑὼν δύο ἐκ τῶν κϛ' ἀπέλιπεν, ὅ ἐστι τῶν η' τέταρτον.

πολλαπλασιεπιμερὴς ⟨δέ⟩ ἐστι λόγος, ὅταν ὁ μείζων ὅρος δὶς ἢ πλεονάκις ἔχῃ τὸν ἐλάττονα καὶ δύο ἢ πλείω τινὰ μέρη αὐτοῦ εἴτε ὅμοια εἴτε διάφορα· οἷον ὁ μὲν τῶν η' δὶς ἔχει τὸν τῶν γ' καὶ δύο τρίτα αὐτοῦ, λέγεται δὲ διπλάσιος καὶ δὶς ἐπίτριτος, ὁ δὲ τῶν ια' τοῦ τῶν γ' τριπλάσιος καὶ δὶς ἐπίτριτος, ὁ δὲ τῶν ια' τοῦ τῶν δ' διπλάσιός τε καὶ ἡμιόλιος καὶ ἐπιτέταρτος ἢ διπλάσιός τε καὶ τρὶς ἐπιτέταρτος. καὶ τοὺς ἄλλους δὲ πολλαπλασιεπιμερεῖς πολλοὺς καὶ ποικίλους ὄντας προχειρίζεσϑαι ῥᾴδιον. τοῦτο δὲ γίνεται, ὅταν ὁ ἐλάττων ἀριϑμὸς καταμετρήσας τὸν μείζονα μὴ ἰσχύσῃ ἀπαρτίσαι, ἀλλ' ἀπολείπῃ ἀριϑμόν τινα, ἅ ἐστι μέρη αὐτοῦ,

3 ⟨τὸν⟩ τῶν] τὸν apogr. 9 καταταμετρῆσαι A, em. apogr. 12 το κϛ A, em. in ed. Bull. 13 ἀπέλειπεν A, em. apogr. 15 inscr. περὶ πολλαπλασιεπιμερῶν A 16 ἔχῃ apogr.] ἔχει A 18 ἔχων A 24 ἐλάττων: ων corr. ex ον A 26 ἅ] ὅ A

ὡς ὁ τῶν ιδ´ τοῦ τῶν γ´· ἡ γὰρ τριὰς καταμετρήσασα τὸν τῶν ιδ´ οὐκ ἴσχυσεν ἀπαρτίσαι, ἀλλὰ προκόψασα τετράκις μέχρι τῶν ιβ´ τὴν λοιπὴν ἀπὸ τῶν ιδ´ ἀπέλιπε δυάδα, ἥτις ἐστὶ τῶν γ´ δίμοιρον, ἃ δὴ λέγεται δύο τρίτα. ἀντίκειται δὲ καὶ τῷ πολλαπλασιεπιμερεῖ ὁ ὑποπολλαπλασιεπιμερής.

ἀριθμοῦ δὲ πρὸς ἀριθμὸν λόγος ἐστίν, ὅταν ὁ μείζων πρὸς τὸν ἐλάττονα ἐν μηδενὶ ᾖ τῶν προειρημένων λόγων, καθὰ δειχθήσεται καὶ ὁ τὸ λεῖμμα περιέχων [φθόγγος] λόγος ἀριθμοῦ πρὸς ἀριθμὸν ἔχων τοὺς ὅρους ἐν ἐλαχίστοις ὡς ὁ σνϛ´ πρὸς σμγ´. φανεροὶ δὲ καὶ οἱ τῶν ἐλαττόνων ὅρων πρὸς τοὺς μείζονας λόγοι ἀντεστραμμένως ὑπ᾽ ἐκείνων προσαγορευόμενοι, καθὰ ἐδείχθη.

πάντων δὲ τῶν κατ᾽ εἶδος εἰρημένων λόγων οἱ ἐν ἐλαχίστοις καὶ πρώτοις πρὸς ἀλλήλους ἀριθμοῖς ὄντες καθ᾽ ἕκαστον πρῶτοι λέγονται τῶν τὸν αὐτὸν λόγον ἐχόντων καὶ πυθμένες τῶν ὁμοειδῶν. οἷον διπλασίων μὲν λόγων πρῶτος καὶ πυθμὴν ὁ τῶν β´ πρὸς ἕν· μετὰ γὰρ τοῦτον ἐν μείζοσι καὶ συνθέτοις ἀριθμοῖς λόγοι εἰσὶ διπλάσιοι ὁ τῶν δ´ πρὸς τὰ β´ καὶ τῶν ϛ´ πρὸς τὰ γ´ καὶ ὁμοίως ἐπ᾽ ἄπειρον. τριπλασίων δὲ λόγων πρῶτος καὶ πυθμὴν ὁ τῶν γ´ πρὸς τὸ ἕν· οἱ δὲ αἰεὶ ἐν μείζοσι καὶ συνθέτοις ἀριθμοῖς ἐπ᾽ ἄπειρον προάγουσιν. ὡσαύτως δὲ ἐπὶ τῶν ἄλλων πολλαπλασίων. ὁμοίως δὲ

3 ἀπέλειπε A, em. apogr. 7 inscr. τί ἐστι λόγος ἀριθμοῦ πρὸς ἀριθμόν (corr. ex ἀριθμῶν) A, κδ in mg. μείζων corr. ex μεῖζον A 8 ᾖ] εἴη A 9 δειχθήσεται: p. 86, 15 13 ἀντεστραμμένως] ἀντεστραμμένοι (ἀπεστραμμένοι A[1]) ὡς A 14 ἐδείχθη: p. 74 sq. 15 inscr. περὶ πυθμένων λόγων A 18 διπλάσιον A[1]

καὶ ἐν τοῖς ἐπιμορίοις. ἡμιολίων μὲν λόγων πρῶτος καὶ πυθμὴν ὁ τῶν γ′ πρὸς τὰ β′, ἐπιτρίτων δὲ ὁ τῶν δ′ πρὸς γ′, καὶ ἐπιτετάρτων ὁ τῶν ε′ πρὸς δ′· οἱ δὲ ἐν μείζοσιν ὅροις καὶ συνθέτοις πάλιν ἄπειροι τὸ πλῆθος. τὸ δ᾽ αὐτὸ θεωρεῖται καὶ ἐπὶ τῶν ἄλλων.

διαφέρει δὲ διάστημα καὶ λόγος, ἐπειδὴ διάστημα μέν ἐστι τὸ μεταξὺ τῶν ὁμογενῶν τε καὶ ἀνίσων ὅρων, λόγος δὲ ἁπλῶς ἡ τῶν ὁμογενῶν ὅρων πρὸς ἀλλήλους σχέσις. διὸ καὶ τῶν ἴσων ὅρων διάστημα μὲν οὐδέν ἐστι μεταξύ, λόγος δὲ πρὸς ἀλλήλους εἷς καὶ ὁ αὐτὸς ὁ τῆς ἰσότητος· τῶν δὲ ἀνίσων διάστημα μὲν ἓν καὶ τὸ αὐτὸ ἀφ᾽ ἑκατέρου ⟨πρὸς⟩ ἑκάτερον, λόγος δὲ ἕτερος καὶ ἐναντίος ἑκατέρου πρὸς ἑκάτερον· οἷον ἀπὸ τῶν β′ πρὸς τὸ ἓν καὶ ἀπὸ τοῦ ἑνὸς πρὸς τὰ β′ διάστημα ἓν καὶ τὸ αὐτό, λόγος δὲ ἕτερος, τῶν μὲν δύο πρὸς τὸ ἓν διπλάσιος, τοῦ δὲ ἑνὸς πρὸς τὰ β′ ἥμισυς.

Ἐρατοσθένης δὲ ἐν τῷ Πλατωνικῷ φησι, μὴ ταὐτὸν εἶναι διάστημα καὶ λόγον, ἐπειδὴ λόγος μέν ἐστι δύο μεγεθῶν ἡ πρὸς ἄλληλα ποιὰ σχέσις· γίνεται δ᾽ αὕτη καὶ ἐν διαφόροις ⟨καὶ ἐν ἀδιαφόροις⟩. οἷον ἐν ᾧ λόγῳ ἐστὶ τὸ αἰσθητὸν πρὸς τὸ νοητόν, ἐν τούτῳ δόξα πρὸς ἐπιστήμην, καὶ διαφέρει καὶ τὸ νοητὸν τοῦ ἐπιστητοῦ ᾧ καὶ ἡ δόξα τοῦ αἰσθητοῦ. διάστημα δὲ

6 inscr. τίνι διαφέρει διάστημα καὶ λόγος A 12 ἀφ᾽ apogr.] ἐφ᾽ A πρὸς add. apogr. 17 cf. Philol. XXX p. 60 sqq. Bernhardy Eratosth. p. 168 19 μεγέθων A[1] προσάλληλα A 20 αὐτῇ A: cf. Philol. XXX p. 72 Porph. ad Ptol. Harm. p. 268 ὅτι μὲν τοίνυν ὁ λόγος ἐν διαφόροις γίνεται ὅροις, ὁμογενέσι δὲ πάντως, καὶ ἐν ἀδιαφόροις, ὡς Εὐκλείδει δοκεῖ, δειχθήσεται· διάστημα δ᾽ ⟨ὅτι⟩ ἐν τοῖς διαφέρουσι μόνον, φανερόν 21 τὸ αἰσθητὸν πρὸς τὸ νοητόν apogr.] τὸ νοητὸν πρὸς τὸ αἰσθητόν A

ἐν διαφέρουσι μόνον, ἢ κατὰ τὸ μέγεθος ἢ κατὰ ποιότητα ἢ κατὰ θέσιν ἢ ἄλλως ὁπωσοῦν. δῆλον δὲ καὶ ἐντεῦθεν, ὅτι λόγος διαστήματος ἕτερον· τὸ γὰρ ἥμισυ πρὸς τὸ διπλάσιον ⟨καὶ τὸ διπλάσιον πρὸς τὸ ἥμισυ⟩ λόγον μὲν οὐ τὸν αὐτὸν ἔχει, διάστημα δὲ τὸ αὐτό.

ἀναλογία δ' ἐστὶ πλειόνων λόγων ὁμοιότης ἢ ταυτότης, τουτέστιν ἐν πλείοσιν ὅροις λόγων ὁμοιότης, ὅταν ὃν ἔχει λόγον ὁ πρῶτος πρὸς τὸν δεύτερον, τοῦτον ὁ δεύτερος πρὸς τὸν τρίτον ἢ ἄλλος τις πρὸς ἄλλον. λέγεται δὲ ἡ μὲν συνεχὴς ἀναλογία, ἡ δὲ διῃρημένη, συνεχὴς μὲν ἡ ἐν ἐλαχίστοις τρισὶν ὅροις, διῃρημένη δὲ ἡ ἐν ἐλαχίστοις τέσσαρσιν. οἷον μετὰ τὴν ἐν ἴσοις ὅροις ἀναλογίαν συνεχὴς ἐν ἐλαχίστοις ὅροις κατὰ μὲν τὸ διαπλάσιον δ' β' α'· ἔστι γὰρ ὡς δ' πρὸς β', οὕτως β' πρὸς ἕν. διῃρημένη δὲ ϛ' γ' δ' β'· ἔστι γὰρ ὡς ϛ' πρὸς τὰ γ', οὕτως δ' πρὸς τὰ β'. τὸ δὲ αὐτὸ καὶ ἐπὶ τῶν ἄλλων πολλαπλασίων. ἔστι δὲ τρόπον τινὰ καὶ ἡ συνεχὴς ἐν τέτταρσιν ὅροις, δὶς λαμβανόμενου τοῦ μέσου. καὶ ἐπὶ τῶν ἐπιμορίων δὲ ὁ αὐτὸς λόγος· συνεχὴς μὲν ἀναλογία ἐν λόγῳ ἡμιολίῳ θ' ϛ' δ', διῃρημένη δὲ θ' ϛ' ιε' ι'. ὁ δὲ αὐτὸς καὶ ἐπὶ τῶν ἄλλων λόγος.

ὁ δὲ Ἐρατοσθένης φησίν, ὅτι τῆς ἀναλογίας [φύσις] ἀρχὴ λόγος ἐστὶ καὶ .... πρώτη

1 ἐν corr. ex ἓν A 6 inscr. περὶ ἀναλογίας καὶ ἰσότητος A, κ̅ζ̅ in mg. δ' ἔστι corr. ex δὲ ἐστὶ A 15 οὐ συνάπτονται γὰρ ἑνὶ μέσῳ ὅρῳ κοινῷ οὐ (scr. οἱ) δύο λόγοι, ὥσπερ ἐπὶ τοῦ δ̅ β̅ α̅ ὁ β̅ μέσος ὅρος ἐστὶ καὶ κοινός· ὡς γὰρ δ̅ πρὸς β̅ οὕτω β̅ πρὸς α̅ mg. A 18 οἷον ὡς δ̅ πρὸς β̅, οὕτω β̅ πρὸς α̅· ὁ γὰρ μέσος ὁ β̅ δὶς εἴληπται, μετὰ τοῦ δ̅ ὡς ὑποδιπλάσιος, μετὰ δὲ τοῦ α̅ ὡς διπλάσιος mg. A 22 τρατοσθένης A[1] 23 καὶ ante ἀρχὴ add. A[2] in iis quae ex-

καὶ τῆς γενέσεως αἰτία πᾶσι τοῖς μὴ ἀτάκτως γινομένοις. ἀναλογία μὲν γὰρ πᾶσα ἐκ λόγων, λόγου δὲ ἀρχὴ τὸ ἴσον. δῆλον δὲ οὕτως. ἐν ἑκάστῳ τῶν γενῶν ἴδιόν ἐστί τι στοιχεῖον [καὶ ἀρχή], εἰς ὃ τὰ ἄλλα ἀναλύεται, αὐτὸ δὲ εἰς μηδὲν ἐκείνων. ἀνάγκη δὴ τοῦτο ἀδιαίρετον εἶναι καὶ ἄτομον· τὸ γὰρ διαίρεσιν καὶ τομὴν ἐπιδεχόμενον συλλαβὴ λέγεται καὶ οὐ στοιχεῖον. τὰ μὲν οὖν τῆς οὐσίας στοιχεῖα κατὰ οὐσίαν ἀδιαίρετά ἐστι, τὰ δὲ τοῦ ποιοῦ κατὰ τὸ ποιόν, τὰ δὲ τοῦ ποσοῦ κατὰ τὸ ποσόν. ὅλως δ' ἕκαστον κατὰ τοῦτο ἄτομον καὶ ἕν, καθὸ στοιχεῖόν ἐστι συνθέτου τινὸς ἢ μικτοῦ. τοῦ μὲν οὖν ποσοῦ στοιχεῖον ἡ μονάς, τοῦ δὲ πηλίκου στιγμή, λόγου δὲ καὶ ἀναλογίας ἰσότης. οὔτε γὰρ μονάδα ἔτι διελεῖν ἔστιν εἰς τὸ ποσόν, οὔτε στιγμὴν εἰς τὸ πηλίκον, οὔτε ἰσότητα εἰς πλείους λόγους. γίνεται δὲ ἀριθμὸς μὲν ἐκ μονάδος, γραμμὴ δὲ ἐκ στιγμῆς, λόγος δὲ καὶ ἀναλογία ἐξ ἰσότητος, τρόπον δὲ οὐ τὸν αὐτὸν ἕκαστον τούτων· ἀλλὰ μονὰς μὲν πολλαπλασιαζομένη ὑφ' ἑαυτῆς οὐδὲν γεννᾷ ὡς οἱ ἄλλοι ἀριθμοί, τὸ γὰρ ἅπαξ ἓν ἕν· κατὰ σύνθεσιν δὲ αὔξεται μέχρις εἰς ἄπειρον· στιγμὴ δὲ οὔτε κατὰ πολλαπλασιασμὸν οὔτε κατὰ σύνθεσιν· ἀλλὰ κατὰ συνέχειαν ῥυεῖσά τε καὶ ἐνεχθεῖσα γραμμὴν ἀποτελεῖ, γραμμὴ δὲ ἐπιφάνειαν, ἐπιφάνεια δὲ σῶμα. καὶ μὴν ὁ τῶν ἴσων λόγος οὐκ αὔξεται συντιθέμενος· πλειόνων γὰρ ἴσων ἑξῆς τιθεμένων ὁ τῆς

ciderunt aequalitatis commemoratio fuisse videtur: cf. p. 107, 10 sqq. 111, 12 1 ἀρχή post πρώτη add. A², πρώτη τῆς γενέσεως αἰτία Bull. καὶ ante πᾶσι add. A² 4 post καὶ una lit. er. A 11 μικτοῦ corr. ex μικτὸν A τί ἑκάστου γένους στοιχεῖον καὶ ἀρχὴ καὶ πῶς ἐκ τούτων τοῖς ἐξ αὐτῶν ἡ γένεσις mg. A 20 ὅ ἐστιν ἓν ante κατὰ del. A

περιοχῆς λόγος ἐν ἰσότητι διαμένει. διὸ καὶ συμβαίνει, τὴν στιγμὴν μὴ εἶναι μέρος γραμμῆς μηδὲ τὴν ἰσότητα λόγου, τὴν μέντοι μονάδα ἀριθμοῦ· μόνη γὰρ αὕτη συντιθεμένη λαμβάνει τινὰ αὔξησιν. αἴτιον δὲ τοῦ λεχθέντος, ὅτι διαστήματος ἄμοιρος ἰσότης, καθάπερ καὶ ἡ στιγμὴ μεγέθους.

ἔοικε δὲ ὁ Πλάτων μίαν οἴεσθαι συνοχὴν εἶναι μαθημάτων τὴν ἐκ τῆς ἀναλογίας. ἔν τε γὰρ τῷ Ἐπινομίῳ φησίν· ἅπαν διάγραμμα ἀριθμοῦ τε σύστημα καὶ ἁρμονίας σύστασιν ἅπασαν τῆς τε τῶν ἄστρων περιφορᾶς τὴν ἀναλογίαν οὖσαν μίαν ἁπάντων ἀναφανῆναι δεῖ τῷ κατὰ τρόπον μανθάνοντι· φανήσεται δέ, ἂν ἃ λέγομεν ὀρθῶς τις ἐμβλέπων μανθάνῃ· δεσμὸς γὰρ πεφυκὼς ἁπάντων εἷς ἀναφανήσεται.

διαφέρει δὲ ἀναλογίας μεσότης, ἐπειδὴ εἰ μέν τι ἀναλογία, τοῦτο καὶ μεσότης, εἰ δέ τι μεσότης, οὐκ εὐθὺς ἀναλογία. ἐγχωρεῖ γάρ τι κατὰ τάξιν μέσον ὂν μὴ ἔχειν ἀναλόγως πρὸς τὰ ἄκρα· ὡς τὰ δύο μέσα ἐστὶ τῇ τάξει ⟨τοῦ ἑνὸς καὶ⟩ τῶν γ′, καὶ τοῦ ἑνὸς καὶ ⟨τῶν ι′⟩ τὰ γ′ καὶ τὰ δ′ καὶ τὰ ε′· ἀπὸ γὰρ τοῦ ἑνὸς οὐχ οἷόν

3 αὕτη corr. ex αὐτὴ ut vid. A 8 ἔν τε γὰρ τῷ] ἐν τετάρτῳ A, ἐν τῷ γὰρ Bull., cf. p. 2, 15 9 Pseudo-Plat. Epin. p. 991 E ἅπαν praeter Theonem Nicom. introd. arithm. I 3, 5] πᾶν Plato, τα post ἅπαν del. A 11 ἀναλογίαν etiam Nicomachi codices meliores et Iamblichus in Villois. anecd. Gr. II p. 193] ὁμολογίαν Plato et Nicom. codices deteriores 12 φανήσεται etiam Nicom. Iambl. Platonis codex Vaticanus Ω pr. m. (sec. Bekk.)] ἀναφανήσεται ceteri ut videtur codices Platonis ἃ] ὃ Plato 13 ἐμβλέπων etiam Iambl.] εἰς ἓν βλέπων Plato 14 ἁπάντων etiam Nicom.] πάντων Plato τούτων ante εἷς Plato, sed om. pr. Ω ἀναφανήσεται] διανοουμένοις add. Plato, om. etiam Nicom. 15 incr. διαφέρει δὲ ἀναλογία καὶ μεσότης A. cf. Nesselmann p. 210 sq. 19 τῶν ι′ add. in ed. Bull.

τε ἐλθεῖν ἐπὶ τὰ ι′ μὴ πρότερον ἐλθόντα ἐπὶ τὰ β′ καὶ τὰ γ′ καὶ τὰ δ′. ἀλλ᾽ οὐδὲν τούτων ἀναλόγως ἔχει πρὸς τὰ ἄκρα. τὸ γὰρ ἓν οὐκ ἐν τούτῳ ἐστὶ τῷ λόγῳ πρὸς τὰ β′, ἐν ᾧ τὰ β′ πρὸς τὰ γ′· ὁμοίως καὶ ἐπὶ τῶν β′ καὶ γ′ καὶ δ′. τὰ δὲ ἐν τῷ αὐτῷ λόγῳ ὄντα καὶ μέσα ἂν εἴη, οἷον ἓν β′ δ′· ἀναλογία τε γάρ ἐστιν ἡ τοῦ διπλασίου, καὶ τά β′ μέσα τοῦ ἑνὸς καὶ τῶν δ′.

ἀναλογίας δὲ ὁ μὲν Θράσυλλός φησιν εἶναι προηγουμένας τρεῖς, ἀριθμητικὴν γεωμετρικὴν ἁρμονικήν· ἀριθμητικὴν μὲν τὴν ταὐτῷ ἀριθμῷ ὑπερέχουσαν καὶ ὑπερεχομένην, ⟨οἷον .... · γεωμετρικὴν δὲ τὴν ταὐτῷ λόγῳ ὑπερέχουσαν καὶ ὑπερεχομένην,⟩ οἷον διπλασίῳ ἢ τριπλασίῳ, ὡς γ′ ϛ′ ιβ′· ἁρμονικὴν δὲ τὴν ταὐτῷ μέρει τῶν ἄκρων ὑπερέχουσαν καὶ ὑπερεχομένην, οἷον τρίτῳ ἢ τετάρτῳ, οἷον ϛ′ η′ ιβ′ ....

τούτων δ᾽ ἕκαστον ἐν ἀριθμοῖς καὶ ἄλλως οὕτως ὁρᾶται· τῶν ϛ′ διπλάσιος ὁ ιβ′, τριπλάσιος δὲ ὁ ιη′, τετραπλάσιος δὲ ὁ κδ′, ἡμιόλιος δὲ ὁ θ′, ἐπίτριτος δὲ ὁ η′· τὰ δὲ θ′ τῶν η′ ἐπόγδοα· τὰ δὲ ιβ′ πρὸς μὲν θ′ ἐπίτριτα, πρὸς δὲ η′ ἡμιόλια, πρὸς δὲ ϛ′ διπλάσια· τὰ δὲ ιη′ τῶν θ′ διπλάσια· τούτων δὲ τὰ κζ ἡμιόλια. καὶ γίνεται μὲν η′ ἐν τῷ διὰ τεσσάρων πρὸς ϛ′, τὰ δὲ θ′ ἐν τῷ διὰ πέντε, τὰ δὲ ιβ′ ἐν τῷ διὰ πασῶν, τὰ δὲ ιη′ ἐν τῷ διὰ πασῶν καὶ διὰ πέντε· τῶν μὲν γὰρ ϛ′ διπλάσια τὰ ιβ′ ἐστιν ἐν τῷ διὰ πασῶν, τῶν δὲ ιβ′ τὰ ιη′

4 καὶ ἐπὶ τῶν β′ καὶ γ′ καὶ δ′] καὶ δ′ καὶ ἐπὶ τῶν β′ καὶ γ′ A   7 μέσα apogr.] μετὰ A   8 inscr. περὶ ἀναλογιῶν A, $\overline{κθ}$ in mg.   θρασύλλος A, em. apogr.   11 οἷον α′ γ′ ε′ ζ′ θ′· γεωμετρικὴν δὲ κτλ. suppl. Bull., ζτ mg. A, ζή λειπ′ γάρ add. A²   14 ταυτῷ μέρει A²] ταυτομερεῖ A¹   καὶ ὑπερεχομένην — ιβ′ in mg. A   16 sqq. cf. p. 62.

ἡμιόλιά ἐστιν ἐν τῷ διὰ πέντε, ϛʹ ιβʹ ιηʹ· τὰ δὲ κδʹ πρὸς ϛʹ ἐν τῷ δὶς διὰ πασῶν. τὰ δὲ θʹ τῶν ηʹ ἐν τόνῳ. τὰ δὲ ιβʹ τῶν θʹ διὰ τεσσάρων. τὰ δὲ ιβʹ τῶν ηʹ ἐν τῷ διὰ πέντε. τὰ δὲ ιηʹ τῶν θʹ διὰ πασῶν. τὰ δὲ κζʹ τῶν ιηʹ διὰ πέντε. συνέστηκε δὲ τὸ διὰ πασῶν ιβʹ πρὸς ϛʹ ἐκ τοῦ ἡμιολίου θʹ πρὸς ϛʹ καὶ ἐπιτρίτου ιβʹ πρὸς θʹ καὶ πάλιν ἡμιολίου ιβʹ πρὸς ηʹ καὶ ἐπιτρίτου ηʹ πρὸς ϛʹ, καὶ τὰ ιηʹ πρὸς θʹ ἐκ τοῦ ιηʹ πρὸς ιβʹ ἡμιολίου καὶ ιβʹ πρὸς θʹ ἐπιτρίτου, καὶ τὰ κδʹ πρὸς ιβʹ διὰ πασῶν συνέστηκεν ἐκ τοῦ κδʹ πρὸς ιηʹ ἐπιτρίτου καὶ τοῦ ιηʹ πρὸς ιβʹ ἡμιολίου· τὰ δὲ θʹ πρὸς ϛʹ διὰ πέντε ἐκ τοῦ θʹ πρὸς ηʹ ἐπογδόου καὶ τοῦ ηʹ πρὸς ϛʹ ἐπιτρίτου, καὶ τὰ ιβʹ πρὸς ηʹ ἡμιόλιον ἐκ τοῦ ιβʹ πρὸς θʹ ἐπιτρίτου καὶ θʹ πρὸς ηʹ ἐπογδόου.

τὸ δὲ λεῖμμα γίνεται ἐν λόγῳ ὃν ἔχει τὰ σνϛʹ πρὸς σμγʹ. εὑρίσκεται δ' οὕτω· δυεῖν ἐπογδόων ληφθέντων καὶ τούτων τρὶς πολλαπλασιασθέντων καὶ τῷ δὶς ἐπογδόῳ προστεθέντος ἐπιτρίτου. οἷον εἷς μὲν ἐπόγδοος λόγος ὁ τῶν θʹ πρὸς τὰ ηʹ. ἐκ δὲ τούτων γίνονται δύο ἐπόγδοοι οὕτω· τὰ θʹ ἐφ' ἑαυτὰ γίνεται παʹ, εἶτα τὰ θʹ ἐπὶ τὰ ηʹ γίνεται οβʹ, ἔπειτα τὰ ηʹ ἐφ' ἑαυτὰ γίνεται ξδʹ, καὶ ἔστι τὰ μὲν παʹ τῶν οβʹ ἐπόγδοα, τὰ δὲ οβʹ τῶν ξδʹ ἐπόγδοα. ἂν δὴ τρὶς ταῦτα λάβωμεν, τὰ μὲν παʹ γίνεται τρὶς σμγʹ, τὰ δὲ οβʹ γίνεται σιϛʹ, τὰ δὲ ξδʹ

5 συνέστικε A[1] 7 ⟨ἐκ τοῦ⟩ ἡμιολίου? 8 τὰ ιηʹ πρὸς θʹ ⟨διὰ πασῶν⟩? 9 διὰ πασῶν συνέστηκεν] διπλασίου ἡμίσεος καὶ A, διπλασίου ἥμισυ καὶ Bull. 13 ἡμιόλιον] διὰ πέντε?
15 inscr. περὶ λείμματος ὅ ἐστιν ἐν λόγῳ τῶν σνϛ πρὸς σμγ A, λ̄ in mg. cf. p. 67 sq. τὸ ἔλιμμα A[1] 16 οὕτω fort. del. 19 γίνωνται A, em. apogr. 21 ἔπειτα: ϊ supra ει del. A 24 τὰ δὲ οβʹ ⟨τρὶς⟩?

τρὶς γίνεται ρϟβʹ. τούτων ἐπίτριτα τὰ σνϛʹ, ἅτινα πρὸς σμγʹ ἔχει τὸν τοῖ λείμματος λόγον, ὅς ἐστι πλείων ἢ ἐποκτωκαιδέκατος.

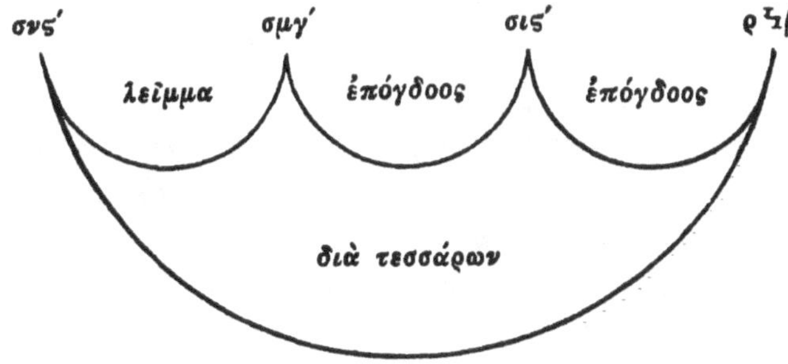

ἡ δὲ τοῦ κανόνος κατατομὴ γίνεται δια τῆς ἐν τῇ δεκάδι τετρακτύος, ἣ σύγκειται ἐκ μονάδος δυάδος τριάδος τετράδος, αʹ βʹ γʹ δʹ· ἔχει γὰρ ἐπίτριτον, ἡμιόλιον, διπλάσιον, τριπλάσιον, τετραπλάσιον λόγον. διαιρεῖ δὲ αὐτὸν ὁ Θράσυλλος οὕτως.

δίχα μὲν διελοῦσι τὸ μέγεθος μέσην ποιεῖ τὸ διὰ πασῶν ἐν τῷ διπλασίῳ λόγῳ, ἀντιπεπονθότως ἐν ταῖς κινήσεσι διπλασίαν ἔχουσαν τάσιν ἐπὶ τὸ ὀξύ. τὸ δὲ ἀντιπεπονθότως ἐστὶ τοιοῦτον· ὅσον ἂν τοῦ μεγέθους ἀφέλῃς τῆς ὅλης ἐν τῷ κανόνι χορδῆς, τοσοῦτον τῷ τόνῳ προστίθεται, καὶ ὅσον ἂν τῷ μεγέθει τῆς χορδῆς προσθῇς, τοσοῦτον τοῦ τόνου ὑφαιρεῖται. τὸ μὲν γὰρ ἥμισυ [προσλαμβανομένη μέση πρὸς τὰ δύο μέρη] μέγεθος διπλασίαν τάσιν ἔχει ἐπὶ τὸ ὀξύ· τὸ δὲ διπλάσιον μέγεθος ἡμίσειαν τάσιν ἔχει ⟨ἐπὶ⟩ τὸ βαρύ.

2 ἐλίμματος A[1], ι corr. in ει A[2] πλείω A[1] 3 iuxta figuram ρμ A 5 cf. p. 58, 14 8 θρασυλλὸς A[1], θρασύλλος A[2] 9 διελὼν Bull., cf. p. 92, 17 sqq. 10 ἀντιπεπονθότος A[1] 12 τάσιν] κίνησιν A 16 προσλαμβανομένης Bull. 18 ἐπὶ add. Bull.

τρίχα δὲ τῆς διαιρέσεως γενομένης ἥ τε ὑπάτη τῶν μέσων καὶ ἡ νήτη διεζευγμένων γίνεται. ἔστι δὲ ἡ μὲν νήτη διεζευγμένων πρὸς μὲν τὴν μέσην ἐν τῷ διὰ πέντε· δύο γάρ ἐστι διαστήματα πρὸς τρία· πρὸς δὲ τὴν ὑπάτην ἐν τῷ διὰ πασῶν· ἓν γάρ ἐστι διάστημα πρὸς τὰ δύο· πρὸς δὲ τὸν προσλαμβανόμενον ⟨ἐν τῷ⟩ διὰ πασῶν καὶ διὰ πέντε· τοῦ γὰρ ⟨προσλαμβανομένου ἐν τῷ⟩ διὰ πασῶν ὄντος πρὸς τὴν μέσην προσείληπται τὸ μέχρι τῆς νήτης διάστημα, ὅ ἐστι διὰ πέντε πρὸς τὴν μέσην. ἡ ⟨δὲ⟩ μέση πρὸς τὴν ὑπάτην ἐν τῷ διὰ τεσσάρων, πρὸς δὲ τὸν προσλαμβανόμενον ἐν τῷ διὰ πασῶν. ἡ δὲ ὑπάτη πρὸς τὸν προσλαμβανόμενον ἐν τῷ διὰ πέντε. γίνεται δὲ ἴσον τὸ μέγεθος τὸ ἀπὸ τῆς ὑπάτης ἕως μέσης τοῦ διὰ τεσσάρων πρὸς τὸ ἀπὸ μέσης ἕως νήτης τοῦ διὰ πέντε. καὶ ὁμοίως ἀντιπεπόνθασιν οἱ ἀριθμοὶ τῶν κινήσεων τῇ διαιρέσει τῶν μεγεθῶν.

τετραχῇ δὲ τῆς διαιρέσεως γενομένης συνίσταται ἥ τε ὑπερυπάτη καλουμένη, ἡ καὶ διάτονος ὑπατῶν, καὶ ἡ νήτη τῶν ὑπερβολαίων. ⟨ἔστι δὲ ἡ μὲν νήτη τῶν ὑπερβολαίων⟩ πρὸς μὲν τὴν νήτην τῶν διεζευγμένων ἐν τῷ διὰ τεσσάρων, πρὸς δὲ τὴν μέσην ἐν τῷ διὰ πασῶν, πρὸς δὲ τὴν ὑπάτην ἐν τῷ διὰ πασῶν καὶ διὰ τεσσάρων, πρὸς δὲ τὴν ὑπερυπάτην ἐν τῷ διὰ πασῶν καὶ διὰ πέντε, πρὸς δὲ τὸν προσλαμβανόμενον ἐν τῷ δὶς διὰ πασῶν ἐπὶ τὸ βαρύ. τῇ δὲ ὑπερυπάτῃ λόγος

6 τὸν προσλαμβανόμενον corr. ex τῶν προσλαμβανομένων A 8 πρὸς] κατὰ A 16 πρὸς ante τῶν del. A 18 ὑπὲρυπατὴ A[1], παρυπάτη A[2] ἡ corr. ex ἢ A 19 τὸ ὑπερβόλεον A[1] καὶ ἔστιν ἡ μὲν νητη τῶν ὑπερβολαίων add. apogr. 20 προσλαμβανόμενος ὑπατὴ μέσων νητὴ διεζευγμένη mg. A 23 ὑπερὺπατὴν A[1], παρυπάτην A[2] 25 τὸ corr. ex τῶ A ὑπερυπατῆ A[1], παρυπάτη A[2]

ἐστὶ πρὸς μὲν ⟨τὸν⟩ προσλαμβανόμενον ἐν τῷ διὰ τεσσάρων ἐπὶ τὸ βαρύ, πρὸς δὲ τὴν μέσην ἐν τῷ διὰ πέντε ἐπὶ τὸ ὀξύ, τῆς δ' ὑπάτης τόνῳ ὑπερέχει κατὰ τὸ βαρύ. καὶ ἔστιν ἴσον τὸ τονιαῖον μέγεθος τῆς ὑπερυπάτης πρὸς τὴν ὑπάτην καὶ τὸ διὰ τεσσάρων τῆς νήτης διεζευγμένων πρὸς τὴν νήτην ὑπερβολαίων. καὶ ὁμοίως ἀντιπεπόνθασιν οἱ ἀριθμοὶ τῶν κινήσεων τοῖς μεγέθεσι [τῆς διαιρέσεως] τῶν διαστημάτων.

δῆλον δ' ἂν γένοιτο τὸ λεγόμενον ἐπὶ τῶν ἀριθμῶν. εἰ γὰρ τὸ τοῦ κανόνος μέγεθος ιβ' μέτρων ὁποιωνοῦν, ἔσται μὲν μέση δίχα διαιρεθείσης ⟨τῆς ὅλης χορδῆς, καὶ ἀφέξει⟩ ϛ' ἑκατέρωθεν [διαιρουμένη]· ἡ δὲ ὑπάτη τῶν μέσων ἀπὸ τῆς ἀρχῆς δ'· ἡ δὲ νήτη διεζευγμένων ἀπὸ τῆς τελευτῆς δ'· καὶ τὸ μεταξὺ αὐτῶν δ'. ἡ δὲ ὑπερυπάτη ἀπὸ τῆς ἀρχῆς τρία ἀφέξει μεγέθη, ἀπὸ δὲ τῆς ὑπάτης ἕν· ἡ δὲ ὑπερβολαία ἀπὸ μὲν τῆς τελευτῆς γ', ἀπὸ δὲ τῆς διεζευγμένης ἕν. μεταξὺ δὲ αὐτῶν ϛ', ὥστε ἀπὸ τῆς μέσης ἑκατέρα γ', καὶ γίνεται ἡ ὅλη διαίρεσις ἀπὸ μὲν τῆς ἀρχῆς ἐπὶ ὑπερυπάτην γ', ἐντεῦθεν δὲ ἐπὶ ὑπάτην ἕν, ἐντεῦθεν δὲ ἐπὶ μέσην δύο, εἶτ' ἀπὸ μέσης ἐπὶ τὴν διεζευγμένην β', ἐντεῦθεν δὲ εἰς τὴν ὑπερβολαίαν ἕν, ἀπὸ δὲ ταύτης εἰς τὴν τελευτὴν γ'. γίνεται πάντα ιβ'. ἔσται οὖν πρὸς μὲν τὴν ὑπερβολαίαν ⟨ὁ λόγος⟩ τῆς μὲν νήτης διεζευγμένων δ' πρὸς γ' ἐπί-

1 *τὸν* add. A^2 2 *τὸ* A^2] *τῶ* A^1 3 *τόνῳ* Bull.] *τόνον* A 4 *ὑπερυπατῆς* A^1, *παρυπάτης* A^2 6 *ὑπερβολεῶν* A^1 10 *εἰ*] *ἐν* A *τὸ* A^1] *τῶ* A^2 *μεγέθει* A^2 11 post *μέση* duae litt. er. A *τῆς ὅλης χορδῆς*: cf. p. 87, 13 12 *ϛ'*] *ἐξ'* A, em. apogr. 15 *ὑπερυπατὴ* A^1, *παρυπάτη* A^2, atque ita semper *ἀφέξει*] *ἕξει* A 16 *ὑπερβολαία* etiam in mg. A 17 *ἕν* A 18 *ἑκάτερα* A, em. apogr. 23 *πρὸς*: *π* ante initium vs. om. A^1, add. A^2 24 *διεζευγμένου* A^1

τριτος ὁ τοῦ διὰ τεσσάρων, τῆς δὲ μέσης ϛʹ πρὸς γʹ διπλάσιος ὁ τοῦ διὰ πασῶν, ⟨τῆς δὲ ὑπάτης ηʹ πρὸς γʹ διπλασιεπιδίτριτος ὁ τοῦ διὰ πασῶν⟩ καὶ διὰ τεσσάρων, τῆς δὲ ὑπερυπάτης ϑʹ πρὸς γʹ τριπλάσιος ὁ τοῦ διὰ πασῶν καὶ διὰ πέντε, τῆς δὲ ὅλης τοῦ προσλαμβανομένου ιβʹ πρὸς γʹ τετραπλάσιος ὁ τοῦ δὶς διὰ πασῶν· πρὸς δὲ τὴν νήτην διεζευγμένων ὁ λόγος ἐστὶ τῆς μὲν μέσης ϛʹ πρὸς δʹ ἡμιόλιος ὁ τοῦ διὰ πέντε, τῆς δὲ ὑπάτης ηʹ πρὸς δʹ διπλάσιος ὁ τοῦ διὰ πασῶν, τῆς δὲ ὑπερυπάτης ϑʹ πρὸς δʹ ⟨διπλασιεπιτέταρτος⟩ ὁ τοῦ δὶς διὰ πέντε, τῆς δὲ ὅλης τοῦ προσλαμβανομένου ιβʹ πρὸς δʹ ⟨τριπλάσιος⟩ ὁ τοῦ διὰ πασῶν καὶ διὰ πέντε· πρὸς δὲ τὴν μέσην τῆς μὲν ὑπάτης ηʹ πρὸς ϛʹ ἐπίτριτος ὁ τοῦ διὰ τεσσάρων, τῆς δὲ ὑπερυπάτης ϑʹ πρὸς ϛʹ ἡμιόλιος ὁ τοῦ διὰ πέντε, τῆς δὲ ὅλης τοῦ προσλαμβανομένου ιβʹ πρὸς ϛʹ διπλάσιος ὁ τοῦ [δὶς] διὰ πασῶν· πρὸς δὲ τὴν ὑπάτην ἐστὶν ἡ μὲν ὑπερυπάτη ϑʹ πρὸς ηʹ ἐν ἐπογδόῳ λόγῳ τῷ τοῦ τόνου, ἡ δὲ ὅλη τοῦ προσλαμβανομένου ιβʹ πρὸς ηʹ ἐν ἡμιολίῳ ⟨τῷ τοῦ διὰ πέντε⟩· πρὸς ⟨δὲ⟩ τὴν ὑπερυπάτην ἡ ὅλη τοῦ προσλαμβανομένου ιβʹ πρὸς ϑʹ ἐν ἐπιτρίτῳ ⟨τῷ⟩ τοῦ διὰ τεσσάρων.

ἀντιπεπόνθασι δʼ αἱ λοιπαὶ τῶν κινήσεων κατὰ πυκνοῦ τοῦ ἐπογδόου τόνου καὶ ἐπιτρίτου διὰ τεσσά-

2 lacunam suppl. apogr. 5 προσλαμβάνου A[1] 6 $\overset{\text{ϛ}}{\overline{\text{ιβ}}}$ (ϛ atr.) A γʹ Bull.] $\overset{\text{δ}}{\overline{\text{ϛ}}}$ (δ atr.) A 10 ϑʹ apogr.] ε̄ A 16 δὶς del. Bull. 18 τῷ] ὁ A 20 δὲ add. apogr. ὑπάτην A 22 inscr. περὶ καταπυκνώσεως A. cf. Boeckh kl. Schr. III p. 151. de metris Pind. p. 208 αἱ λοιπαὶ] οἱ ἀριθμοί? cf. p. 88, 16. 89, 7 23 τοῦ A[2]] τὸ A[1], scr. vid. καταπυκνουμένων vel καταπυκνουμένου ἐπογδόου κτλ.

ρων καὶ ἡμιολίου διὰ πέντε τοῦ κανόνος. ἐπεὶ τὸ ἡμιόλιον μὲν διὰ πέντε τοῦ ἐπιτρίτου διὰ τεσσάρων ἐπογδόῳ τόνῳ ὑπερέχει — οἷον ληφθέντος ἀριθμοῦ ὃς ἔχει καὶ ἥμισυ καὶ τρίτον τοῦ ϛ', τούτου ἐπίτριτος μὲν ὁ η', ἡμιόλιος δὲ ὁ ϑ'· τὰ δὲ ϑ' τῶν η' ἐπόγδοα· ϛ' η' ϑ'· γίνεται ἡ ὑπεροχὴ τοῦ [η'] ἡμιολίου πρὸς τὸ ἐπίτριτον ἐν λόγῳ ἐπογδόῳ —, τὸ δ' ἐπίτριτον διὰ τεσσάρων ἐκ δυεῖν ἐπογδόων καὶ τοῦ διεσιαίου λείμματος· καταπυκνωτέον αὐτὰ τοῖς ἐπογδόοις τόνοις καὶ τοῖς διεσιαίοις λείμμασι. καταπυκνωθείη δ' ἂν ἀρχομένων ἡμῶν ⟨ἀπὸ τῆς⟩ νήτης ὑπερβολαίων. τὸ γὰρ ὄγδοον τοῦ μέχρι τῆς τελευτῆς διαστήματος ὑπερβιβάσαντες ἕξομεν τὴν διάτονον τῶν ὑπερβολαίων τόνῳ βαρυτέραν αὐτῆς. τοῦ δὲ ἀπὸ ταύτης ἕως τῆς τελευτῆς τὸ ὄγδοον ὑπερβιβάσαντες ἕξομεν τὴν τρίτην τῶν ὑπερβολαίων τόνῳ τῆς διατόνου βαρυτέραν. καὶ τὸ λοιπὸν εἰς τὴν νήτην τῶν διεζευγμένων ἔσται τὸ διεσιαῖον λεῖμμα πρὸς συμπλήρωσιν τοῦ διὰ τεσσάρων πρὸς τὴν νήτην ὑπερβολαίων. πάλιν δὲ τοῦ ἀπὸ τῆς νήτης διεζευγμένων ἕως τῆς τελευτῆς διαστήματος τὸ μὲν ἔνατον λαβόντες καὶ ὑποβιβάσαντες ἕξομεν τόνῳ ὀξυτέραν τῆς νήτης διεζευγμένων τὴν χρωματικὴν ὑπερβολαίων. τὸ δὲ ὄγδοον ὑπερβιβάσαντες ἕξομεν τὴν παρανήτην διεζευγμένων· ἡ αὐτὴ δὲ καὶ διάτονος καὶ νήτη συνημμένων, τόνῳ βαρυτέρα τῆς νήτης διεζευγμένων. τοῦ δ' ἀπὸ τῆς νήτης ἕως τῆς τελευτῆς τὸ ὄγδοον λαβόντες καὶ ὑπερβιβάσαντες

1 ἐπεὶ apogr.] ἐπὶ A 3 ὃς ἔχει A[2]] ὡς ἔχοι A[1] 6 η' om. apogr. 10 ἀπὸ add. apogr. 11 ὑπερβολαίας A, em. Bull. 15 διατόνων A[1] 18 ὑπερβολαίαν A 19 διεζευγμένης A 20 διαστήματος Bull.] διάστημα A ἀποβιβάσαντες A 21 διεζευγμένου A 25 τοῦ] τὸ A

ἕξομεν τὴν τρίτην τῶν διεζευγμένων τόνῳ βαρυτέραν· ἡ δὲ αὐτὴ καὶ διάτονος συνημμένων ἐστίν. ὁμοίως δὲ τοῦ ἀπὸ ταύτης ἕως τῆς τελευτῆς διαστήματος τὸ ὄγδοον ὑπερβιβάσαντες ἕξομεν τὴν τρίτην συνημμένων τόνῳ βαρυτέραν. τὸ δὲ λοιπὸν εἰς τὴν μέσην ἔσται τὸ διεσιαῖον λεῖμμα εἰς τὴν τοῦ διὰ πασῶν συντέλειαν. ἀπὸ δὲ τῆς μέσης τὸν αὐτὸν τρόπον ⟨τὸ ἔνατον⟩ ὑποβιβάσαντες ἕξομεν τὴν παραμέσην ἢ τὴν χρωματικὴν συνημμένων, τόνῳ ὀξυτέραν τῆς μέσης. ταύτης δὲ τὸ ἔνατον ὑποβιβάσαντες ἕξομεν τὴν χρωματικὴν διεζευγμένων. τὸ ὄγδοον δὲ τῆς μέσης ὑπερβιβάσαντες ἕξομεν τὴν τῶν μέσων διάτονον τόνῳ βαρυτέραν τῆς μέσης, εἶτα τὸ ἀπὸ ταύτης ὄγδοον ὑπερβιβάσαντες τὴν παρυπάτην ⟨τῶν μέσων⟩ ταύτης τόνῳ βαρυτέραν. καὶ ἔστι τὸ λοιπὸν εἰς τὴν ὑπάτην τῶν μέσων τὸ διεσιαῖον λεῖμμα πρὸς συμπλήρωσιν τοῦ διὰ τεσσάρων πρὸς τὴν μέσην. ἀπὸ δὲ τῆς ὑπάτης τὸ μὲν ἔνατον ὑποβιβάσασιν ἡ χρωματικὴ τῶν μέσων ἔσται τόνῳ ὀξυτέρα. τὸ ὄγδοον δὲ ὑπερβιβάσασιν ἔχειν τὴν ὑπερυπάτην συμβήσεται. ταύτης δὲ τὸ ὄγδοον ὑπερβιβάσασι παρυπάτη ὑπατῶν γενήσεται. ἐξ ἀναστροφῆς δὲ ἀπὸ τοῦ προσλαμβανομένου τέμνουσι τὸ ὅλον διάστημα εἰς θ′ καὶ ἓν ὑπολείπουσι κατὰ τὸ ἐναντίον ⟨τῶν⟩ νητῶν, ὑπατῶν ὑπάτη γενήσεται τόνῳ τῆς ὅλης ὀξυτέρα, συγκλείουσα τὸ τῶν ὑπατῶν τετράχορδον τῷ πρὸς τὴν παρυπάτην λείμματι. καὶ οὕτως συμπληρωθήσεται τὸ πᾶν ἀμετάβολον σύστημα κατὰ τὸ διάτονον καὶ χρωματικὸν γένος. τὸ δὲ

8 συνημμένων] συνημμένου τόνου A 9 ἔννατον A[2] 19 ὑπερβιβασαμενον A συμβεβηκέναι A 22 καὶ ἐνυπολείπουσι A, em. apogr. 23 κατὰ τὸ ἐν αὐτῷ νητῶν A, em. Bull.

ἐναρμόνιον ἐξαιρουμένων τῶν διατόνων καθ' ἕκαστον τετράχορδον διπλῳδουμένων γίνεται. εὕροιμεν δ' ἂν ταῦτα καὶ ἐν ἀριθμοῖς ἀπὸ τῆς νήτης τῶν ὑπερβολαίων ἀρχόμενοι, ὑποτεθείσης αὐτῆς μυρίων τξη'· οἱ ἐφεξῆς ἐπόγδοοί τε καὶ οἱ λοιποὶ κατὰ τοὺς προειρημένους λόγους λαμβάνονται, οὓς περίεργον ἐκτιθέναι· ῥᾴδιον δὲ τῷ παρηκολουθηκότι τοῖς προειρημένοις.

καὶ ἡ μὲν ὑπὸ Θρασύλλου παραδεδομένη κατατομὴ τοῦ κανόνος ὧδε ἔχει. ὃν δὲ τρόπον καὶ ἐπὶ τῆς τῶν ὅλων ἐφαρμόζεται σφαίρας, ἐπειδὰν καὶ τοὺς ἀστρονομίας ἐκθώμεθα λόγους, παραδείξομεν. νυνὶ δ' ἐπανέλθωμεν ἐπὶ τὸν τῶν λοιπῶν ἀναλογιῶν καὶ μεσοτήτων λόγον, ἐπειδὴ ὡς ἔφαμεν ἡ ἀναλογία καὶ μεσότης, οὐ μέντοι ἡ μεσότης καὶ ἀναλογία. καθὸ δὴ ⟨ἡ⟩ ἀναλογία καὶ μεσότης ἐστίν, ἀκόλουθος ἂν εἴη ὁ περὶ τῶν ἀναλογιῶν καὶ περὶ τῶν μεσοτήτων λόγος.

ἐπειδὴ πάντες οἱ τῶν συμφωνιῶν εὑρέθησαν λόγοι, καθὰ δέδεικται, ἐν τῇ τῆς δεκάδος τετρακτύι, καὶ περὶ τούτων πρότερον λεκτέον. τὴν μὲν γὰρ τετρακτὺν συνέστησεν ἡ δεκάς. ἓν γὰρ καὶ β' καὶ γ' καὶ δ' ι'· α' β' γ' δ'. ἐν δὲ τούτοις τοῖς ἀριθμοῖς ἔστιν ἥ τε διὰ τεσσάρων συμφωνία ἐν ἐπιτρίτῳ λόγῳ καὶ ἡ διὰ πέντε ἐν ἡμιολίῳ καὶ ἡ διὰ πασῶν ἐν διπλασίῳ καὶ ⟨ἡ⟩ δὶς διὰ πασῶν ἐν τετραπλασίῳ· ἐξ ὧν συμπληροῦται τὸ ἀμετάβολον διάγραμμα. τοιαύτη μὲν ⟨ἡ⟩ ἐν μουσικῇ

1 καὶ post τῶν del. A   4 μυρίων] $\bar{\mu}$ A, μύρια ap.   9 $\bar{\beta}$ mg. A   10 ἐπιδὰν A, em. ap.   12 τὸν corr. ex τῶν A   13 ὡς ἔφαμεν: p. 84, 15   15 εἴη ὁ A[2]] εἶ ἡ A[1]   περὶ τῶν] τῶν περὶ A   17 inscr. περὶ τετρακτύος καὶ δεκάδος A. cf. Boeckh kl. Schr. III p. 142   ἐπειδὴ ⟨δὲ⟩?   18 δέδεικται: p. 58, 13. 87, 4   τετρακτύη A[1]   25 inscr. πόσαι τετρακτύες A

τετρακτὺς κατὰ σύνθεσιν οὖσα, ἐπειδὴ ἐντὸς αὐτῆς πᾶσαι αἱ συμφωνίαι εὑρίσκονται. οὐ διὰ τοῦτο δὲ μόνον πᾶσι τοῖς Πυθαγορικοῖς προτετίμηται, ἀλλ' ἐπεὶ καὶ δοκεῖ τὴν τῶν ὅλων φύσιν συνέχειν· διὸ καὶ ὅρκος ἦν αὐτοῖς

οὐ μὰ τὸν ἁμετέρᾳ ψυχᾷ παραδόντα τετρακτύν,
παγὰν ἀενάου φύσεως ῥίζωμά τ' ἔχουσαν.

τὸν παραδόντα Πυθαγόραν λέγουσιν, ἐπεὶ δοκεῖ τούτου εὕρημα ὁ περὶ αὐτῆς λόγος.

ἡ μὲν οὖν προειρημένη τετρακτὺς ⟨αὕτη⟩, κατ' ἐπισύνθεσιν τῶν πρώτων ἀποτελουμένη ἀριθμῶν. δευτέρα δ' ἐστὶ τετρακτὺς ἡ τῶν κατὰ πολλαπλασιασμὸν ἐπηυξημένων ἀπὸ μονάδος κατά τε τὸ ἄρτιον καὶ περιττόν. ὧν πρῶτος μὲν [κατὰ τὸ ἄρτιον] λαμβάνεται ἡ μονάς, ἐπειδὴ αὕτη ἀρχὴ πάντων ἀρτίων καὶ περιττῶν καὶ ἀρτιοπερίττων, ὡς προείρηται, καὶ ἁπλοῦς ὁ ταύτης λόγος· οἱ δ' ἐφεξῆς τρεῖς ἀριθμοὶ κατὰ τὸ ἄρτιον καὶ περιττόν. τὴν δὲ σύνθεσιν λαμβάνουσιν, ἐπειδὴ

5 cf. Pyth. carm. aur. vs. 47 sq. Sext. emp. adv. math. IV 2. 3. 9. VII 94. 100. Macr. comm. in Somn. Scip. I 6, 41. Theol. arithm. p. 18. Porph. vita Pyth. 20. Iambl. de Pyth. vita 150. 162. Stob. ecl. I 10, 12. Pseudo-Plut. de plac. phil. I 3. Procl. in Plat. Tim. p. 155 D. Zeller die Philos. der Gr. I p. 368 6 κεφαλά post ψυχᾶ del. A (κεφαλᾷ Sext. VII 97 et Stob.; in eo libro unde A descriptus est ψυχᾷ (κεφαλᾷ superscr.) fuisse videtur)
7 πηγὴν A[1] (sicut Sextus) ἀεννάου A ceterorumque quos commemoravi scriptorum codices ut videtur longe plurimi apud eosdem partim φύσεως partim φύσιος legitur ῥίζωμα τ' A, ῥιζώματ' alii: cf. Bekker ad Sext. p. 722, 5 10 αὕτη] cf. p. 96, 9. 97, 1 κατ' ἐπισύνθεσιν] καὶ ἐπὶ σύνθεσιν A: cf. p. 96, 9. 98, 15 11 ἀποτελουμ(ένων) i. e. ἀποτελουμένων A
15 αὕτη corr. ex αὐτὴ A 16 προείρηται: cf. p. 19, 20
17 τρὶς A[1]

καὶ ὁ πᾶς ἀριθμὸς οὔτε μόνον ἄρτιος οὔτε μόνον περιττός. διὸ δύο λαμβάνονται αἱ κατὰ πολλαπλασιασμὸν τετρακτύες, ἀρτία καὶ περιττή, ἡ μὲν ἀρτία ἐν λόγῳ διπλασίῳ, πρῶτος γὰρ τῶν ἀρτίων ὁ β' καὶ αὐτὸς ἐκ μονάδος κατὰ τὸ διπλάσιον ηὐξημένος, ἡ δὲ περιττὴ ἐν λόγῳ ηὐξημένη τριπλασίῳ, ἐπειδὴ πρῶτος τῶν περιττῶν ὁ γ' καὶ αὐτὸς ἀπὸ μόναδος κατὰ τὸ τριπλάσιον ηὐξημένος. ὥστε κοινὴ μὲν ἀμφοτέρων ἡ μονάς, καὶ ἀρτία οὖσα καὶ περιττή· δεύτερος δὲ ἀριθμὸς ἐν μὲν τοῖς ἀρτίοις καὶ διπλασίοις ὁ β', ἐν δὲ τοῖς περιττοῖς καὶ τριπλασίοις ὁ γ'· τρίτος δὲ ἐν μὲν τοῖς ἀρτίοις ὁ δ', ἐν δὲ τοῖς περιττοῖς ὁ θ'· τέταρτος ἐν μὲν τοῖς ἀρτίοις η', ἐν δὲ τοῖς περιττοῖς κζ'.

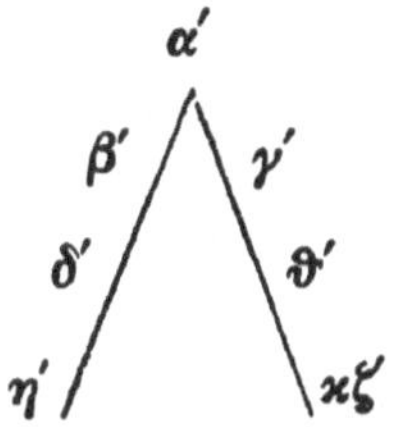

ἐν τούτοις τοῖς ἀριθμοῖς ⟨οἱ⟩ τελειότεροι τῶν συμφωνιῶν εὑρίσκονται λόγοι· συμπεριείληπται δὲ αὐτοῖς καὶ ὁ τόνος. δύναται δὲ ἡ μὲν μονὰς τὸν τῆς ἀρχῆς καὶ σημείου καὶ στιγμῆς λόγον· οἱ δὲ δεύτεροι πλευρὰν δύνανται ὅ τε β' καὶ ὁ γ', ὄντες ἀσύνθετοι καὶ πρῶτοι καὶ μονάδι μετρούμενοι καὶ φύσει εὐθυμετρικοί· οἱ δὲ τρίτοι ὅροι ὁ δ' καὶ ὁ θ' δύνανται ἐπίπεδον τετράγωνον, ἰσάκις ἴσοι ὄντες· οἱ δὲ τέταρτοι ὅροι ὅ τε η' καὶ ὁ κζ' δύνανται ἰσάκις ἴσοι ἰσάκις ⟨ὄντες⟩ κύβον. ὥστε

2 κατα A   9 ἀρτία A^{2}] τία A^{1}

ἐκ τούτων τῶν ἀριθμῶν καὶ ταύτης τῆς τετρακτύος ἀπὸ σημείου καὶ στιγμῆς εἰς στερεὸν ἡ αὔξεσις γίνεται· μετὰ γὰρ σημεῖον καὶ στιγμὴν πλευρά, μετὰ πλευρὰν ἐπίπεδον, μετὰ ἐπίπεδον στερεόν. ἐν οἷς ἀριθμοῖς καὶ τὴν ψυχὴν συνίστησιν ὁ Πλάτων ἐν τῷ Τιμαίῳ. ὁ δὲ ἔσχατος τούτων τῶν ἑπτὰ ἀριθμῶν ἴσος ἐστὶ τοῖς πρὸ αὐτοῦ πᾶσιν· ἓν γὰρ καὶ β' καὶ γ' καὶ δ' καὶ η' καὶ θ' γίνονται κζ'.

δύο μὲν οὖν αὗται τετρακτύες, ἥ τε κατ' ἐπισύνθεσιν καὶ ἡ κατὰ πολλαπλασιασμόν, τούς τε μουσικοὺς καὶ γεωμετρικοὺς καὶ ἀριθμητικοὺς λόγους περιέχουσαι, ἐξ ὧν καὶ ἡ τοῦ παντὸς ἁρμονία συνέστη. τρίτη δέ ἐστι τετρακτὺς ἡ κατὰ τὴν αὐτὴν ἀναλογίαν παντὸς μεγέθους φύσιν περιέχουσα· ὅπερ γὰρ ἐν τῇ προτέρᾳ τετρακτύι μονάς, τοῦτο ἐν ταύτῃ στιγμή. ὅπερ δὲ ἐν ἐκείνῃ οἱ πλευρὰν δυνάμενοι ἀριθμοὶ τὰ β' καὶ γ', τοῦτο ἐν ταύτῃ τὸ διττὸν εἶδος τῆς γραμμῆς ἥ τε περιφερὴς καὶ ἡ εὐθεῖα, κατὰ μὲν ἄρτιον ἡ εὐθεῖα, ἐπειδὴ δυσὶ σημείοις περατοῦται, κατὰ δὲ τὸ περιττὸν ἡ περιφερής, ἐπειδὴ ὑπὸ μιᾶς γραμμῆς πέρας οὐκ ἐχούσης περιέχεται· ὅπερ δὲ ἐν ἐκείνῃ οἱ τετράγωνον δυνάμενοι ὁ δ' καὶ ὁ θ', τοῦτο ἐν ταύτῃ τὸ διττὸν εἶδος ἐπιπέδων, εὐθύγραμμον καὶ περιφερόγραμμον· ὅπερ δὲ ἐν ἐκείνῃ οἱ κύβον δυνάμενοι ὁ η' καὶ ὁ κζ' δύο ὄντες ὁ μὲν ἐκ περιττοῦ, ὁ δὲ ἐξ ἀρτίου, τοῦτο ἐν ταύτῃ στερεόν, διττὸν ὄν, ⟨τὸ μὲν⟩ ἐκ κοίλης ἐπιφανείας ὡς σφαῖρα καὶ

5 ἐν τῷ Τιμαίῳ: p. 35 B 6 ἔσχατος ex αἴσχατος A 8 γίνωνται A, em. apogr. 12 γ̄ mg. A 14 sqq. cf. Zeller I p. 375, 5 15 τετρακτύη A[1] 17 διττὸν] διάτονον A 18[a] εὐθία A[1] 19 περιττοῦται A 20 ἐπειδὴ ⟨ὁ κύκλος⟩? 23 περιφορόγραμμον A, em. apogr.

κύλινδρος, τὸ δὲ ἐξ ἐπιπέδων ὡς κύβος πυραμίς. αὕτη δέ ἐστιν ἡ τρίτη τετρακτὺς παντὸς μεγέθους συμπληρωτικὴ ἐκ σημείου γραμμῆς ἐπιπέδου στερεοῦ.

τετάρτη δὲ τετρακτύς ἐστι τῶν ἁπλῶν ⟨σωμάτων⟩, πυρὸς ἀέρος ὕδατος γῆς, ἀναλογίαν ἔχουσα τὴν κατὰ τοὺς ἀριθμούς. ὅπερ γὰρ ἐν ἐκείνῃ μονάς, ἐν ταύτῃ πῦρ· ὃ δὲ δυάς, ἀήρ· ὃ δὲ τριάς, ὕδωρ· ὃ δὲ τετράς, γῆ. τοιαύτη γὰρ ἡ φύσις τῶν στοιχείων κατὰ λεπτομέρειαν καὶ παχυμέρειαν, ὥστε τοῦτον ἔχειν τὸν λόγον πῦρ πρὸς ἀέρα, ὃν ἓν πρὸς β', πρὸς δὲ ὕδωρ, ὃν ἓν πρὸς γ', πρὸς δὲ γῆν, ὃν ἓν πρὸς δ'· καὶ τἆλλα ἀνάλογον πρὸς ἄλληλα.

πέμπτη δ' ἐστὶ τετρακτὺς ἡ τῶν σχημάτων τῶν ἁπλῶν σωμάτων. ἡ μὲν γὰρ πυραμὶς σχῆμα πυρός, τὸ δὲ ὀκτάεδρον ἀέρος, τὸ δὲ εἰκοσάεδρον ὕδατος, κύβος δὲ γῆς.

ἕκτη δὲ τῶν φυομένων. τὸ μὲν σπέρμα ἀνάλογον μονάδι καὶ σημείῳ, ἡ δὲ εἰς μῆκος αὔξη δυάδι καὶ γραμμῇ, ἡ δὲ εἰς πλάτος τριάδι καὶ ἐπιφανείᾳ, ἡ δὲ εἰς πάχος τετράδι καὶ στερεῷ.

ἑβδόμη δὲ τετρακτὺς ἡ τῶν κοινωνιῶν. ἀρχὴ μὲν καὶ οἷον μονὰς ἄνθρωπος, δυὰς δὲ οἶκος, τριὰς δὲ κώμη, τετρὰς δὲ πόλις. τὸ γὰρ ἔθνος ἐκ τούτων σύγκειται.

καὶ αὗται μὲν ὑλικαί τε καὶ αἰσθηταὶ τετρακτύες. ὀγδόη δὲ τετρακτὺς ἥδε, τούτων κριτικὴ καὶ νοητή τις

4 ⟨σωμάτων⟩: cf. vs. 14. p. 98, 17   8 λεπτομερίαν A[1]   9 παχυμερίαν A[1]   13 ε̄ mg. A   17 ϛ̄ mg. A   18. 19 ἡ] εἰ (ἡ superscr.) A   19 ἐπιφανία A[1]   21 ζ̄ mg. A   22 δυὰς A[2]] δευτέρα A[1]   τριὰς A[2]] τρίτη A[1]   23 τετρὰς A[2]] τετάρτη A[1]   σύγκειται: post ει una lit. er. A   25 η̄ mg. A   ἥδε] αἱ δὲ A[1], αἵδε αἱ A[2]   κριτικαὶ καὶ νοηταί τινες οὖσαι A: cf. p. 98, 19

οὖσα· νοῦς ἐπιστήμη δόξα αἴσθησις. νοῦς μὲν ὡς μονὰς ἐν οὐσίᾳ· ἐπιστήμη δὲ ὡς δυάς, ἐπειδή τινός ἐστιν ἐπιστήμη· ⟨δόξα δὲ ὡς τριάς, ἐπειδὴ ....⟩ καὶ μεταξύ ἐστι δόξα ἐπιστήμης [ἐστὶ] καὶ ἀγνοίας· ἡ δὲ αἴσθησις ὡς τετράς, ἐπειδὴ τετραπλῆ κοινῆς πασῶν οὔσης τῆς ἁφῆς κατ' ἐπαφὴν πᾶσαι ἐνεργοῦσιν αἱ αἰσθήσεις.

ἐνάτη δὲ τετρακτύς, ἐξ ἧς συνέστηκε τὸ ζῷον, ψυχή τε καὶ σῶμα. ψυχῆς μὲν γὰρ μέρη λογιστικὸν θυμικὸν ἐπιθυμητικόν, καὶ τέταρτον σῶμα, ἐν ᾧ ἐστιν ἡ ψυχή.

δεκάτη δὲ τετρακτὺς ὡρῶν δι' ἃς γίνεται πάντα, ἔαρ θέρος μετόπωρον χειμών.

ἑνδεκάτη δὲ ἡλικιῶν, νηπίου μειρακίου ἀνδρὸς γέροντος.

ὥστε τετρακτύες ἕνδεκα· πρώτη ἡ κατὰ σύνθεσιν ἀριθμῶν, δευτέρα δὲ ἡ κατὰ πολλαπλασιασμὸν ἀριθμῶν, τρίτη κατὰ μέγεθος, τετάρτη τῶν ἁπλῶν σωμάτων, πέμπτη τῶν σχημάτων, ἕκτη τῶν φυομένων, ἑβδόμη τῶν κοινωνιῶν, ὀγδόη κριτική, ἐνάτη τῶν μερῶν τοῦ ζῴου, δεκάτη τῶν ὡρῶν, ἑνδεκάτη ἡλικιῶν. ἔχουσι δὲ πᾶσαι ἀναλογίαν· ὃ γὰρ ἐν τῇ πρώτῃ καὶ δευτέρᾳ μονάς, τοῦτο ἐν τῇ τρίτῃ στιγμή, ἐν δὲ τῇ τετάρτῃ πῦρ, ἐν δὲ τῇ πέμπτῃ πυραμίς, ἐν δὲ τῇ ἕκτῃ σπέρμα, ⟨καὶ⟩ ἐν τῇ ἑβδόμῃ ἄνθρωπος, καὶ ἐν τῇ ὀγδόῃ νοῦς, καὶ τὰ λοιπὰ ἀνάλογον· οἷον πρώτη μονὰς δυὰς τριὰς τετράς, δευ-

4 ἐπιστήμην ut vid. A^1 ἐστὶ om. apogr. 5 κοινῇ A^1, cf. Theol. arithm. p. 20 καὶ ἐν τοῖς ζῴοις δὲ αἰσθήσεις τέσσαρες ὡρισμέναι καταλαμβάνονται τῆς ἁφῆς ὑποβεβλημένης ἁπάσαις 8 $\bar{\vartheta}$ mg. A ἐξ ἧς apogr.] ἑξῆς A 11 $\bar{\iota}$ mg. A 13 $\overline{\iota\alpha}$ mg. A 16 in. ἀριθμοί A^1 δύο ante δευτέρα del. A πολλαπλασιασμῶν A^1 21 μονάς Bull.] ἀριθμὸς A 23 ⟨καὶ⟩ ἐν τῇ] ἐν δὲ τῇ apogr.

τέρα μονὰς πλευρὰ τετράγωνον κύβος, τρίτη στιγμὴ γραμμὴ ἐπιφάνεια στερεόν, τετάρτη πῦρ ἀὴρ ὕδωρ γῆ, πέμπτη πυραμὶς ὀκτάεδρον εἰκοσάεδρον κύβος, ἕκτη σπέρμα μῆκος πλάτος βάθος, ἑβδόμη ἄνθρωπος οἶκος κώμη πόλις, ὀγδόη νοῦς ἐπιστήμη δόξα αἴσθησις, ἐνάτη λογιστικὸν θυμικὸν ἐπιθυμητικὸν σῶμα, δεκάτη ἔαρ θέρος μετόπωρον χειμών, ἑνδεκάτη παιδίον μειράκιον ἀνὴρ γέρων. ὁ δὲ [καὶ] ἐκ τῶν τετρακτύων τούτων συστὰς κόσμος ἔσται [τέλειος] ἡρμοσμένος κατὰ γεωμετρίαν καὶ ἁρμονίαν καὶ ἀριθμόν, δυνάμει περιειληφὼς πᾶσαν ἀριθμοῦ φύσιν πᾶν τε μέγεθος καὶ πᾶν σῶμα ἁπλοῦν τε καὶ σύνθετον, τέλειός τε, ἐπειδὴ τὰ πάντα μὲν τούτου μέρη, αὐτὸς δὲ οὐδενός. διὸ πρώτῳ τῷ εἰρημένῳ ὅρκῳ οἱ Πυθαγορικοὶ ἐλέγοντο .... καὶ

ἀριθμῷ δέ τε πάντ᾽ ἐπέοικε.

καὶ τοῦτο εἶναι τὸ σοφώτατον· πάντα μὲν γὰρ τὸν ἀριθμὸν εἰς δεκάδα ἤγαγον, ἐπειδὴ ὑπὲρ δεκάδα οὐδείς ἐστιν ἀριθμός, ἐν τῇ αὐξήσει πάλιν ἡμῶν ὑποστρεφόντων ἐπὶ μονάδα καὶ δυάδα καὶ τοὺς ἑξῆς· τὴν δὲ δεκάδα ἐπὶ τετράδα συνίστασθαι· ἓν γὰρ καὶ β′ καὶ γ′ καὶ δ′ ἐστι ι′, ὥστε τοὺς δυνατωτάτους ἀριθμοὺς ἐντὸς τῆς τετράδος θεωρεῖσθαι.

ἡ μὲν γὰρ μονας ἀρχὴ πάντων καὶ κυριωτάτη πα-

1 τετραγωνον corr. ex τετραγώνων A 6 θυμηκὸν A[1] 7 μετ᾽ ὄπορον A[1] 8 ante ἐκ una lit. er. A 10 δύναμιν A 13 τῷ supra vs. add. A 14 χρῆσθαι post ἐλέγοντο probabiliter add. A[2], sed exciderunt plura: cf. Chalcid. 35. Sext. Emp. adv. math. IV 3. VII 94. Zeller I p. 317, 2 17 inscr. περὶ δεκάδος A 18 δεκάδα corr. ex δεκάδος A 24 inscr. περὶ μονάδος A, ᾱ in mg.

σῶν . . . . καὶ ἐξ ἧς πάντα, αὐτὴ δὲ ἐξ οὐδενός, ἀδιαίρετος καὶ δυνάμει πάντα, ἀμετάβλητος, μηδεπώποτε τῆς αὐτῆς ἐξισταμένη φύσεως κατὰ τὸν πολλαπλασιασμόν· καθ' ἣν πᾶν τὸ νοητὸν καὶ ἀγέννητον καὶ ἡ τῶν ἰδεῶν φύσις καὶ ὁ θεὸς καὶ ὁ νοῦς καὶ τὸ καλὸν καὶ τὸ ἀγαθὸν καὶ ἑκάστη τῶν νοητῶν οὐσιῶν, οἷον αὐτὸ καλόν, αὐτὸ δίκαιον, αὐτὸ [τὸ] ἴσον· ἕκαστον γὰρ τούτων ὡς ἓν καὶ καθ' ἑαυτὸ νοεῖται.

πρώτη δὲ αὔξη καὶ μεταβολὴ ἐκ μονάδος εἰς δυάδα κατὰ διπλασιασμὸν τῆς μονάδος, καθ' ἣν ὕλη καὶ πᾶν τὸ αἰσθητὸν καὶ ἡ γένεσις καὶ ἡ κίνησις καὶ ἡ αὔξησις καὶ ἡ σύνθεσις καὶ κοινωνία καὶ τὸ πρός τι.

ἡ δὲ δυὰς συνελθοῦσα τῇ μονάδι γίνεται τριάς, ἥτις πρώτη ἀρχὴν καὶ μέσα καὶ τελευτὴν ἔχει. διὸ καὶ πρώτη λέγεται πάντα εἶναι· ἐπὶ γὰρ ἐλαττόνων αὐτῆς οὐ λέγεται πάντα εἶναι, ἀλλὰ ἓν καὶ ἀμφότερα, ἐπὶ δὲ τῶν τριῶν πάντα. καὶ τρεῖς σπονδὰς ποιούμεθα δηλοῦντες ὅτι πάντα ἀγαθὰ αἰτούμεθα, καὶ τοὺς κατὰ πάντα ἀθλίους τρισαθλίους καλοῦμεν καὶ τοὺς κατὰ πάντα μακαρίους τρισμακαρίους. πρώτη δὲ καὶ ἡ τοῦ ἐπιπέδου φύσις ἐκ τούτου. ἡ γὰρ τριὰς οἷον εἰκὼν ἐπιπέδου, καὶ πρώτη αὐτοῦ ὑπόστασις ἐν τριγώνῳ, καὶ διὰ τοῦτο τρία αὐτῶν γένη, ἰσόπλευρον ἰσοσκελὲς σκα-

3 τῆς supra vs. add. A 5 ἰδεῶν: ε ante ι er. A 7 τὸ om. apogr. 8 inscr. περὶ δυάδος A, $\bar{\beta}$ in mg. 13 περὶ τριάδος A, $\bar{\gamma}$ in mg. cf. Chalcid. 38 14 μέσον? μεσότητα Roether ad Io. Lyd. de mens. p. 52 15 ἐπὶ corr. ex ἐπεὶ A 16 ἀμφότερα corr. ex δι' ἀμφοτέρας A ἐπὶ corr. ex ἐπεὶ A 17 τρεῖς] τὰς A 21 εἰκὼν ἐπιπέδου] ἡ κατεπιπέδου, ο post τ er. et supra ε ras. A: cf. p. 101, 11 22 πρώτη apogr.] πρώτου A ⍂ (signum quadrati) supra ∇^{ω} (i. e. τριγώνῳ) er. A

ληνόν [γ']· τρεῖς δὲ καὶ γωνίαι ὁμοιούμεναι ἡ μὲν ὀρθὴ τῇ τοῦ ἑνὸς φύσει, ὡρισμένη καὶ ἐξ ἴσου καὶ ὁμοίου συνεστῶσα· διὸ καὶ πᾶσαι αἱ ὀρθαὶ ἀλλήλαις εἰσὶν ἴσαι, μέσαι οὖσαι ὀξείας καὶ ἀμβλείας καὶ ὑπερέχοντος καὶ ὑπερεχομένου· αἱ δὲ λοιπαὶ ἄπειροι καὶ ἀόριστοι· ἐκ γὰρ ὑπεροχῆς καὶ ἐλλείψεως συνεστᾶσιν. ἡ δὲ τριὰς ἐκ τῆς μονάδος καὶ δυάδος ϛ' ποιεῖ κατὰ σύνθεσιν, ὅς ἐστι πρῶτος τέλειος ἀριθμὸς τοῖς ἑαυτοῦ μέρεσιν ἴσος ὤν· ὁ δὲ τέλειος οὗτος συντεθεὶς τῷ πρώτῳ τετραγώνῳ τῇ τετράδι ποιεῖ τὴν δεκάδα.

ἡ δὲ τετρὰς στερεοῦ ἐστιν εἰκὼν πρῶτός τε ἀριθμὸς [καὶ] τετράγωνός ἐστιν ἐν ἀρτίοις· καὶ αἱ συμφωνίαι δὲ πᾶσαι κατ' αὐτὸν συμπληροῦνται, ὡς ἐδείχθη.

ἡ δὲ πεντὰς μέση ἐστὶ τῆς δεκάδος. ἐὰν γὰρ καθ' ὁποιανοῦν σύνθεσιν ἐκ δύο ἀριθμῶν τὸν ι' συνθῇς, μέσος εὑρεθήσεται ὁ ε' κατὰ τὴν ἀριθμητικὴν ἀναλογίαν· οἷον θ' καὶ α', καὶ η' καὶ β', καὶ ζ' καὶ γ', καὶ ϛ' καὶ δ'· αἰεί τε ι' ποιήσεις καὶ μέσος εὑρεθήσεται ὁ ε' κατὰ τὴν ἀριθμητικὴν ἀναλογίαν, ὡς δηλοῖ τὸ διάγραμμα, κατὰ πᾶσαν σύνθεσιν τῶν συμπληρούντων τὰ ι' δυεῖν ἀριθμῶν [μέσος εὑρεθήσεται ὁ ε' κατὰ τὴν ἀριθμητικὴν ἀναλογίαν] τῷ ἴσῳ ἀριθμῷ τῶν ἄκρων ὑπερέχων τε καὶ ὑπερεχόμενος.

1 γ' om. apogr. τρὶς A[1] 6 ἐλλήψεως A[1] 9 οὕτω A 10 post τῇ una lit. er. A τετράδι: ι in ras. A 11 inscr. περὶ τετράδος A, δ̄ in mg. 13 καταυτὸ A ἐδείχθη: cf. p. 58, 13. 87, 4 14 inscr. περὶ πεντάδος A, ε̄ in mg. 15 τὸν Bull.] τῶν A 19 ὡς A[2]] ὦ A[1]

α	δ	ζ
β	ε	η
γ	ϛ	θ

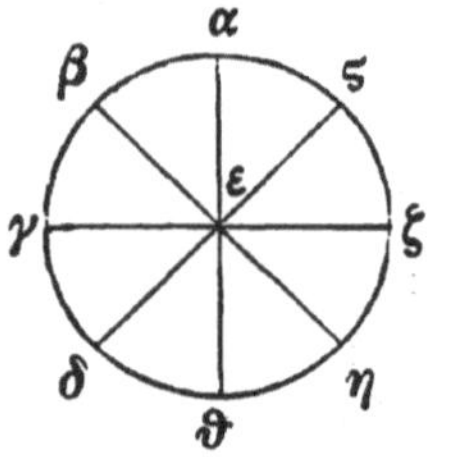

πρῶτον δὲ καὶ περιέλαβε τὸ τοῦ παντὸς ἀριθμοῦ εἶδος ὁ ε΄, τὸν ἄρτιόν τε καὶ περιττόν, λέγω τὴν δυάδα τε καὶ τριάδα· ἡ γὰρ μονὰς οὐκ ἦν ἀριθμός.

ὁ δὲ ϛ΄ τέλειος, ἐπειδὴ τοῖς ἑαυτοῦ μέρεσίν ἐστιν ἴσος, ὡς δέδεικται· διὸ καὶ γάμον αὐτὸν ἐκάλουν, ἐπεὶ γάμου ἔργον ὅμοια ποιεῖ τὰ ἔκγονα τοῖς γονεῦσι. καὶ κατὰ τοῦτον δὲ πρῶτον συνέστη ἡ ἁρμονικὴ μεσότης ληφθέντος [μὲν] τοῦ ϛ΄ ἐπιτρίτου ⟨μὲν⟩ λόγου τῶν η΄, διπλασίου δὲ τῶν ιβ΄· ϛ΄ η΄ ιβ΄· τῷ γὰρ αὐτῷ μέρει ὁ η΄ τῶν ἄκρων ὑπερέχει καὶ ὑπερέχεται, ϛ΄ η΄ ιβ΄, τουτέστι τῷ τρίτῳ· καὶ ἀριθμητικὴ δὲ μεσότης ληφθέντος τοῦ ϛ΄ ἡμιολίου μὲν λόγου τῶν θ΄, διπλασίου δὲ τῶν ιβ΄· τῷ γὰρ αὐτῷ ἀριθμῷ τὰ θ΄ ὑπερέχει τῶν ἄκρων καὶ ὑπερέχεται· ποιεῖ δὲ τὴν γεωμετρικὴν ἀναλογίαν μέσος ληφθείς· ἂν γὰρ ἥμισυ αὐτοῦ λάβωμεν τὸν γ΄ καὶ διπλάσιον τὸν ιβ΄, ἔσται ἡμῖν ἡ γεωμετρικὴ ἀναλογία γ΄ ϛ΄ ιβ΄· τῷ γὰρ αὐτῷ λόγῳ τὰ ϛ΄ τῶν ἄκρων ὑπερέχει τε καὶ ὑπερέχεται, γ΄ ϛ΄ ιβ΄, τουτέστι τῷ διπλασίῳ.

2 ἄρτιόν τε A^2] ἄρτιον δὲ A^1 4 inscr. περὶ ἑξάδος A, ϛ̄ in mg. cf. Zeller I p. 369, 2 ϛ΄] ἕκτος A 5 δέδεικται: p. 101, 8 6 ἔκγονα corr. ex ἔγγονα A 7 τούτων A^1 δὲ] τε A ἡ ἁρμονικὴ corr. ex καρμονικὴ A 8 λόγου hic et vs. 12 neglegenter additum 9 τῶν] τοῦ A 14 ὑπερέχεται ⟨τουτέστι τῷ γ΄⟩? cf. vs. 10. 18 16 ν post ἀναλογία del. A

καὶ ἡ ἑβδομὰς δὲ τῆς δεκάδος οὖσα θαυμαστὴν ἔχει δύναμιν. μόνος γὰρ τῶν ἐντὸς τῆς δεκάδος οὔτε γεννᾷ ἕτερον οὔτε γεννᾶται ὑφ' ἑτέρου· διὸ καὶ Ἀθηνᾶ ὑπὸ τῶν Πυθαγορικῶν ἐκαλεῖτο, οὔτε μητρός τινος οὖσα οὔτε μήτηρ. οὔτε γὰρ γίνεται ἐκ συνδυασμοῦ οὔτε συνδυάζεταί τινι. τῶν γὰρ ἀριθμῶν τῶν ἐν τῇ δεκάδι οἱ μὲν γεννῶσί τε καὶ γεννῶνται, ὡς ὁ δʹ γεννᾷ μὲν μετὰ δυάδος τὸν ηʹ, γεννᾶται δὲ ὑπὸ δυάδος· οἱ δὲ γεννῶνται μέν, οὐ γεννῶσι δέ, ὡς ὁ ϛʹ γεννᾶται μὲν ὑπὸ βʹ καὶ γʹ, οὐ γεννᾷ δὲ οὐδένα τῶν ἐν τῇ δεκάδι· οἱ δὲ γεννῶσι μέν, οὐ γεννῶνται δέ, ὡς ὁ γʹ καὶ ὁ εʹ γεννῶνται μὲν ἐξ οὐδενὸς [ἀριθμοῦ] συνδυασμοῦ, γεννῶσι δὲ ὁ μὲν γʹ τὸν θʹ καὶ τὸν ϛʹ μετὰ δυάδος, ὁ δὲ εʹ γεννᾷ μετὰ δυάδος αὐτὸν τὸν ιʹ. μόνος δὲ ὁ ζʹ οὔτε συνδυασθείς τινι γεννᾷ τινα τῶν ἐν τῇ δεκάδι οὔτε ἐκ συνδυασμοῦ γεννᾶται. ἑπόμενος δὲ τῇ φύσει καὶ ὁ Πλάτων ἐξ ἑπτὰ ἀριθμῶν συνίστησι τὴν ψυχὴν ἐν τῷ Τιμαίῳ. ἡμέρα μὲν γὰρ καὶ νύξ, ὥς φησι Ποσειδώνιος, ἀρτίου καὶ περιττοῦ φύσιν ἔχουσι· μὴν δὲ καθ' ἑβδομάδας τέσσαρας συμπληροῦται, τῇ μὲν πρώτῃ ἑβδομάδι διχοτόμου τῆς σελήνης ὁρωμένης, τῇ δὲ δευτέρᾳ πλησισελήνου, τῇ δὲ τρίτῃ διχοτόμου, πάλιν δὲ τῇ τετάρτῃ σύνοδον ποιουμένης πρὸς ἥλιον καὶ ἀρχὴν ἑτέρου μη-

1 inscr. περὶ ἑβδομάδος A, ζ̄ in mg. cf. Chalcid. 36 ⟨κατὰ τὴν ἀριθμητικὴν μεσότητα μέση τῆς τετράδος καὶ⟩ τῆς δεκάδος? cf. Theol. arithm. p. 44, 10. an verba τῆς δεκάδος οὖσα pro dittographia eorum quae sequuntur τῆς δεκάδος οὔτε habenda sunt? 2 μόνος γὰρ ⟨ὁ ζʹ⟩? 7 γεννῶσι: post ω una vel duae litt. er. A 10. 15 δεκάδι apogr.] ῑ A 12 cf. vs. 5. 15 17 ἐν τῷ Τιμαίῳ: p. 35 B 18 καὶ add. A^2 πωσιδόνιος A^1, ποσιδώνιος A^2, em. apogr. cf. Bake Posid. reliq. p. 240 23 ποιουμένη A

νός. αἵ τε αὐξήσεις καθ' ἑβδομάδα. τὸ γοῦν βρέφος δοκεῖ τελειοῦσθαι ἐν ἑπτὰ ἑβδομάσιν, ὡς Ἐμπεδοκλῆς αἰνίττεται ἐν τοῖς Καθαρμοῖς. ἔνιοι δέ φασι τὰ ἄρρενα ἐν πέντε ἑβδομάσι τελειοῦσθαι, γόνιμα δὲ γίνεσθαι ἐν ἑπτὰ μησί, γενόμενα δὲ ἐν ἑπτὰ μησὶν ὀδοντοφυεῖν, ἐκβάλλειν τε τοὺς ὀδόντας ἐν ἑπτὰ ἔτεσι. σπέρμα δὲ καὶ ἥβη ἐν δευτέρᾳ ἑβδομάδι· γένεια δὲ ὡς ἐπίπαν ἐν τρίτῃ καὶ τὴν εἰς μῆκος αὔξην ἀπολαμβάνει, τὴν δ' εἰς πλάτος ἐν τετάρτῃ ἑβδομάδι. αἵ τε κρίσεις τῶν νόσων ἐφ' ἡμέρας ἑπτά, καὶ ἡ βαρυτέρα κατὰ πάντας τοὺς περιοδικοὺς πυρετοὺς εἰς τὴν ἑβδόμην ἀπαντᾷ, καὶ ἐν τριταίῳ δὲ καὶ ἐν τεταρταίῳ. ἀπὸ τροπῶν δὲ ἐπὶ τροπὰς μῆνες ἑπτά· τό τε πλῆθος τῶν πλανωμένων ἑπτά· καὶ ἀπὸ ἰσημερίας ἐπὶ ἰσημερίαν μῆνες ἑπτά· καὶ πόροι δὲ κεφαλῆς ἑπτά· καὶ σπλάγχνα ἑπτά, γλῶσσα, καρδία, πνεύμων, ἧπαρ, σπλήν, νεφροὶ δύο· Ἡρόφιλος δὲ τὸ τῶν ἀνθρώπων ἔντερον πηχῶν εἶναί φησι κη', ὅ ἐστι τέσσαρες ἑβδομάδες· οἵ τε εὔριποι τὸ πλεῖστον ἑπτάκις τῆς ἡμέρας μεταβάλλουσιν.

ἡ δὲ ὀγδοάς, ἥτις ἐστὶ πρῶτος κύβος, συντίθεται ἔκ τε μονάδος ⟨καὶ ἑπτάδος⟩. ἔνιοι δέ φασιν ὀκτὼ τοὺς

1 sqq. cf. Chalcid. 37 2 Ἐμπεδοκλῆς: cf. Karsten Emped. reliq. p. 475 3 αἰνίττεται: αἰ in ras. A^2 4 γίνεται A 5 γεννώμενα A^2 6 cf. Bergk Poetae lyr. Gr. p. 431 7 ἐν τρίτῃ] τὶ τρίτη A^1, τῇ τρίτῃ A^2 8 ἐν ᾗ ante καὶ excidisse videtur, cf. Macr. in Somn. Scip. I 6, 72 *post ter septenos annos genas flore vestit iuventa, idemque annus finem in longum crescendi facit* 9 εὐδομάδι A, em. apogr. 11 ἑβδόμην] ἑπτὰ A, $\bar{\zeta}$ supra scr. A^2 ἀπαντᾷ A^2, ἅπαντα A^1 13 πλανομένων A^1 14 ἡσημερίαν A^1 15 γλῶσσα del. A, cf. Chalc. et Macrob. 16 ἡρόφιλος: η in ras. A. cf. Haeser Lehrbuch der Gesch. der Medicin I p. 236 18 ἑπτάκι A^1 21 καὶ ἑπτάδος add. Bull.

πάντων κρατοῦντας εἶναι θεούς, ὡς καὶ ἐν τοῖς Ὀρφικοῖς ὅρκοις ἔστιν εὑρεῖν·

ναὶ μὴν ἀθανάτων γεννήτορας αἰὲν ἐόντων
πῦρ καὶ ὕδωρ γαῖάν τε καὶ οὐρανὸν ἠδὲ σελήνην
ἠέλιόν τε Φανῆ τε μέγαν καὶ νύκτα μέλαιναν.

ἐν δὲ Αἰγυπτιακῇ στήλῃ φησὶν Εὔανδρος εὑρίσκεσθαι γραφὴν βασιλέως Κρόνου καὶ βασιλίσσης Ῥέας· „πρεσβύτατος βασιλεὺς πάντων Ὄσιρις θεοῖς ἀθανάτοις πνεύματι καὶ οὐρανῷ καὶ γῇ καὶ νυκτὶ καὶ ἡμέρᾳ καὶ πατρὶ τῶν ὄντων καὶ ἐσομένων Ἔρωτι μνημεῖα τῆς αὐτοῦ ἀρετῆς ⟨καὶ⟩ βίου συντάξεως.“ Τιμόθεός φησι καὶ παροιμίαν εἶναι τὴν „πάντα ὀκτὼ“ διὰ τὸ τοῦ κόσμου τὰς πάσας ὀκτὼ σφαίρας περὶ γῆν κυκλεῖσθαι, καθά φησι καὶ Ἐρατοσθένης·

ὀκτὼ δὴ τάδε πάντα σὺν ἁρμονίῃσιν ἀρήρει,

3 Lobeck Agl. p. 742 sqq. *αἰὲννεόντων* A[1] 4 *γαῖαν* A[2], *γέαν* A[1] *ἠδὲ* Bull.] *ἡ δὲ* A 5 *φανῆ τε* A[1]] *φάνητα* A[2] recte (cf. Zeller p. 87, 4); sed is quem Theo exscripsit aut pravam lectionem *Φανῆ τε* vel *Φάνη τε* secutus est aut *Φάνητα μέγαν* a sole diversum esse falso putavit: nam octo deos his versibus enumerari aperte indicat. Cf. Zenob. V 78 *Εὔανδρος ἔφη ὀκτὼ τοὺς πάντων εἶναι κρατοῦντας θεούς, πῦρ, ὕδωρ, γῆν, οὐρανόν, σελήνην, ἥλιον, Μίθραν, νύκτα.* (Porph. de antro nymph. 24 *δημιουργὸς ὢν ὁ Μίθρας.* Proclus in Plat. Tim. p. 93 E *ὁ μάλιστα παρ' αὐτῷ δημιουργὸς ὁ Φάνης ἐστίν*). Schoemann opusc. II p. 15. Schuster de veteris Orph. Theog. indole atque origine p. 29 6 cf. de hoc mendaciorum genere Freudenthal Alex. Polyh. p. 151. Plew, Jahrb. f. Philol. 1868 p. 839 sq. *Εὔανδρος*: cf. Zenob. l. c. (Jambl. de Pyth. vita 267?) 7 *βασιλίσης* A, em. Bull. 9 *ἡλίῳ καὶ σελήνῃ* post *οὐρανῷ* add. Bull. an ⟨*καὶ πυρὶ καὶ ὕδατι*⟩? cf. Lobeck p. 524 fr. VIII vs. 10 sq. 10 *ἐρῶτί* A[1], *ί* mut. in *ὲ* A[2], em. Reinesius *μνημία* A[1] 11 *Τιμόθεος* ⟨*δέ*⟩ *φησι*? 14 *Ἐρατοσθένης*: cf. Erat. carm. rel. p. 50 sqq. Bernhardy Eratosth. p. 165 15 *συναρμονίησιν* A, em. apogr.

ὀκτὼ δ' ἐν σφαίρῃσι κυλίνδετο κύκλῳ ἰόντα
.... ἐνάτην περὶ γαῖαν.

ὁ δὲ τῶν ἐννέα πρῶτός ἐστι τετράγωνος ἐν περιττοῖς. πρῶτοι γάρ εἰσιν ἀριθμοὶ δυὰς καὶ τριάς, ἡ μὲν ἀρτίων, ἡ δὲ περιττῶν· διὸ καὶ πρώτους τετραγώνους ποιοῦσιν, ὁ μὲν δ', ὁ δὲ θ'.

ἡ μέντοι δεκὰς πάντα περαίνει τὸν ἀριθμόν, ἐμπεριέχουσα πᾶσαν φύσιν ἐντὸς αὑτῆς, ἀρτίου τε καὶ περιττοῦ κινουμένου τε καὶ ἀκινήτου ἀγαθοῦ τε καὶ κακοῦ· περὶ ἧς καὶ Ἀρχύτας ἐν τῷ περὶ τῆς δεκάδος καὶ Φιλόλαος ἐν τῷ περὶ φύσιος πολλὰ διεξίασιν.

ἐπανιτέον δὲ ἐπὶ τὸν τῶν ἀναλογιῶν καὶ μεσοτήτων λόγον. μεσότητές εἰσι πλείονες, γεωμετρικὴ ἀριθμητικὴ ἁρμονικὴ ὑπεναντία πέμπτη ἕκτη. λέγονται δὲ καὶ ἄλλαι πάλιν ἓξ ταύταις ὑπεναντίαι. τούτων δέ φησιν ὁ Ἄδραστος μίαν τὴν γεωμετρικὴν κυρίως λέγεσθαι καὶ ἀναλογίαν καὶ πρώτην· ταύτης μὲν γὰρ αἱ ἄλλαι προσδέονται, αὐτὴ δ' ἐκείνων οὐχί, ὡς ὑποδείκνυσιν ἐν τοῖς ἐφεξῆς. κοινότερον δέ φησι καὶ τὰς ἄλλας μεσότητας ὑπ' ἐνίων καλεῖσθαι ἀναλογίας. τῶν δὲ κυρίως λεγομένων ἀναλογιῶν, τουτέστι τῶν γεωμετρικῶν, αἱ μέν εἰσιν ἐν ῥητοῖς ὅροις τε καὶ λόγοις, ὡς ιβ' ϛ' γ',

1 σφαίρεσι A[1], σφαίραισι A[2], em. apogr. ἰόντα: ν supra vs. A 2 ἐννέα τῶν περὶ γαῖαν A quae verba del. A[2], ταῦτ' ἐνάτην περὶ γαῖαν Bergk, Ztschr. f. d. AW. 1850 p. 177. cf. Theol. arithm. p. 56 σὺν οκτὼ δὴ σφαίρῃσι κυλίνδεται ὁ κυκλώων ἐνάτην περιγαίην, Ἐρατοσθένης φησίν 3 θ̄ mg. A 7 ῑ mg. A ἐνπεριέχουσα A, em. apogr. 11 Φιλόλαος: fr. 13 Mullach. cf. Boeckh Philolaos Lehren p. 27. 146. Schaarschmidt die angebliche Schriftstellerei des Philolaos p. 68. Zeller I p. 368, 1 φύσεως A[2] 17 ἀνάλογον ut vid. A[1]. cf. Procl. in Tim. p. 145 C

εἰσὶ γὰρ ἐν λόγοις διπλασίοις, καὶ ὅσαι τοιαῦται [αἵτινές εἰσιν ἐν ἀριθμοῖς], αἱ δὲ ἐν ἀρρήτοις τε καὶ ἀλόγοις [ἤτοι μεγέθεσιν ἢ βάρεσιν ἢ χρόνοις ἤ τισιν ἄλλοις διπλασίοις ἢ τριπλασίοις ἤ τισι τοιούτοις πολλαπλασίοις ἢ ἐπιμορίοις]. γεωμετρικὴ μὲν γάρ, ὡς ἔφαμεν, μεσότης ἡ τῷ αὐτῷ λόγῳ τῶν ἄκρων ὑπερέχουσα καὶ ὑπερεχομένη· ἀριθμητικὴ δὲ ἡ τῷ αὐτῷ ἀριθμῷ τῶν ἄκρων ὑπερέχουσα καὶ ὑπερεχομένη, ἁρμονικὴ δὲ ἡ τῷ αὐτῷ μέρει τῶν ἄκρων ὑπερέχουσα καὶ ὑπερεχομένη. δείκνυσι δὲ ὅτι ὁ τῆς ἰσότητος λόγος ἀρχηγὸς καὶ πρῶτός ἐστι καὶ στοιχεῖον πάντων τῶν εἰρημένων λόγων καὶ τῶν κατ' αὐτοὺς ἀναλογιῶν· ἐκ πρώτου γὰρ τούτου πάντα συνίσταται καὶ εἰς τοῦτον ἀναλύεται τά τε τῶν λόγων καὶ τὰ τῶν ἀναλογιῶν.

ὁ δὲ Ἐρατοσθένης φησὶν ὅτι πᾶς μὲν λόγος ἢ κατὰ διάστημα ἢ κατὰ τοὺς ὅρους αὔξεται· τῇ δὲ ἰσότητι συμβέβηκε διαστήματος μὴ μετέχειν· εὔδηλον δὲ ὅτι κατὰ τοὺς ὅρους μόνους αὐξηθήσεται. λαβόντες δὴ τρία μεγέθη καὶ τὴν ἐν τούτοις ἀναλογίαν κινήσομεν τοὺς ὅρους. καὶ δείξομεν ὅτι πάντα τὰ ἐν τοῖς μαθήμασιν ἐξ ἀναλογίας ποσῶν τινων σύγκειται καὶ ἔστιν αὐτῶν ἀρχὴ καὶ στοιχεῖον ἡ τῆς ἀναλογίας φύσις.

τὰς δὲ ἀποδείξεις ὁ μὲν Ἐρατοσθένης φησὶ παραλείψειν. ὁ δὲ Ἄδραστος γνωριμώτερον δείκνυσιν, ὅτι τριῶν ἐκτεθέντων ὅρων ἐν ᾗ δήποτε ἀναλογίᾳ, ἐὰν

2 pr. ἐν supra vs. A, fort. A[2] ἀρήτοις A[1] 4 διπλασίοις — ἐπιμορίοις del. Bull. 5 ἔφαμεν: p. 85, 11 10 inscr. περὶ ἰσότητος ὅτι ἀρχὴ ἀναλογιῶν καὶ πῶς γίνεται πολλαπλασία A 15 Ἐρατοσθένης: cf. Philol. XXX p. 66. Bernhardy p. 170 22 ἀναλογίας] ἰσότητος? 25 ἡδήποτε A[1], οἱαδήποτε A[2]

τρεῖς ἕτεροι ληφθῶσιν ἐκ τούτων πεπλασμένοι ὁ μὲν τῷ πρώτῳ ἴσος, ὁ δὲ σύνθετος ἐκ πρώτου καὶ δευτέρου, ὁ δ' ἐξ ἑνὸς πρώτου καὶ δύο δευτέρων καὶ τρίτου, οἱ ληφθέντες οὕτως πάλιν ἔσονται ἀνάλογον. καὶ ἐκ τῆς ἐν ἴσοις ὅροις ἀναλογίας γεννᾶται ἡ ἐν διπλασίοις ἀναλογία, ἐκ δὲ τῆς ἐν διπλασίοις ἡ ἐν τριπλασίοις, ἐκ δὲ ταύτης ἡ ἐν τετραπλασίοις, καὶ ἑξῆς οὕτως αἱ ἐν τοῖς ἄλλοις πολλαπλασίοις· οἷον ἐκκείσθω ἐν τρισὶν ὅροις ἴσοις ἐλαχίστοις ἀναλογία ἡ τῆς ἰσότητος, τουτέστιν ἐν μονάσι τρισίν. ἀλλὰ καὶ εἰλήφθωσαν ἄλλοι τρεῖς ὅροι τὸν εἰρημένον τρόπον, ὁ μὲν ἐκ πρώτου, ὁ δὲ ἐκ πρώτου καὶ δευτέρου, ⟨ὁ δὲ ἐκ πρώτου καὶ δύο δευτέρων⟩ καὶ τρίτου· γενήσεται α' β' δ', ἅ ἐστιν ἐν λόγῳ διπλασίῳ. πάλιν ἐκ τούτων συνεστάτωσαν ἕτεροι κατὰ τὸν αὐτὸν τρόπον, ὁ μὲν ἐκ πρώτου, ὁ δὲ ἐκ πρώτου καὶ δευτέρου, ὁ δὲ ἐκ πρώτου καὶ δύο δευτέρων καὶ τρίτου· ἔσται α' γ' θ', ἅ ἐστιν ἐν λόγῳ τριπλασίῳ. ἐκ δὲ τούτων ὁμοίως συστήσονται α' δ' ις' ἐν λόγῳ τετραπλασίῳ, καὶ ἐκ τούτων α' ε' κε' ἐν λόγῳ πενταπλασίῳ, καὶ ἑξῆς οὕτως ἐπ' ἄπειρον ἐν τοῖς ἐχομένοις πολλαπλασίοις.

α	α	α
α	β	δ
α	γ	θ
α	δ	ις
α	ε	κε
α	ϛ	λϛ
α	ζ	μθ
α	η	ξδ
α	θ	πα
α	ι	ρ

3 ἐκ ante δύο supra vs. A   δὶς δευτέρου cj. Bull. 4 τῆς] τῶν A, sed ῶν in ras.   7 ἡ ap.] ἢ A   αἱ] ἡ A 12 ὁ δὲ ἐκ πρώτου καὶ δὶς δευτέρου add. Bull.   14 συνέστωσαν A, em. apogr.   16 δὶς δευτέρου cj. Bull.   17 θ̄ corr. ex δ̄ A

ἐκ δὲ τῶν πολλαπλασίων ἀνάπαλιν τεθέντων [α΄ α΄ α΄] καὶ ὁμοίως πλαττομένων οἱ ἐπιμόριοι λόγοι ⟨καὶ αἱ⟩ ἐν τούτοις συστήσονται ἀναλογίαι, ἐκ μὲν τῶν διπλασίων ἡμιόλιοι, ἐκ δὲ τῶν τριπλασίων οἱ ἐπίτριτοι, ἐκ δὲ τῶν τετραπλασίων ἐπιτέταρτοι, καὶ ἀεὶ ἑξῆς οὕτως. οἷον ἔστω ἀναλογία κατὰ τὸν διπλάσιον λόγον ἐν τρισὶν ὅροις, τοῦ μείζονος κειμένου πρώτου, καὶ πεπλάσθωσαν ἕτεροι τρεῖς ἐκ τούτων τὸν εἰρημένον τρόπον· δ΄ β΄ α΄· οἱ δὲ ἐξ αὐτῶν γενήσονται δ΄ ϛ΄ θ΄· γίνεται ἀνάλογον ἐν ἡμιολίοις. πάλιν ἔστωσαν τρεῖς ὅροι ἀνάλογον ἐν τριπλασίοις θ΄ γ΄ α΄· συστήσονται τὸν αὐτὸν τρόπον ἐκ τούτων ὅροι τρεῖς ἀνάλογον ἐν ἐπιτρίτοις θ΄ ιβ΄ ιϛ΄. ἐκ δὲ τῶν τετραπλασίων συστήσονται ἐν ἐπιτετάρτοις ιϛ΄ κ΄ κε΄, καὶ οὕτως ἀεὶ ἐκ τῶν ἐχομένων οἱ ἑξῆς ὁμώνυμοι.

δ	β	α
δ	ϛ	θ
θ	γ	α
θ	ιβ	ιϛ
ιϛ	κ	κε
κε	λ	λϛ
λϛ	μβ	μθ
μθ	νϛ	ξδ
ξδ	οβ	πα
πα	ϟ	ρ

ἐκ δὲ τῶν ἐπιμορίων οἵ τ' ἐπιμερεῖς καὶ οἱ πολλαπλασιεπιμόριοι, πάλιν δ' ἐκ τῶν ἐπιμερῶν ἕτεροί τε ἐπιμερεῖς καὶ πολλαπλασιεπιμερεῖς· ὧν τὰ μὲν πλεῖστα παραλειπτέον οὐκ ἀναγκαῖα ὄντα, μικρὰ δὲ θεωρητέον. ἐκ μὲν γὰρ τῆς ἐν ἡμιολίοις ἀναλογίας τὸν εἰρημένον τρόπον ἀπὸ μὲν τοῦ μείζονος ἀρχομένων ὅρου συνίσταται ἀναλογία ἐν ἐπιμερέσι λόγοις δισεπιτρίτοις· οἷον

6 λόγον] ἀνάλογον A 13 τετραπλασίων: fort. add. ιϛ΄ δ΄ α΄ 15 ἐπιμερεῖς A^2] ἐπιμόριοι A^1 16 ἐπιμερῶν corr. in ἐπιμορίων A 18 παραληπτέον A^1

ϑʹ ϛʹ δʹ· ἐκ δὲ τούτων κατὰ τὴν εἰρημένην μέθοδον συνίσταται ϑʹ ιεʹ κεʹ. ἀπὸ δὲ τοῦ ἐλάττονος ὅρου ἀρχομένων ἔσται πολλαπλασιεπιμόριος ἀναλογία, τουτέστιν ἡ διπλασιημιόλιος. οἷον ἐκκείσθω δʹ ϛʹ ϑʹ· ἐκ τούτων κατὰ τὴν αὐτὴν μέθοδον δʹ ιʹ κεʹ. ἐκ δὲ τῆς ἐν ἐπιτρίτοις ἀπὸ μὲν τοῦ μείζονος ἀρχομένων ὅρου ἔσται ἐπιμερὴς ἀναλογία ἡ τρισεπιτέταρτος. οἷον ἐκ τῆς τῶν ιϛʹ ιβʹ ϑʹ ἔσται ιϛʹ κηʹ μϑʹ. ἀπὸ δὲ τοῦ ἐλάττονος ἀρχομένων ὅρου ἔσται πολλαπλασιεπιμόριος ἀναλογία ⟨ἡ⟩ διπλασιεπίτριτος ἐν τοῖς ϑʹ καʹ μϑʹ. ἐκ δὲ τῆς ἐν ἐπιτετάρτοις ἀπὸ μὲν τοῦ μείζονος ὅρου ⟨ἀρχομένων⟩ ἐπιμερὴς ἔσται ἀναλογία ἡ τετράκις ἐπίπεμπτος· οἷον [ὁ] ἐκ τῆς κεʹ κʹ ιϛʹ ἔσται κεʹ μεʹ παʹ. ἀπὸ δὲ τοῦ ἐλάττονος ἀρχομένων ἔσται πολλαπλασιεπιμόριος ἡ διπλασιεπιτέταρτος· ⟨οἷον⟩ ἀπὸ τῶν ιϛʹ κʹ κεʹ ἔσται ἡ ἐν τοῖς ιϛʹ λϛʹ παʹ. καὶ ἡ τάξις οὕτω πρόεισιν ἐπʼ ἄπειρον. καὶ ἀπὸ τούτων δὲ ἄλλοι πλάσσονται κατὰ τὸν αὐτὸν λόγον, περὶ ὧν οὐκ ἀναγκαῖον μηκύνειν τὸν λόγον.

πᾶσαι δʼ αἱ τοιαῦται ἀναλογίαι καὶ οἱ ἐν αὐταῖς λόγοι πάντες, καθάπερ συνεστᾶσιν ἐκ πρώτου τοῦ τῆς ἰσότητος λόγου, οὕτως καὶ ἀναλύονται εἰς ἔσχατον τοῦτον. ἂν γὰρ ἐξ ὁποιασοῦν ἀναλογίας ἐν τρισὶν ὅροις ἀνίσοις οὕτως ἀφελόντες ἀπὸ μὲν τοῦ μέσου τὸν ἐλάχιστον, ἀπὸ δὲ τοῦ μεγίστου τόν τε ἐλάχιστον καὶ δύο τοιούτους ὁποῖος ἐλείφθη τοῦ μέσου ἀφαιρεθέντος ἀπʼ

9 πολλαπλασιεπιμόριος ἀναλογία ἡ διπλασιεπίτριτος] ἐπιμερὴς ἀναλογία διπλάσιος δὲ ἐπίτριτος A, fort. add. ⟨οἷον ἐκ τῶν ϑʹ ιβʹ ιϛʹ ἔσται ἡ⟩ 12 ὁ om. apogr. 14 πολυπλασιεπιμόριος A[1] ἡ] ὁ A 19 inscr. ὅτι ἀναλύονται αἱ ἀναλογίαι εἰς ἰσότητα A, ϛ̄ in mg. 23 οὕτως del. vid. 25 ἐλήφθη A

αὐτοῦ τοῦ ἐλαχίστου τοὺς γενομένους τάξωμεν ἐφεξῆς, πρῶτον μὲν αὐτὸν τὸν ἐλάττονα, ἔπειτα τὸν ἀπὸ τοῦ μέσου λειφθέντα καὶ τελευταῖον τὸν ἀπολειφθέντα τοῦ ἐσχάτου, ἡ διαλυθεῖσα οὕτως ἀναλογία ἀναλυθήσεται εἰς τὴν πρὸ αὐτῆς ἐξ ἧς συνέστη. τούτου δ' ἀεὶ γινομένου ἐλεύσεται ἡ ἀνάλυσις ἐπ' ἐσχάτην τὴν τῆς ἰσότητος ἀναλογίαν, ἐξ ἧς πρώτης ἅπασαι συνέστησαν· αὐτὴ δὲ οὐκέτι εἰς ἄλλην, ἀλλὰ μόνον εἰς τὸν τῆς ἰσότητος λόγον.

Ἐρατοσθένης δὲ ἀποδείκνυσιν, ὅτι καὶ τὰ σχήματα πάντα ἔκ τινων ἀναλογιῶν συνέστηκεν ἀρχομένων τῆς συστάσεως ἀπὸ ἰσότητος καὶ ἀναλυομένων εἰς ἰσότητα· περὶ ὧν τὰ νῦν λέγειν οὐκ ἀναγκαῖον.

τὰ δὲ αὐτὰ εὑρεθήσεται καὶ ἐπὶ σχημάτων. ὧν πρῶτόν ἐστιν ἡ στιγμή, ὅ ἐστι σημεῖον ἀμέγεθες καὶ ἀδιάστατον, γραμμῆς πέρας, οἷον μονὰς θέσιν ἔχουσα. τοῦ δὲ μεγέθους τὸ μὲν ἐφ' ἓν διαστατόν τε καὶ διαίρετον γραμμή, μῆκος οὖσα ἀπλατές· τὸ δ' ἐπὶ δύο ἐπίπεδον, μῆκος ἔχον καὶ πλάτος· τὸ δ' ἐπὶ τρία στερεόν, μῆκός τε καὶ πλάτος καὶ βάθος ἔχον. περιέχεται δὲ καὶ περαίνεται τὸ μὲν στερεὸν ὑπὸ ἐπιπέδων, τὸ δ' ἐπίπεδον ὑπὸ γραμμῶν, ἡ δὲ γραμμὴ ὑπὸ στιγμῶν. τῶν δὲ γραμμῶν εὐθεῖα μέν ἐστιν ὀρθὴ καὶ οἷον τεταμένη, ἥτις δύο δοθέντων σημείων μεταξὺ ἐλαχίστη ἐστὶ τῶν τὰ αὐτὰ πέρατα ἐχουσῶν καὶ ἐξ ἴσου τοῖς ἑαυτῆς ση-

1 τάξωμεν corr. ex τάξομεν A 3 ληφθέντα A ἀπολιφθέντα A^1 6 ἔσχατον A 7 ἐξ ἧς A^2] ἐξῆς A^1 10 Ἐρατοσθένης: cf. Philol. XXX p. 66 14 inscr. περὶ σχημάτων et ζ̄ mg. A 18 οὖσα] ἔχουσα? 19 ἔχων A^1 23 ⟨ἡ⟩ ὀρθή? 24 ἐλαχίς A^1 25 Eucl. El. I def. 4 εὐθεῖα γραμμή ἐστιν, ἥτις ἐξ ἴσου τοῖς ἐφ' ἑαυτῆς σημείοις κεῖται

μείοις κειμένη· καμπύλη δὲ ἡ μὴ οὕτως ἔχουσα. διαφέρει δὲ καὶ ἐπίπεδον ἐπιφανείας παραπλησίως. ἐπιφάνεια μὲν γάρ ἐστι παντὸς στερεοῦ σώματος κατὰ δύο διαστάσεις μήκους καὶ πλάτους ἐπιφαινόμενον πέρας. ἐπίπεδον δέ ἐστιν ὀρθὴ ἐπιφάνεια· ἧς ἐπειδὰν δύο σημείων ἅψηται εὐθεῖα, ὅλη αὐτῷ ἐφαρμόζεται. παράλληλοι δέ εἰσιν εὐθεῖαι, αἵτινες ἐν τῷ αὐτῷ ἐπιπέδῳ ἐπ' ἄπειρον ἐκβαλλόμεναι ἐπὶ μηδέτερα συμπίπτουσιν, ἀλλὰ τηροῦσιν ἐν παντὶ τὴν διάστασιν.

τῶν δὲ σχημάτων ἐπίπεδα μέν εἰσι τὰ ἐν τῷ αὐτῷ ἐπιπέδῳ πάσας ἔχοντα τὰς γραμμάς· καὶ εὐθύγραμμα μὲν τὰ ὑπὸ εὐθειῶν περιεχόμενα, οὐκ εὐθύγραμμα δὲ τὰ μὴ οὕτως ἔχοντα. τῶν δὲ ἐπιπέδων καὶ εὐθυγράμμων σχημάτων τὰ μὲν τρισὶ περιεχόμενα πλευραῖς τρίπλευρα καλεῖται, τὰ δὲ τέτταρσι τετράπλευρα, τὰ δὲ πλείοσι πολύγωνα. τῶν δὲ τετραπλεύρων τὰ παραλλήλους ἔχοντα τὰς ἀπεναντίον πλευρὰς ἑκατέρας παραλληλόγραμμα καλεῖται. τούτων δὲ ὀρθογώνια μὲν τὰ τὰς γωνίας ἔχοντα ὀρθάς· ὀρθαὶ δέ εἰσι γωνίαι, ἅστινας εὐθεῖα ἐπ' εὐθείας ἐφεστῶσα δύο ἴσας παρ' ἑκάτερα ἀποτελεῖ. τῶν δὲ ὀρθογωνίων παραλληλογράμμων ἕκαστον περιέχεσθαι λέγεται ἰδίως ὑπὸ τῶν τὴν ὀρθὴν γωνίαν περιεχουσῶν πλευρῶν. καὶ τῶν τοιούτων τὰ μὲν τὰς τέσσαρας πλευρὰς ἴσας ἔχοντα ἰδίως λέγεται τετράγωνα, τὰ δὲ μὴ τοιαῦτα ἑτερομήκη.

ὁμοίως δὲ καὶ τῶν στερεῶν τὰ μὲν ὑπὸ ἐπιπέδων παραλληλογράμμων πάντων ἓξ ὄντων περιεχόμενα παρ-

6 καὶ ante ὅλῃ er. A   ἐφαρμόζηται A^1 8 μηδετρα A^1 20 εὐθεία ἐπ' εὐθεῖαν (corr. ex εὐθείαν) A   26 inscr. περὶ στερεῶν A

ἀλληλεπίπεδα καλεῖται, τὰ δὲ καὶ ὑπὸ ὀρθογωνίων τούτων ὀρθογώνια. τούτων δὲ τὰ μὲν πάντῃ ἰσόπλευρα, τουτέστιν ἴσον ἔχοντα τὸ μῆκος καὶ πλάτος καὶ βάθος, ὑπὸ τετραγώνων ἴσων πάντων περιεχόμενα, κύβοι· τὰ δὲ τὸ μὲν μῆκος καὶ πλάτος ἴσον ἔχοντα, τουτέστι τὰς βάσεις τετραγώνους, τὸ δὲ ὕψος ἔλαττον, πλινθίδες· τὰ δὲ τὸ μὲν μῆκος καὶ πλάτος ἴσον, τὸ δὲ ὕψος μεῖζον, δοκίδες· τὰ δὲ πάντῃ ἀνισόπλευρα σκαληνά.

ἀκριβέστερον δὲ περὶ τῶν μεσοτήτων λεκτέον, ἐπειδὴ καὶ ἀναγκαιοτάτη εἰς τὰ Πλατωνικὰ ἡ τούτων θεωρία. ἁπλῶς μὲν οὖν μεσότης ἐστίν, ἐπειδὰν δύο ὅρων ὁμογενῶν ἀνίσων μεταξύ τις ὁμογενὴς ἕτερος ὅρος ληφθῇ, ὥστε εἶναι ὡς τὴν ὑπεροχὴν τοῦ πρώτου καὶ μείζονος ὅρου παρὰ τὸν ληφθέντα πρὸς τὴν ὑπεροχὴν τοῦ μέσου παρὰ τὸν ἐλάττονα, οὕτως τὸν πρῶτον ὅρον ἤτοι πρὸς ἑαυτὸν ἢ πρός τινα τῶν ἄλλων ἢ ἀνάπαλιν τὸν ἐλάττονα πρός τινα τῶν ἄλλων.

ἐπὶ μέρους δὲ ἀριθμητικὴ μέν ἐστι μεσότης ἡ τῷ αὐτῷ ἀριθμῷ τῶν ἄκρων τοῦ μὲν ὑπερέχουσα, ὑφ' οὗ δὲ ὑπερεχομένη· οἷον γ' β' α'· ὁ γὰρ τῶν β' ἀριθμὸς μονάδι ὑπερέχει τοῦ ἑνὸς καὶ μονάδι ὑπερέχεται ὑπὸ τοῦ γ'. συμβέβηκε δὲ ταύτῃ τῇ μεσότητι πρὸς τὴν τῶν ἄκρων σύνθεσιν ὑποδιπλασίῳ εἶναι· ἥ τε γὰρ τριὰς καὶ ἡ μονὰς συντεθεῖσαι τὴν τετράδα ἐποίησαν, ἥτις διπλασία ἐστὶ τοῦ μέσου ἀριθμοῦ τῆς δυάδος.

5 ϙν̄ ante *ἔχοντα* A 8 *ἀνισόπλευρα*] *ἀνισαίτερα* A 11 *ἤ* mg. A 12 *ἀνίσων* Bull.] *ἴσων* A 13 *τῶ . . . ω* post *ὅρος* er. A 16 *ἑαυτὸν*] *τοῦτον* falso cj. Bullialdus 18 inscr. *τίς ἡ ἀριθμητικὴ μεσότης* A 19 *ὑφ'* corr. ex *ἀφ'* A 23 *ὑπὸ διπλασίω* A, em. apogr. *καὶ* post *γὰρ* er. A 24 *συντιθεῖσαι* A, em. apogr.

γεωμετρικὴ δέ ἐστι μεσότης ἡ καὶ ἀναλογία κυρίως λεγομένη ἡ τῷ αὐτῷ λόγῳ ὑπερέχουσα καὶ ὑπερεχομένη, οἷον πολλαπλασίῳ ἢ ἐπιμορίῳ· οἷον α′ β′ δ′. τά τε γὰρ δ′ τῶν β′ διπλάσια καὶ τὰ β′ τοῦ ἑνὸς διπλάσια· καὶ πάλιν ἡ ὑπεροχὴ τῶν β′ ἐστὶ τὸ ἓν ⟨καὶ ἡ ὑπεροχὴ τῶν δ′ τὰ β′⟩, ταῦτα δὲ ὁμοίως ἐξεταζόμενά ἐστιν ἐν διπλασίῳ λόγῳ. συμβέβηκε δὲ ταύτῃ τῇ ἀναλογίᾳ τὸ ὑπὸ τῶν ἄκρων συντιθέμενον κατὰ πολλαπλασιασμὸν ἴσον εἶναι τῷ ἀπὸ τοῦ μέσου τετραγώνῳ. οἷον οἱ ἄκροι ἐπ' ἀλλήλους πολλαπλασιαζόμενοι ποιοῦσι τὸν δ′· ἅπαξ γὰρ δ′ δ′· καὶ πάλιν ὁ β′ ἐφ' ἑαυτὸν λαμβανόμενος ποιεῖ τὸν δ′· δὶς γὰρ β′ δ′· ὥστε ⟨τὸ⟩ ὑπὸ τῶν ἄκρων ἴσον γίνεται τῷ ἀπὸ τοῦ μέσου· α′ β′ δ′.

ἁρμονικὴ δέ ἐστιν ἀναλογία, ἐπειδὰν τριῶν ὅρων προτεθέντων ὃν ἔχει λόγον ὁ πρῶτος πρὸς τὸν τρίτον, τὸν αὐτὸν ἡ τοῦ πρώτου ὑπεροχὴ πρὸς τὴν τοῦ δευτέρου ὑπεροχὴν ἔχῃ· οἷον ς′ γ′ β′· ἡ γὰρ ἑξὰς πρὸς τὴν δυάδα τριπλασία ἐστί· καὶ ἡ ὑπεροχὴ δὲ τῆς ἑξάδος πρὸς τὰ γ′ τριὰς οὖσα τριπλασία ἐστὶ τῆς μονάδος, ἥτις ὑπεροχή ἐστι τῆς τριάδος συγκρινομένης πρὸς τὰ β′. συμβέβηκε δὲ ταύτῃ τῇ ἀναλογίᾳ, τὸν μέσον ὅρον τῷ αὐτῷ μέρει κατὰ τοὺς ἄκρους ὑπερέχειν τε καὶ ὑπερέχεσθαι· οἷον β′ γ′ ς′. καὶ γὰρ ὁ τῶν ς′ τῷ ἡμίσει αὐτοῦ ὑπερέχει τῆς τριάδος καὶ ἡ δυὰς τῷ ἑαυτῆς ἡμίσει ὑπερέχεται ὑπὸ τῆς τριάδος. καὶ τοὺς ἄκρους δὲ συντεθέντας ἀλλήλοις καὶ ὑπὸ τοῦ μέσου πολλαπλασιασθέντας διπλασίους ἂν εὕροιμεν τοῦ ἐκ τῶν ἄκρων ἀποτελου-

1 inscr. γεωμετρικὴ μεσότης A 3 ἐπιμερίῳ A (ο superscr.) 14 inscr. τίς ἡ ἁρμονικὴ μεσότης A 17 ἔχει A 20 συγκρινομένη A 23. 24 ἥμισυ A[1] 24 τὴν τριάδα A

μένου πολλαπλασίου. οἷον ς′ καὶ β′ η′· ταῦτα δὲ ὑπὸ τῆς τριάδος, ὅς ἐστι μέσος, πολλαπλασιασθέντα γίνεται κδ′· καὶ πάλιν δὶς ς′ ιβ′· τούτων δὲ τὰ κδ′ διπλάσια.

ὑπεναντία δὲ τῇ ἁρμονικῇ καλεῖται μεσότης, ὅταν ὡς ὁ τρίτος ὅρος πρὸς τὸν πρῶτον, οὕτως ἡ τοῦ πρώτου ὑπεροχὴ πρὸς τὴν τοῦ δευτέρου· οἷον ς′ ε′ γ′· τὰ μὲν οὖν ς′ τῶν ε′ μονάδι ὑπερέχει, τὰ δὲ ε′ τῶν γ′ δυσί· τὰ δὲ γ′ τῶν ς′ ὑποδιπλάσιά ἐστιν· ἀλλὰ καὶ ἡ μονὰς ὑπεροχὴ οὖσα τοῦ [τε] πρώτου ἀριθμοῦ ὑποδιπλασία ἐστὶ τῆς δυάδος ὑπεροχῆς οὔσης τοῦ δευτέρου ἀριθμοῦ.

ἡ δὲ πέμπτη μεσότης ἐστίν, ὅταν τριῶν ὅρων ὄντων ὃν ἂν ἔχῃ λόγον ὁ τρίτος πρὸς τὸν δεύτερον, τοῦτον ἔχῃ τὸν λόγον ἡ τοῦ πρώτου ὑπεροχὴ πρὸς τὴν τοῦ δευτέρου ὑπεροχήν· οἷον ε′ δ′ β′· τὰ μὲν ε′ τῶν δ′ μονάδι ὑπερέχει, ἀλλὰ καὶ τὰ δ′ τῶν β′ δυάδι· ὑποδιπλάσια δὲ τὰ β′ τῶν δ′· καὶ τὸ ἓν δὲ τῶν β′ ὑποδιπλάσιον, ἅπερ ὑπεροχαί εἰσι τοῦ τε πρώτου καὶ τοῦ δευτέρου ἀριθμοῦ.

ἕκτη λέγεται μεσότης, ὅταν τριῶν ὅρων προτεθέντων ὡς ὁ δεύτερος πρὸς τὸν πρῶτον ἔχει, οὕτως ἡ τοῦ πρώτου ὑπεροχὴ πρὸς τὴν τοῦ δευτέρου· οἷον ς′ δ′ α′· τὰ μὲν γὰρ ς′ τῶν δ′ δυσὶν ὑπερέχει, τὰ δὲ δ′ τοῦ α′ τρισίν· ἔστι δὲ δ′ τῶν ς′ ὑφημιόλια· καὶ ἡ δυὰς ὑπεροχὴ

2 γίνονται A 5 inscr. τίς ἡ ὑπεναντία τῇ ἁρμονικῇ A. de sequentibus cf. Procl. in Plat. Tim. p. 144 F. Ideler Abh. d. Berl. Akad. 1828 p. 206 6 ὁ add. A² ut vid. 11 δυάδος] $\bar{\beta}$ A 12 inscr. τίς ἡ πέμπτη μεσότης A 13 ἔχει A, em. apogr. 14 ἔχει A, em. apogr. 16 [ἀλλὰ]? 18 ὑπεροχαί: ὑπερ add. A² 20 inscr. τίς ἡ ἕκτη μεσότης A ἕκτη ⟨δὲ⟩?

οὖσα τῶν ϛʹ ὑφημιολία ἐστὶ τῆς τριάδος ἥτις ἐστὶν ὑπεροχὴ τῆς τετράδος.

περὶ μὲν τούτων καὶ τῶν ταύταις ὑπεναντίων ἓξ μεσοτήτων ὑπὸ τῶν Πυθαγορικῶν καὶ ἐπὶ πλέον εἴρηται· ἡμῖν δ' ἐξαρκεῖ κατὰ τὸν Πυθαγορικὸν λόγον συνόψεως ἕνεκα τῶν μαθηματικῶν τυπωδῶς αὐτὰ ἠθροικέναι καὶ ἐπιτομικῶς.

εὑρίσκονται δὲ αἱ μεσότητες κατὰ μὲν τὴν ἀριθμητικὴν ⟨ἀναλογίαν⟩ οὕτως. τῆς ὑπεροχῆς τοῦ μείζονος παρὰ τὸν ἐλάττονα τὸ ἥμισυ προστιθέντες τῷ ἐλάττονι ἕξομεν τὸν μέσον, ἢ ἑκατέρου τῶν δοθέντων ἀριθμῶν τὰ ἡμίσεα συνθέντες τὸν συντεθέντα μέσον εὑρήκαμεν, ἢ τοῦ συνθέτου ἐξ ἀμφοῖν λαμβάνοντες τὸ ἥμισυ [ὥστε καὶ εἰς τὰ Πλατωνικὰ τὸ χρήσιμον ἀνευρεῖν]. προστετάχθω δύο ἀριθμῶν τῶν ιβʹ καὶ ϛʹ μέσον ὅρον λαβεῖν κατὰ τὴν ἀριθμητικὴν μεσότητα. λαμβάνομεν τὴν ὑπεροχὴν τοῦ μείζονος παρὰ τὸν ἐλάττονα ϛʹ· ὧν ἥμισυ γʹ. ταῦτα προσθῶμεν τῷ ἐλάττονι· γίνεται θʹ, ὅς ἐστι μέσος τῶν ιβʹ καὶ ϛʹ, ἀριθμητικῶς τρισὶν ὑπερέχων καὶ ὑπερεχόμενος· ιβʹ θʹ ϛʹ. πάλιν συνθῶμεν τοὺς ἐξ ἀρχῆς ἄκρους τὰ ιβʹ καὶ τὰ ϛʹ· γίνεται ιηʹ. ὧν ἥμισυ θʹ, ὅς ἐστι μέσος.

κατὰ δὲ τὴν γεωμετρικὴν ἀναλογίαν ἐπὶ μὲν ἀριθμῶν τοῦ ὑπὸ τῶν ἄκρων περιεχομένου πλευρὰν τετράγωνον λαβόντες ταύτῃ ἕξομεν τὸν μέσον ὅρον. οἷον δεδόσθωσαν δύο ἀριθμοὶ ὅ τε κδʹ καὶ ὁ ϛʹ. προστε-

2 τετράδος Bull.] δ̄ A 6 τυποδῶς A, em. apogr. 8 inscr. πῶς εὑρίσκονται αἱ μεσότητες A 12 ἥμισυ A[1] 13 τοὺς συνθέτους A ὥστε καὶ κτλ.: haec adscripta fuisse videntur ad vs. 7 17 ϛʹ] ἐξ A 19 ϛʹ Bull.] rasura trium fere litt. A 20 ϛ̄ ante ὑπερεχόμενος er. A

τάχθω τούτων κατὰ τὴν γεωμετρικὴν ἀναλογίαν τὸν μέσον ὅρον ἀνευρεῖν. πεπολλαπλασιάσθωσαν οἱ τεθέντες ἐπ' ἀλλήλους· γίνεται ρμδ'· τούτων εἰλήφθω πλευρὰ τετράγωνος· ἔσται ὁ ιβ', ὃς γίνεται μέσος· ἔστι γὰρ ὡς ὁ κδ' πρὸς ιβ', οὕτως τὰ ιβ' πρὸς ϛ' ἐν διπλασίῳ λόγῳ. ἀλλ' ἂν μὲν ὁ ὑπὸ τῶν ἄκρων περιεχόμενος ᾖ τετράγωνος, ὁ ληφθεὶς οὕτως μέσος ὅρος ῥητὸς γίνεται καὶ μήκει σύμμετρος τοῖς ἄκροις ἐξ ὅλων μονάδων εὑρισκόμενος. ἐὰν δὲ μὴ ᾖ τετράγωνος ὁ περιεχόμενος ὑπὸ τῶν ἄκρων, ὁ μέσος ὅρος δυνάμει μόνον ἔσται σύμμετρος τοῖς ἄκροις.

λαμβάνεται δὲ κοινότερον ἔν τε ἀριθμοῖς [καὶ] ῥητοῖς καὶ ἐν λόγοις καὶ μεγέθεσι [καὶ] συμμέτροις γεωμετρικῶς οὕτως. ἔστωσαν δύο ὅροι ὧν δεῖ μέσον ἀνάλογον λαβεῖν γεωμετρικῶς· οἷον αβ βγ καὶ ἐκκείσθωσαν ἐπ' εὐθείας· καὶ περὶ ὅλην τὴν αγ γεγράφθω ἡμικύκλιον· καὶ ἀπὸ τοῦ β ἀνήχθω τῇ αγ πρὸς ὀρθὰς μέχρι τῆς περιφερείας ἡ βδ· αὕτη δὴ γίνεται μέση τῶν αβ βγ κατὰ τὴν γεωμετρικὴν ἀναλογίαν. ἐπιζευχθεισῶν γὰρ τῶν αδ δγ ὀρθὴ γίνεται ἡ δ γωνία, ἐπεί ἐστιν ἐν ἡμικυκλίῳ· καὶ ⟨ἐν⟩ ὀρθογωνίῳ τῷ αδγ κάθετος ἡ δβ· καὶ τὰ περὶ ταύτην τρίγωνα τῷ τε ὅλῳ καὶ ἀλλήλοις ὅμοιά ἐστιν· ὥστε αἱ περὶ τὰς ἴσας αὐτῶν γωνίας πλευραὶ

1 A² vel manus posterior haec adscripsit:

α α α α α α
α α α α α α
α α α α α α
α α α α α α
α α α α α α
α α α α α α

4 τετραγώνου A² 6 post μὲν decem fere litt. er. A 9 ᾖ corr. ex εἶ A 14 ὧν δεῖ A²] ὃν δὴ A¹ 17 ἀνήχθω apogr.] ... χθω A

ἀνάλογόν εἰσιν· ὡς ἄρα ἡ $\overline{αβ}$ πρὸς τὴν $\overline{βδ}$, ἡ $\overline{δβ}$ πρὸς $\overline{βγ}$· τῶν ἄρα $\overline{αβ}$ $\overline{βγ}$ μέση ἀνάλογόν ἐστιν ἡ $\overline{βδ}$· ὅπερ ἔδει δεῖξαι.

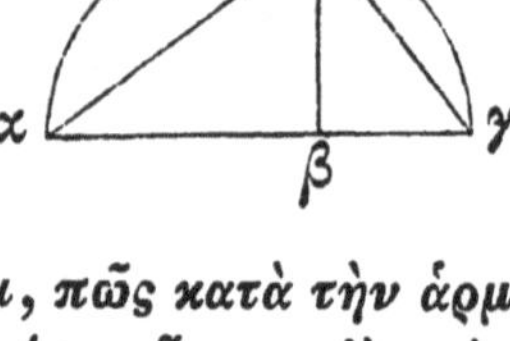

λείπεται δεῖξαι, πῶς κατὰ τὴν ἁρμονικὴν ἀναλογίαν εὕροιμεν ἂν τὸν μέσον ὅρον. ἐὰν μὲν οὖν ἐν διπλασίῳ λόγῳ πρὸς ἀλλήλους δοθῶσιν οἱ ἄκροι, οἷον ὁ ιβ' καὶ ὁ ς', τὴν ὑπεροχὴν τοῦ μείζονος παρὰ τὸν ἐλάττονα οἷον τὰ ς' ποιήσαντες ἐπὶ τὸν ς' καὶ τὸν γενόμενον λς' παραβαλόντες παρὰ τὸν σύνθετον ἐκ τῶν ἄκρων οἷον παρὰ τὰ ιη' καὶ τὸ πλάτος τῶν λς' οἷον τὰ β' προσθέντες τῷ ἐλάττονι, τουτέστι τῷ τῶν ς', ἕξομεν τὸ ζητούμενον. ἔσται γὰρ ὁ τῶν η' τῷ αὐτῷ μέρει τῶν ἄκρων ὑπερέχων καὶ ὑπερεχόμενος, τουτέστι τῷ τῶν ἄκρων τρίτῳ· ιβ' η' ς'. ἐὰν δ' ἐν τριπλασίῳ λόγῳ πρὸς ἀλλήλους δοθῶσιν οἱ ἄκροι, οἷον ὁ ιη' καὶ ὁ ς', τὴν ὑπεροχὴν τοῦ μείζονος παρὰ τὸν ἐλάττονα ποιήσομεν ἐφ' ἑαυτήν· γίνεται ιβ' ἐπὶ ιβ', ἅ ἐστιν ρμδ'· ὧν ἥμισυ ὁ οβ', ⟨ὃν⟩ παραβαλόντες παρὰ τὸν σύνθετον ἐκ τῶν ἄκρων οἷον τὰ κδ' τὸ πλάτος τῆς παραβολῆς οἷον τὰ γ'

1. 2 ἄρα] γὰρ A 3 ter praeterea haec figura apposita est in A, adscriptis numeris νδ ιη ς, κδ ιβ ς, δ β 6 δοθῶσιν: ο corr. ex ω A 9 παραλαβόντες A, παραβάλλοντες cj. Bull. 11 τὸ] τὸν? 16 ἐπι post μείζονος A (tum παρὰ compend. scr.) 18 παραβαλλόντες A, em. apogr. τὸν σύνθετον A[2]] τῶν συνθέτων A[1]

προσθέντες τῷ ἐλάττονι ἕξομεν τὸν ζητούμενον ὅρον μέσον τῶν ἐξ ἀρχῆς τὸν ϑ', ὃς ὑπερέχων ἔσται καὶ ὑπερεχόμενος ἡμίσει τῶν ἄκρων· ιη' ϑ' ϛ'. κοινότερον δ' ἐπὶ πάντων τῶν δοθέντων ἀνίσων δύο ὅρων τὸν μέσον ἁρμονικῶς ληπτέον οὕτω. τὴν ὑπεροχὴν ποιητέον ἐπὶ τὸν ἐλάττονα καὶ τὸν γενόμενον παραβλητέον παρὰ τὸν σύνθετον ἐκ τῶν ἄκρων· ἔπειτα τὸ πλάτος τῆς παραβολῆς προσθετέον τῷ ἐλάττονι. οἷον εἰλήφθωσαν δύο ὅροι ὁ ιβ' καὶ ὁ δ'· καὶ ἡ ὑπεροχὴ τῶν ιβ', τουτέστιν η', ληφθήτω ἐπὶ τὸν ἐλάττονα, τουτέστι τὸν δ'· γίνεται λβ'· καὶ τὰ λβ' παραβλητέον παρὰ τὸν σύνθετον ἐκ τῶν ἄκρων τὸν ιϛ'· ⟨καὶ προσθετέον τὸ πλάτος τῆς παραβολῆς,⟩ τουτέστι τὰ β', τῷ ἐλάττονι, τουτέστι τῷ δ'· καὶ ἔσται ϛ' μεσότης ἁρμονικὴ τῶν ιβ' καὶ δ', τῷ αὐτῷ μέρει τῶν ἄκρων ὑπερέχουσα καὶ ὑπερεχομένη, τουτέστι τῷ ἡμίσει τῶν ἄκρων· ιβ' ϛ' δ'.

ταῦτα μὲν τὰ ἀναγκαιότατα χρησιμωτάτων ἐν τοῖς προειρημένοις μαθήμασιν ὡς ἐν κεφαλαιώδει παραδόσει πρὸς τὴν τῶν Πλατωνικῶν ἀνάγνωσιν. λείπεται δὲ μνημονεῦσαι στοιχειωδῶς καὶ τῶν κατ' ἀστρονομίαν.

2 τῶν A²] τὸν A¹   τὸν A²] τῶν A¹   10 ληφθέντων ut vid. A¹   12 τὸν A²] τῶν A¹   καὶ — παραβολῆς] pro his verbis exstat in A γίνεται $\overline{\mu\eta}$ 13 β' er. A (in apogr. hic locus ita conformatus est: τὸν ιϛ'· τουτέστι τὸ πλάτος τῆς παραβολῆς τὰ β'· ταῦτα προσθῶμεν τῷ ἐλάττονι κτλ.)   14 μεσότης ἁρμονικὴ] μέσος τῆς ἁρμονικῆς A   17 ταῦτα: α corr. ex η A   ἀναγκαιότατα: ο corr. ex ω A   τῶν ante χρησιμωτάτων add. A², scrib. vid. aut [χρησιμωτάτων] aut καὶ χρησιμώτατα: cf. p. 204, 22   21 ι post ἀστρονομίαν del. A   δόξα τῷ ἁγίῳ θεῷ: — θέωνος σμυρναίου τῶν (τὸ supra vs. add. A²) κατα μαθηματικὸν χρησίμων εἰς τὴν πλάτωνος ἀνάγνωσιν: — τέλος σὺν θεῷ τοῦ παρόντος βιβλίου A

ὅτι πᾶς ὁ κόσμος σφαιρικός, μέση δ' αὐτοῦ ἡ γῆ, σφαιροειδὴς οὖσα καὶ αὐτή, κέντρου μὲν κατὰ τὴν θέσιν, σημείου δὲ κατὰ τὸ μέγεθος λόγον ἔχουσα πρὸς τὸ πᾶν, ἀνάγκη προκαταστήσασθαι πρὸ τῶν ἄλλων. ἡ μὲν γὰρ ἀκριβεστέρα τούτων ἀφήγησις μακροτέρας σκέψεως δεῖται, ὡς λόγων πλειόνων· ἐξαρκέσει δὲ πρὸς τὴν τῶν μελλόντων παραδοθήσεσθαι σύνοψιν μόνον μνημονεῦσαι τῶν ὑπὸ τοῦ Ἀδράστου κεφαλαιωδῶς παραδοθέντων.

ὅτι γὰρ σφαιρικὸς ὁ κόσμος καὶ ἡ γῆ σφαιρική, κέντρου μὲν κατὰ τὴν θέσιν, σημείου δὲ κατὰ τὸ μέγεθος πρὸς τὸ πᾶν λόγον ἔχουσα, δῆλον ἐκ τοῦ πάσας τὰς τῶν οὐρανίων ἀνατολάς ⟨καὶ⟩ δύσεις καὶ περιπολήσεις καὶ πάλιν ἀνατολάς κατὰ τοὺς αὐτοὺς γίνεσθαι τόπους τοῖς ἐπὶ τῶν αὐτῶν οἰκήσεων. δηλοῖ δὲ ταῦτα καὶ τὸ ἀπὸ παντὸς μέρους τῆς γῆς ἥμισυ μέν, ὡς πρὸς αἴσθησιν, τοῦ οὐρανοῦ μετέωρον ὑπὲρ ἡμᾶς ὁρᾶσθαι, τὸ δὲ λοιπὸν ἀφανὲς ὑπὸ γῆν, ἐπιπροσθούσης ἡμῖν τῆς γῆς, καὶ τὸ ⟨ἐξ⟩ ἁπάσης ὄψεως πάσας τὰς πρὸς τὸν ἔσχατον οὐρανὸν προσπιπτούσας εὐθείας ἴσας δοκεῖν. τῶν τε κατὰ διάμετρον ἄστρων ἐπὶ τῶν μεγίστων κύκλων κατὰ συζυγίας ἀεὶ θάτερον μὲν ἐπὶ ἀνατολῆς, θάτερον δὲ ἐπὶ δύσεως. κωνικὸν γὰρ ἢ κυλινδρικὸν ἢ πυραμοειδὲς ἤ τι ἕτερον στερεὸν σχῆμα παρὰ τὸ σφαιρικὸν τοῦ παντὸς ἔχοντος, κατὰ τῆς γῆς οὐκ ἂν ταῦτα ἀπήντα, ἀλλ' ἄλλοτε μὲν πλεῖον ἄλλοτε δὲ ἔλαττον τὸ ὑπέργειον εὑρίσκετο τοῦ οὐρανοῦ καὶ τῶν πρὸς τοῦτον

1 inscr. *Θέωνος Σμυρναίου τῶν εἰς τὸ μαθηματικὸν χρησίμων* B *ὅτι — πρὸ τῶν ἄλλων*: transponenda haec videntur post vs. 9 6 *ὡς*] *καὶ*? 10 cf. Chalcid. 59 sqq. 17 *μετέωρον* B* 18 *ὑπὸ γῆν ⟨εἶναι⟩*? 19 *ex omni visu* Chalc. 27 *τούτων* B*

ἀπὸ γῆς εὐθειῶν ἄνισον τὸ μέγεθος. τό τε τῆς γῆς σφαιροειδὲς ἐμφανίζουσιν ἀπὸ μὲν τῆς ἕω ἐφ' ἑσπέραν αἱ τῶν αὐτῶν ἄστρων ἐπιτολαὶ καὶ δύσεις θᾶττον μὲν τοῖς ἑῴοις κλίμασι, βράδιον δὲ τοῖς πρὸς ἑσπέραν γινόμεναι· καὶ ἡ αὐτὴ καὶ μία σελήνης ἔκλειψις, ὑφ' ἕνα βραχὺν καὶ τὸν αὐτὸν καιρὸν ἐπιτελουμένη καὶ πᾶσιν οἷς δυνατὸν ὁμοῦ βλεπομένη, διαφόρως κατὰ τὰς ὥρας καὶ ἀεὶ τοῖς ἀνατολικωτέροις ἐν παραυξήσει φαίνεται, διὰ τὴν περιφέρειαν τῆς γῆς μὴ πᾶσιν ὁμοῦ τοῖς κλίμασιν ἐπιλάμποντος ἡλίου καὶ κατὰ λόγον ἀντιπεριισταμένης τῆς ἀπὸ τῆς γῆς σκιᾶς, νυκτὸς τούτου συμβαίνοντος. φαίνεται δὲ καὶ ἀπὸ τῶν ἀρκτικῶν καὶ βορείων ἐπὶ τὰ νότια καὶ μεσημβρινὰ περιφερές. καὶ γὰρ τοῖς ταύτῃ προϊοῦσι πολλὰ μὲν τῶν ἀεὶ φανερῶν ἄστρων περὶ τὸν μετέωρον ἡμῖν πόλον ἐν τῷ προελθεῖν ἐπὶ τὰ μεσημβρινὰ ἀνατολὰς ὁρᾶται ποιούμενα καὶ δύσεις, τῶν δὲ ἀεὶ ἀφανῶν περὶ τὸν ἀποκεκρυμμένον ἡμῖν τόπον ὁμοίως ἀνατέλλοντά τινα καὶ δυόμενα φαίνεται· καθάπερ καὶ ὁ Κάνωβος λεγόμενος ἀστήρ, τοῖς βορειοτέροις τῆς Κνίδου μέρεσιν ἀφανὴς ὤν, τοῖς νοτιωτέροις ταύτης ἤδη φανερὸς γίνεται καὶ ἐπιπλέον ἀεὶ τοῖς μᾶλλον. ἀνάπαλιν δὲ τοῖς ἀπὸ τῶν νοτίων ἐπὶ τὰ βόρεια παραγινομένοις πολλὰ μὲν τῶν ὄπισθεν, πρότερον ἀνατολὰς καὶ δύσεις ποιούμενα, παντάπασιν ἀφανῆ γίνεται, τινὰ δὲ τῶν περὶ τὰς ἄρκτους παραπλησίως ἀνατέλλοντα καὶ δύνοντα προϊοῦσιν ἀεὶ φανερὰ καθίσταται, καὶ ἀεὶ πλεῖον τοῖς πλέον προκόπτουσι. πάντῃ δὴ περιφερὴς ὁρωμένη

1 inscr. ὅτι ἡ (ἡ γῆ Martin) σφαιροειδής B 4 κλήμασι B* 10 ἀντιπεριισταμένου B*, *terrenis umbris etiamnunc obstantibus* Chalc. 60 17 τόπον] πόλον? 20 νοτειοτέροις B* 22 νοτείων B* 23 ὄπιθεν B* 25 παραπλησίων B*

καὶ ἡ γῆ σφαιρικὴ ἂν εἴη. ἔτι τῶν βάρος ἐχόντων φύσει ἐπὶ τοῦ μέσου τοῦ παντὸς φερομένων, εἰ νοήσαιμέν τινα διὰ μέγεθος μέρη γῆς πλέον ἀφεστάναι τοῦ μέσου, ὑπὸ τούτων ἀνάγκη τὰ ἐλάττονα περιεχόμενα θλίβεσθαι καὶ βαρούμενα κατισχύεσθαι καὶ ἀπωθεῖσθαι τοῦ μέσου, μέχρις ἂν ἴσον ἀποσχόντα καὶ ἰσοκρατῆ γενόμενα καὶ ἰσορροπήσαντα πάντα εἰς ἠρεμίαν καταστῇ, καθάπερ οἵ τε ἀμείβοντες καὶ οἱ τῇ ἴσῃ δυνάμει τῶν ἀσκητῶν διυποβεβλημένοι· ἁπανταχόθεν δὲ τῶν μερῶν τῆς γῆς τοῦ μέσου ἴσον ἀπεχόντων τὸ σχῆμα ἂν εἴη σφαιρικόν. ἔτι τ' ἐπεὶ τῶν βαρῶν πανταχόθεν ἐπὶ τὸ μέσον ἐστὶν ἡ ῥοπή, πάντων ἐφ' ἓν σημεῖον συννευόντων, φέρεται δ' αὐτῶν ἕκαστον κατὰ κάθετον, τουτέστιν ἴσας ποιοῦν γωνίας τὰς πρὸς τὴν τῆς γῆς ἐπιφάνειαν παρ' ἑκάτερα ἧς φέρεται γραμμῆς, σφαιρικὴν καὶ τοῦτο μηνύει τὴν τῆς γῆς ἐπιφάνειαν.

ἀλλὰ μὴν καὶ τῆς θαλάσσης καὶ παντὸς ὕδατος ἐν γαλήνῃ ὄντος σφαιρικὸν κατὰ τὴν ἐπιφάνειαν γίνεται τὸ σχῆμα. καὶ γὰρ τοῦτο τῇ μὲν αἰσθήσει δῆλον ἐντεῦθεν· ἐὰν γὰρ ἑστὼς ἐπί τινος αἰγιαλοῦ θεωρῇς τι μετὰ τὴν θάλασσαν, οἷον ὄρος ἢ δένδρον ἢ πύργον ἢ πλοῖον ἢ αὐτὴν τὴν γῆν, κύψας καὶ πρὸς τὴν τῆς θαλάττης ἐπιφάνειαν καταστήσας τὴν ὄψιν ἢ οὐδὲν ὅλως ἔτι ἢ ἔλαττον ὄψει τὸ πρὸ τοῦ μεῖζον βλεπόμενον, τῆς κατὰ τὴν ἐπιφάνειαν τῆς θαλάττης κυρτώσεως ἐπιπροσθούσης τὴν ὄψιν. κἀν τῷ πλοΐζεσθαι δὲ πολλάκις, ἀπὸ

9 δι' ὑποβεβλημένοι B*   14 γονίας B*   15 ἑκατέρας B*   17 inscr. ὅτι ἡ θάλασσα σφαῖρα καὶ ἡ γῆ ὁμοίως B   26 τῷ] τὸ B*

τῆς νεὼς μήπω βλεπομένης γῆς ἢ πλοίου προϊόντος, τὸ αὐτὸ τοῦτο ἀναβάντες τινὲς ἐπὶ τὸν ἱστὸν εἶδον, ἐφ' ὑψηλοῦ γενόμενοι καὶ οἷον ὑπερκύψαντες τὴν ἐπιπροσθοῦσαν ταῖς ὄψεσι κυρτότητα τῆς θαλάττης. καὶ φυσικῶς δὲ καὶ μαθηματικῶς ἡ παντὸς ὕδατος ἐπιφάνεια, ἠρεμοῦντος μέν, σφαιρικὴ δείκνυται οὕτως.

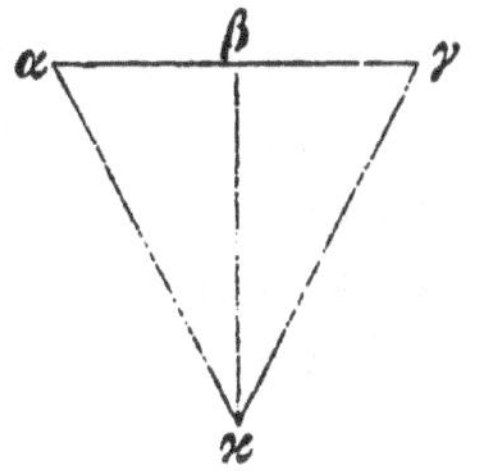

πέφυκε γὰρ ἀπὸ τῶν ὑψηλοτέρων ἀεὶ εἰσρεῖν τὸ ὕδωρ ἐπὶ τὰ κοιλότερα· ἔστι δὲ ὑψηλότερα μὲν τὰ πλέον ἀπέχοντα τοῦ κέντρου τῆς γῆς, κοιλότερα δὲ τὰ ἔλαττον· ὥστε ἂν ὑποθώμεθα τὴν τοῦ ὕδατος ἐπιφάνειαν ὀρθὴν καὶ ἐπίπεδον, οἷον τὴν αβγ, ἔπειτα ἀπὸ τοῦ κέντρου τῆς γῆς, οἷον ἀπὸ τοῦ κ, ἐπὶ μὲν τὸ μέσον κάθετον ἀγάγωμεν τὴν κβ, ἐπὶ δὲ τὰ ἄκρα τῆς ἐπιφανείας ἐπιζεύξωμεν εὐθείας τὰς κα κγ, δῆλον ὡς ἑκατέρα τῶν κα κγ μείζων ἐστὶ τῆς κβ καὶ ἑκάτερον τῶν α γ σημείων πλέον ἀπέχον τοῦ κ ἤπερ τὸ β καὶ ὑψηλότερον ἔσται

1 *προϊέντος* B, em. apogr., fort. scr. *προσιόντος* 6 *δείκνειται* B, em. apogr. descr. deest in B, sed exstat apud Chalc. 7 *εἰσρρεῖν* B* 8 *κυλότερα* B* 10 *τῆς τοῦ ὕδατος ἐπιφανείας* B*, *quare si ponamus aquae superficiem planam et in directa linea positam* Chalc. 62 12 *τοῦ μέσου* (superscr. *ὸ*, *ον*) B 13 *ἀγάγομεν* B* *ἐπιζεύξομεν* B* 15 *ἐστὶ*] *ἔσται*?

τοῦ β. συρρυήσεται τὸ ὕδωρ ἀπὸ τῶν α γ ὡς κοιλότερον τὸ β μέχρι τοσούτου, ἕως ἂν καὶ τὸ β ἀναπληρούμενον ἴσα ἀπόσχῃ τοῦ κ ὅσον ἑκάτερον τό τε α καὶ τὸ γ. καὶ ὁμοίως πάντα τὰ ἐπὶ τῆς ἐπιφανείας τοῦ ὕδατος σημεῖα τοῦ κ ἴσον ἀπέχει. δῆλον ὡς αὐτὴ γίνεται σφαιρική. ὥστε καὶ ὁ πᾶς ὄγκος ὁμοῦ γῆς καὶ θαλάττης ἐστὶ σφαιρικός. οὐδὲ γὰρ τὴν τῶν ὀρῶν ὑπεροχὴν ἢ τὴν τῶν πεδίων χθαμαλότητα κατὰ λόγον τοῦ παντὸς μεγέθους ὡς ἀνωμαλίας αἰτίαν ἱκανὴν ἄν τις ἡγήσαιτο. τὸ ὅλον γὰρ τῆς γῆς μέγεθος κατὰ τὸν μέγιστον αὐτῆς περιμετρούμενον κύκλον μυριάδων κε' καὶ ἔτι δισχιλίων σταδίων σύνεγγυς δείκνυσιν Ἐρατοσθένης, Ἀρχιμήδης δὲ τοῦ κύκλου τὴν περιφέρειαν εἰς εὐθεῖαν ἐκτεινομένην τῆς διαμέτρου τριπλασίαν καὶ ἔτι τῷ ἑβδόμῳ μέρει μάλιστα αὐτῆς [τῆς διαμέτρου] μείζονα· ὥστ' εἴη ἂν ἡ πᾶσα τῆς γῆς διάμετρος μυριάδων η' καὶ ϱπβ' σταδίων ἔγγιστα· ταύτης γὰρ τριπλασία καὶ τῷ ἑβδόμῳ μείζων ἡ τῶν κε' μυριάδων καὶ τῶν δισχιλίων σταδίων περίμετρος ἦν. ⟨δέκα δὲ σταδίων ἐστὶν ἡ⟩ τῶν ὑψηλοτάτων ὀρῶν πρὸς τὰ χθαμαλώτατα τῆς γῆς ὑπεροχὴ κατὰ κάθετον, καθὰ Ἐρατοσθένης καὶ Δικαίαρχος εὑρηκέναι φασί· καὶ ὀργανικῶς δὲ ταῖς τὰ ἐξ ἀποστημάτων μεγέθη

1 καὶ ὁμοίως πάντα τὰ ἐπὶ τῆς ἐπιφανείας τοῦ ὕδατος post τῶν α γ del. B 7 ὅρων B* 11 κε'] ϟ κε' B, μὲν κε' Mart. 12 cf. Bernhardy Eratosthenica p. 57—62. Berger die geogr. Fragm. des Hipparch p. 22 sqq. H. W. Schaefer, Philol. XXXI p. 704. Lepsius, Ztschr. für ägypt. Spr. u. AK. XV p. 5 sqq. Ἀρχιμήδης: circ. dim. 3 17 ἑβδόμῳ μείζων ἡ] ζ μ ἤ (vel ἢ) B* 19 verba inclusa add. Mart. 20 χθαμαλώτατα: τϱ (= τεϱα) supra ω del. B 21 cf. Bernhardy Erat. p. 56. Müller fragm. hist. Gr. II p. 251 et 253. Schneider ecl. phys. II p. 267 sqq. Plut. Aem. Paul. 15

μετρούσαις διόπτραις τηλικαῦτα θεωρεῖται. γίνεται οὖν ἡ τοῦ μεγίστου ὄρους ὑπεροχὴ ὀκτακισχιλιοστὸν ἔγγιστα τῆς ὅλης διαμέτρου τῆς γῆς. ἐὰν δὲ κατασκευάσωμεν [τἀνταῦθα] ποδιαίαν τινὰ κατὰ διάμετρον σφαῖραν, ἐπεὶ τὸ δακτυλικὸν διάστημα συμπληροῦται [καὶ] κεγχριαίαις διαμέτροις τὸ μῆκος ἔγγιστα δέκα δυσίν [ὑπερμετρούντων καὶ ἡμίσεια], εἴη ἂν ἡ ποδιαία τῆς κατασκευασθείσης σφαίρας διάμετρος κεγχριαίαις διαμέτροις τὸ μῆκος ἀναπληρουμένη διακοσίαις ἢ καὶ βραχὺ ἐλάττοσιν. ὁ γὰρ ποῦς ἔχει δακτύλους ιϛʹ· ὁ δὲ δάκτυλος ἀναπληροῦται κεγχριαίαις διαμέτροις ιβʹ· τὰ δὲ ιϛʹ δωδεκάκις ϱϟβʹ. τὸ τεσσαρακοστὸν οὖν μέρος τῆς κεγχριαίας διαμέτρου ⟨μεῖζόν ἐστιν ἢ ὀκτακισχιλιοστὸν τῆς ποδιαίας διαμέτρου⟩· τεσσαρακοντάκις γὰρ διακόσια ὀκτακισχίλια. τὸ δὲ ὑψηλότατον ὄρος κατὰ τὴν κάθετον ἐδείχθη τῆς διαμέτρου τῆς γῆς ὀκτακισχιλιοστὸν ἔγγιστα μέρος· ὥστε τὸ τεσσαρακοστὸν μέρος τῆς κεγχριαίας διαμέτρου μείζονα λόγον ἕξει πρὸς τὴν ποδιαίαν τῆς σφαίρας διάμετρον. καὶ τὸ συνιστάμενον ἄρα στερεὸν ἀπὸ τοῦ τεσσαρακοστοῦ μέρους τῆς κεγχριαίας διαμέτρου πρὸς τὸ ἀπὸ τῆς ποδιαίας ὅμοιον στερεόν, ⟨μείζονα λόγον ἕξει ἢ⟩ τὸ ἀπὸ τῆς δεκασταδιαίας καθέτου στερεὸν πρὸς τὸ ἀπὸ τῆς διαμέτρου τῆς γῆς ὅμοιον στερεόν. τὸ δὲ συνιστάμενον σφαιρικὸν

3 ἐὰν δὲ κατασκευάσωμεν bis scr. B, semel apogr. 4 ἐνταῦθα apogr. 8 διαμέτροις] διαστήμασι B 9 διακοσίας B 13 ὀκτακισχιλιοστόν ἐστι τῆς ποδιαίας διαμέτρου add. Mart., sed cf. vs. 9 ἢ καὶ βραχὺ ἐλάττοσιν, vs. 18 μείζονα λόγον, p. 127, 9 πολλῷ ἐλάττονα λόγον 14 τεσσαρακοντάκι B, em. apogr. 15 ὄρος] μέρος B* 22 pro verbis inclusis in B scriptum est πρὸς, quod Martinus in ὡς mutavit: sed cf. adn. ad vs. 13 δεκαποδιαίας B*

στερεὸν ἀπὸ τοῦ τεσσαρακοστοῦ μέρους τῆς κεγχριαίας διαμέτρου ἑξακισμυριοτετρακισχιλιοστὸν μέρος ἔσται τῆς ὅλης κέγχρου· τὸ δὲ ἀπὸ τῆς δεκασταδιαίας καθέτου σφαιρικὸν ὅρος σταδίων ἐστὶ στερεῶν ἔγγιστα ⟨φκδʹ⟩· ἡ δὲ ὅλη γῆ, σφαιροειδὴς λογιζομένη, στερεῶν σταδίων ἔχει μυριάδας τρίτων μὲν ἀριθμῶν σξθʹ, δευτέρων δὲ ͵θυιʹ, πρώτων δὲ ͵δτλαʹ, καὶ ἔτι στάδια ͵ζωκαʹ καὶ τριτημόριον σταδίου. πάλιν γὰρ ἀποδείκνυται σχῆμα τὸ ὑπὸ τῆς διαμέτρου καὶ τῆς κύκλου περιφερείας εἰς εὐθεῖαν ἐξαπλουμένης περιεχόμενον ὀρθογώνιον τετραπλάσιον εἶναι τοῦ ἐμβαδοῦ τετάρτου μέρους τῆς σφαίρας, ἴσου τῷ ἐμβαδῷ τοῦ κύκλου. διόπερ εὑρίσκεται τὸ ἀπὸ τῆς διαμέτρου τετράγωνον πρὸς τὸ ἐμβαδὸν τοῦ κύκλου λόγον ἔχον, ὃν ιδʹ πρὸς ιαʹ· ἐπεὶ γάρ ἐστιν ἡ περιφέρεια τῆς διαμέτρου τριπλασία καὶ ἔτι τῷ ἑβδόμῳ μείζων, οἵων ἐστὶν ἡ διάμετρος ζʹ, τοιούτων ἡ περιφέρεια γίνεται κβʹ· τὸ δὲ τέταρτον αὐτῆς εʹ ϛʹ· ὥστε καὶ οἵων τὸ τετράγωνον μθʹ, τοιούτων ὁ κύκλος ληʹ ϛʹ, καὶ διὰ τὸ ἐπιτρέχον ἥμισυ διπλασιασθέντων οἵων τὸ τετράγωνον ϟηʹ, τοιούτων ὁ κύκλος οζʹ· τούτων δὲ ἐν ἐλαχίστοις καὶ πρώτοις ἀριθμοῖς λόγος ὡς ιδʹ πρὸς ιαʹ· ἀμφοτέρων γὰρ αὐτῶν μέγιστον κοινὸν μέτρον ἐστὶν ὁ ζʹ ἀριθμός, ὅστις τὸν μὲν ϟηʹ μετρεῖ τεσσαρεσκαιδεκάκις, τὸν δὲ οζʹ ἑνδεκάκις· ὥστε τοῦ ἀπὸ τῆς διαμέτρου

3 δεκαποδίου B* 4 ὅρος σταδίων] ὀροσταδίων B, φκδ σταδίων Mart.: cf. p. 127, 9 στερεὸν B* pro numero φκδʹ spatium vacuum est in B 6 σξθʹ] μυριάδων μ͠ B* 7 ͵θυιʹ] μη̄ B* ͵δτλαʹ] μυριῶν B* σταδία — σταδίου] σταδίων ϟc̄ϟξc τεσσάρακοστόδιον B* 8 ἀποδεικνὺς B* 11 σφαίρας ἴσου] περιφερείας ἴσον B* 16 οἷον et τοιοῦτον B* 18 τοιοῦτον B*

κύβου πρὸς τὸν ἐπὶ τοῦ κύκλου κύλινδρον ⟨λόγος ὡς ιδ′ πρὸς ια′· τὸν δὲ ἐπὶ τοῦ κύκλου κύλινδρον⟩ ἀποδείκνυσιν Ἀρχιμήδης ἡμιόλιον τῆς ἐν αὐτῷ σφαίρας· γίνεται ἄρα οἵων ⟨ὁ⟩ ἀπὸ τῆς διαμέτρου τοῦ κύκλου κύβος ιδ′, τοιούτων ὁ μὲν κύλινδρος ια′, ἡ δὲ σφαῖρα ζ′ καὶ τρίτου. διὰ δὲ ταῦτα εὑρίσκεται τὰ σφαιρικὰ στερεὰ τῆς τε γῆς καὶ τοῦ μεγίστου ὄρους τῶν προειρημένων ἀριθμῶν. τὸ ἄρα δεκασταδιαίαν ἔχον τὴν κάθετον σφαιρικὸν ὄρος πρὸς τὴν ὅλην γῆν πολλῷ ἐλάττονα λόγον ἔχει ἤπερ τὸ ἑξακισμυριοτετρακισχιλιοστὸν μέρος τῆς κέγχρου πρὸς τὴν ἀπὸ τῆς ποδιαίας διαμέτρου σφαῖραν· τὸ δὲ μὴ σφαιρικὸν ὄρος, ἀλλ' οἷον βλέπεται, πολὺ ἔτι ἐλάττονα. τὸ δὲ τοιοῦτον μέρος τῆς κέγχρου προστιθέμενον ἔξωθεν τῇ ποδιαίᾳ σφαίρᾳ ἢ ἰδίᾳ ἀφαιρούμενον αὐτῆς καὶ κοιλαινόμενον οὐδ' ἡντινοῦν ποιήσει διαφοράν. οὐδ' ἄρα τῶν ι′ σταδίων ἔχον τὴν κάθετον ὑψηλότατον ὄρος ἐστὶ πρὸς λόγον τοῦ μὴ σφαιρικὴν εἶναι τὴν πᾶσαν τῆς γῆς καὶ θαλάττης ἐπιφάνειαν. [ἡ περίμετρος τῆς γῆς ἐστι σταδίων $\mu^{\kappa\varepsilon'}$,β, ἡ δὲ διάμετρος $\mu^{\eta'}$ ρπβ′, τὸ δ' ἀπὸ τῆς διαμέτρου τετράγωνον $\mu\mu^{\xi\delta'}$ $\mu,^{\beta\psi\iota\varepsilon'}$,γρκδ′, ὁ δὲ κύβος $\mu\mu\mu^{\varphi\iota\varepsilon'}$ $\mu\mu,^{\gamma\upsilon\iota\vartheta'}$ $\mu,^{\vartheta\rho o\eta'}$,ηφξη′· τοῦ δὲ κύβου τὸ τεσσαρεσκαιδέκατον $\mu\mu\mu^{\lambda\varsigma'}$ $\mu\mu,^{\eta\rho\alpha'}$ $\mu,^{\delta\sigma\kappa\zeta'}$ χιβ′.]

1 Martinus locum ita supplevit: πρὸς τὸν ἐπὶ τοῦ κύκλου κύλινδρον, ⟨ὃν⟩ ἀποδείκνυσιν — σφαίρας, ⟨λόγον εἶναι ὡς ιδ′ πρὸς ια′⟩ 3 Ἀρχιμ.: de sph. et cyl. I 37 6 ζ′ καὶ τρίτου] ζς B* 8 δεκασταδιαίαν] δὶς καταδιαίαν B* 9 ὅρος B* 11 διαμέτρου ποδιαίας B 15 κυλαινόμενον B* οὐδ'] οὐ δι' B* 19 $\mu^{\kappa\varepsilon'}$,β] $\mu^{\kappa\varepsilon}$ϟ□ B* 20 sqq. τὸ δ' ἀπὸ τῆς διαμέτρου τετράγωνα $\mu^{\xi\delta}$ μ^{ϑ} $\overline{\tau\iota\varepsilon}$ ρκδ, ὁ δὲ κύβος μυριάδων $\mu^{\varphi\iota\varepsilon}$

σφαιρικὴ δέ ἐστιν ἡ γῆ καὶ μέση κεῖται τοῦ κόσμου. παρεγκλιθεῖσα γὰρ κατὰ τὴν θέσιν οὐκ ἀπὸ παντὸς μέρους αὐτῆς τὸ μὲν ἥμισυ τοῦ οὐρανοῦ ὑπεράνω, τὸ δὲ ἥμισυ ὑφ' αὑτὴν ἕξει, οὐδὲ τὰς ἀπὸ παντὸς σημείου πρὸς τὸν ἔσχατον οὐρανὸν ἡκούσας εὐθείας ἴσας. καὶ μὴν ὅτι τοῦ μεγέθους οὐδένα λόγον αἰσθητὸν ἔχει πρὸς τὸ πᾶν ἡ γῆ, σημείου δὲ τάξιν ἐπέχει, δηλοῖ καὶ τὰ τῶν . . . .

τῆς οἰκουμένης ὡς κέντρα τῆς ἡλιακῆς ὑποτιθέμενα σφαίρας καὶ μηδ' ἥντινοῦν αἰσθητὴν διὰ τοῦτο ποιούμενα τὴν παραλλαγήν. εἰ γὰρ ἓν μέν ἐστι κέντρον ἀναγκαίως πρὸς τὰς ὅλας σφαίρας, πάντα δὲ τὰ ἐπὶ τῆς γῆς σημεῖα ὡς τοῦτο ὑπάρχοντα φαίνεται, δῆλον ὡς ἡ

∟ κγ' ∟ φοη' φξη' μμμ τεσσαρεσκαιδέκατον, τοῦ δὲ κύβου τὸ τεσσαρεσκαιδέκατον μμλζ B*, sequitur in B vacuum spatium trium fere versuum. Martinus haec addit: οὗ τὸ ἑπταπλάσιον καὶ τριτημόριον, ἴσον τῷ ὄγκῳ τῆς γῆς, στερεῶν σταδίων ἐστὶ μμμ^{σξθ} μμ^{θυι} μ^{δτλα} ͵ζωκα καὶ τριτημορίου. Praeterea in adn. sic scribit: „quoniam autem plura in codice deesse videntur, probabile est auctorem in iis quae nunc desunt ostendisse, cum in diametro unum pedem longa sint 64000 grani milii diametri, in sphaera, cuius haec est diametros, esse 512000000000 grani milii moles, et toties fere terrae, qualem credidit Eratosthenes, mole contineri pro sphaerica habitam maximi montis decem stadia alti molem." 1 inscr. ὅτι μέση ἡ γῆ καὶ σημείου λόγον ἐπέχει ὃ ἐστι σφαιρικὸν τῆς γῆς μέγεθος B τοῦ] τῆς B* 2 παρεγκλισθεῖσα B, παρεκκλιθεῖσα Mart. 5 ἡκάσας B, em. apogr. 8 *declaratur acie verutorum, qui gnomones adpellantur a mechanicis, ad faciendam solariis umbram, qua declarantur horae. quippe mechanici horologia instituentes per omnes provincias omnesque etiam plagas habitabiles sumunt sibi promisce atque indifferenter horum ipsorum gnomonum mucrones pro puncto et medietate solstitialis pilae* Chalc. 64. ⟨γνωμόνων ἄκρα ἐπὶ χωρῶν τε καὶ τόπων πάντων⟩ Mart. 10 αἰσθητὴν bis scr. B, semel apogr. 13 τοῦτο] τούτων B*, *ergo si est una vera et certa medietas solstitialis pilae, omnes autem notae atque omnia puncta ex omni regione terrarum ad-*

ὅλη γῆ <σημείου τάξιν ἐπέχει> πρὸς τὴν ὅλην τοῦ ἡλίου σφαῖραν καὶ πολλῷ τινι μᾶλλον πρὸς τὴν τῶν ἀπλανῶν· ὥστε καὶ διὰ τοῦτο ἀεὶ τὸ ἥμισυ τοῦ κόσμου θεωρεῖσθαι ὑπὲρ αὐτήν [βραχεῖ τινι μοίρας].

καὶ περὶ μὲν σχήματος τοῦ τε παντὸς καὶ τῆς γῆς, ἔτι δὲ τῆς ταύτης μέσης θέσεως καὶ τοῦ πρὸς τὸ πᾶν αὐτῆς ἀδήλου μεγέθους, εἰ καὶ πολλὰ ἔτι οἷόν τε λέγειν, ἐξαρκέσει πρὸς τὴν τοῦ ἐφεξῆς παράδοσιν τὰ ὑπὸ τοῦ Ἀδράστου τὸν εἰρημένον ὑποδεδειγμένα τρόπον.

ἐν δὲ τοῖς ἐφεξῆς φησι· φερομένης δὲ τῆς οὐρανίας σφαίρας περὶ μένοντας τοὺς ἑαυτῆς πόλους καὶ τὸν ἐπιζευγνύντα τούτους ἄξονα, περὶ ὃν μέσον ἐρήρεισται μέση ἡ γῆ, τὰ [δὲ] ἄστρα πάντα συμφερόμενα ταύτῃ καὶ ἁπλῶς τὰ κατὰ τὸν οὐρανὸν πάντα σημεῖα γράφει κύκλους παραλλήλους, τουτέστιν ἴσον μὲν ἀπέχοντας ἀλλήλων, πρὸς ὀρθὰς δὲ γινομένους τῷ ἄξονι, ἅτε τοῖς τοῦ παντὸς πόλοις γραφομένους. ὄντων δὲ τῶν μὲν τοῖς ἄστροις <γραφομένων κύκλων> ἀριθμητῶν, τῶν δὲ τοῖς ἄλλοις σημείοις σχεδὸν ἀπείρων, ὀλίγοι τινὲς τετυχήκασι διασήμου προσηγορίας, οὓς χρήσιμον εἰδέναι πρὸς τὴν τῶν κατὰ τὸν οὐρανὸν ἐπιτελουμένων θεωρίαν. εἷς μὲν ὁ περὶ τὸν ἡμῖν μετέωρον καὶ ἀεὶ φαινό-

sequuntur veram istam solis medietatem, perspicuum est, quod omnis terra puncti vicem habeat adversum solis globum comparata Chalc. 1 <σημεῖόν ἐστι> Mart. 4 <ἤ> βραχεῖ τινι μεῖον (vel μεῖζον) Mart. 10 inscr. περὶ τῶν ἐν τῇ ἀπλανεῖ (ἀπλανῆ B*) παραλλήλων κύκλων B *sed enim caelite sphaera vertente semet circa fixos et manentes semper polos continuantemque eosdem polos axem, cui adhaeret medio media tellus, comitatur vertiginem caelitis sphaerae stellarum omnium populus* e. q. s. Chalc. 65 20 διασήμου] διὰ σημείου B*, *nobili celebres adpellatione* Chalc. 22 εἷς] ἧς B*

μενον πόλον καὶ αὐτὸς ἀεὶ φανερός, καλούμενος ἀρκτικὸς ἀπὸ τῶν ἐν αὐτῷ κατηστερισμένων ἄρκτων. ἕτερος δὲ ἐξ ἐναντίας, ἴσος τούτῳ, περὶ τὸν ἀποκεκρυμμένον πόλον καὶ αὐτὸς ἡμῖν ἀεὶ ἀφανής, καλούμενος ἀνταρκτικός. μέσος δὲ πάντων μέγιστος καὶ δίχα διελὼν τὴν ὅλην σφαῖραν, καλούμενος ἰσημερινός, ἐπειδὴ τῷ μὲν ὑπ' αὐτὸν κλίματι τῆς γῆς πᾶσαι νύκτες καὶ πᾶσαι ἡμέραι ἴσαι, καὶ τῶν ἄλλων δὲ ἐν ὅσοις κατὰ πᾶσαν ἑκάστην τροπὴν τοῦ παντὸς ἀνατέλλων τε καὶ δύνων φαίνεται ἥλιος, ἐπειδὰν κατὰ τοῦτον γένηται τὸν κύκλον, ἴσην ἡμέραν διαιρεῖ νυκτί. μεταξὺ δὲ τοῦ τε ἰσημερινοῦ καὶ τῶν ἀρκτικῶν καθ' ἑκάτερον τροπικός, θερινὸς μὲν ὡς πρὸς ἡμᾶς ἐπὶ τὰ ἐνθάδε τοῦ ἰσημερινοῦ ταττόμενος, χειμερινὸς δὲ ὁ ἐπὶ θάτερα, τὴν ἐπὶ τὰ νότιά τε καὶ βόρεια πάροδον τοῦ ἡλίου τρέποντος. λοξὸς γὰρ τούτοις ἔγκειται ὁ ζῳδιακός, μέγιστος μὲν καὶ αὐτὸς κύκλος, τῶν μὲν τροπικῶν ἐφαπτόμενος καθ' ἓν ἑκατέρου σημεῖον, τοῦ μὲν θερινοῦ κατὰ καρκίνον, θατέρου δὲ κατ' αἰγοκέρων, δίχα δὲ τέμνων τὸν ἰσημερινὸν καὶ αὐτὸς ὑπ' ἐκείνου διχοτομούμενος κατά τε χηλὰς καὶ κριόν, ὑφ' ὃν ἥλιός τε φέρεται καὶ ἡ σελήνη καὶ οἱ λοιποὶ πλάνητες, φαίνων τε ὁ τοῦ Κρόνου προσαγορευόμενος, ὡς δέ τινες Ἡλίου, καὶ φαέθων ὁ τοῦ Διός, ἔτι δὲ πυρόεις, ὃν Ἄρεως καλοῦσιν, οἱ δὲ Ἡρακλέους, καὶ

1 φανερῶς B* 3 τούτῳ] τοῦτο B* 7 νύκτες καὶ] νύκται B* 12 καθ' ἕτερον B, *hac atque illac* Chalc. 66. cf. Cleom. p. 15 Bak. καθ' ἑκάτερον δὲ τούτων πάλιν ἕτεροι γράφονται δύο κτλ. 16 ζῳδιακός add. Mart., in B spatium vacuum est; *per quos obliquus curvatur signifer, et ipse maximus circulus* e. q. s. Chalc. inscr. περὶ τοῦ ζωδιακοῦ καὶ τῶν πλανωμένων ζωδιακῶν (ζωδιακῶν del. Mart.) B 22 φαίνων τε] φαίνοντε B*

φωσφόρος, ὅν φασιν Ἀφροδίτης, τοῦτον δὲ καὶ ἑωσφόρον καὶ ἕσπερον ὀνομάζουσι, πρὸς δὲ τούτοις στίλβων, ὃν καλοῦσιν Ἑρμοῦ.

λέγεται δέ τις κύκλος ὁρίζων, ὁ διὰ τῆς ἡμετέρας ὄψεως ἐκβαλλόμενος καὶ κατ' ἐπιπρόσθησιν τῆς γῆς ἴσα διαιρῶν ὡς πρὸς αἴσθησιν τὸν ὅλον οὐρανόν, τουτέστι τό τε φανερὸν ὑπὲρ γῆς ἡμισφαίριον καὶ τὸ ἀφανὲς ὑπὸ γῆς, μέγιστος ὁμοίως καὶ τοὺς μεγίστους διχοτομῶν τόν τε ἰσημερινὸν καὶ τὸν ζῳδιακόν· ὅθεν καὶ τῶν κατὰ διάμετρον ἄστρων κατὰ συζυγίαν ἀεὶ θάτερον μὲν ἐπ' ἀνατολῆς ὁρᾶται, θάτερον δὲ ἐπὶ δύσεως. διαιρεῖ δὲ οὗτος δίχα καὶ τὸν μεσημβρινόν. ἔστι γάρ τις καὶ μεσημβρινὸς καλούμενος μέγιστος κύκλος, γραφόμενος μὲν διὰ τῶν πόλων τοῦ παντὸς ἀμφοτέρων, ὀρθὸς δὲ νοούμενος πρὸς τὸν ὁρίζοντα. καλεῖται

4 inscr. περὶ τοῦ ὁρίζοντος B κύκλος] κύκλων B, *dicitur etiam circulus finalis* Chalc. 5 ἐπιπρόσθεσιν B* 12 διαιρεῖ] διαιρεῖται B*, potest etiam scribi διαιρεῖται δὲ οὗτος δίχα ὑπὸ τοῦ μεσημβρινοῦ. *hunc autem ipsum bifariam dividit meridialis* Chalc. 13 inscr. περὶ μεσημβρινοῦ B

⟨δὲ⟩ μεσημβρινὸς οἷον ἐπειδὴ κατὰ μέσην ἡμέραν ἐπὶ τούτῳ γίνεται μετέωρος ὁ ἥλιος. καλοῦσι δὲ ἔνιοι τοῦτον καὶ κόλουρον, ἐπειδὴ ⟨τὸ⟩ πρὸς τὸν ἀφανῆ πόλον μέρος αὐτοῦ ἐφ' ἡμῖν ἐστιν ἀφανές.

ἀλλ' ὁ μὲν ἰσημερινὸς καὶ οἱ ἑκατέρωθεν τούτου τροπικοὶ δεδομένοι καὶ ἀραρότες τοῖς μεγέθεσι καὶ ταῖς θέσεσι. δεδόσθαι δὲ λέγεται τῇ θέσει σημεῖά τε καὶ γραμμαί, ἃ τὸν αὐτὸν ἀεὶ τόπον ἐπέχει· τῷ δὲ μεγέθει δεδομένα χωρία τε καὶ γραμμαὶ καὶ γωνίαι λέγονται, οἷς δυνάμεθα ἴσα πορίσασθαι. ὁ δὲ τοῦ ἰσημερινοῦ κύκλος καὶ οἱ ἑκατέρωθεν τροπικοὶ ἀεὶ τὸν αὐτὸν ἐπέχουσι τόπον καὶ ἀραρότες εἰσί· καὶ ἴσους αὐτοῖς οἷόν τε πορίσασθαι, τῷ μὲν ἰσημερινῷ τόν τε ζῳδιακὸν καὶ τὸν ὁρίζοντα καὶ τὸν μεσημβρινόν, τῷ δὲ χειμερινῷ τὸν θερινὸν καὶ τῷ θερινῷ τὸν χειμερινόν· οἵτινες διὰ τούτων ἀεί εἰσι δεδομένοι, ὅτι οὐκ ἐφ' ἡμῖν ἐστι τοιούσδε ἢ τηλικούσδε ὑποστήσασθαι αὐτούς, ἀλλὰ τῇ φύσει ὑποκείμενοι τοιοῦτοι καὶ δεδομένοι, κἂν μὴ ἡμεῖς δῶμεν· ἃ δὲ ἐφ' ἡμῖν ἐστι δοῦναι αὐτὰ ἢ τοῖα ἢ τοῖα εἶναι, ταῦτα τῇ [δὲ] φύσει οὐκ ἔστι δεδομένα. φύσει οὖν δεδομένοι καὶ ἀραρότες [τουτέστιν ὑφεστῶτες καὶ ἀραρότες] ὅ τ' ἰσημερινὸς καὶ οἱ ἑκατέρωθεν καὶ τῇ θέσει καὶ τοῖς μεγέθεσιν. ὁ δὲ ζῳδιακὸς τῷ μὲν μεγέθει δέδοται καὶ τῇ κατ' αὐτὸν τὸν οὐρανὸν θέσει, τῷ δὲ πρὸς ἡμᾶς οὐ δέδοται τῇ θέσει· μεταπίπτει γὰρ ὡς πρὸς ἡμᾶς, διὰ τὴν ἐν τῷ παντὶ λόξωσιν ἄλλοτε ἄλλως ἱστά-

6 τροπικοὶ δεδομένοι] δεδομένοι τροπικοὶ B* 7 διδοσθαι B* 12 τρόπον B* αὐτοῖς] αὐτοὺς B* 15 διὰ τοῦτο Mart. 19 ἢ τοιὰ ἢ τοιὰ B, ἢ τοιάδε ἢ τοιάδε Mart. 20 δὲ del. Mart. 21 pr. καὶ ἀραρότες del. Mart. 24 τῷ] τὸ?

μενος ὑπὲρ ἡμᾶς. μεσημβρινὸς δὲ καὶ ὁρίζων τῷ μὲν μεγέθει δεδομένοι, μέγιστοι γάρ, τῇ δὲ θέσει μεταπίπτοντες καθ' ἕκαστον κλίμα τῆς γῆς, ἄλλοι παρ' ἄλλοις γινόμενοι· οὔτε γὰρ ἅπασι τοῖς ἐπὶ τῆς γῆς ὁ αὐτὸς ὁρίζων, οὔτε πᾶσι τὸ αὐτὸ μεσουράνισμα, οὔθ' ἑκάστῳ ἐστὶν ὁ ⟨αὐτὸς⟩ μεσημβρινός. οἱ μέντοι πρὸς τοῖς πόλοις, ὅ τε ἀρκτικὸς καὶ ὁ ἀνταρκτικός, οὔτε τοῖς μεγέθεσι δέδονται οὔτε ταῖς θέσεσι· κατὰ δὲ τὴν διαφορὰν τῶν νοτιωτέρων καὶ βορειοτέρων κλιμάτων παρ' οἷς μὲν μείζονες, παρ' οἷς δὲ ἐλάττονες ὁρῶνται, καὶ κατὰ μέσην μέντοι τὴν γῆν, τουτέστι κατὰ τὴν ὑπὸ τὸν ἰσημερινὸν λεγομένην ζώνην διὰ καῦμα ἀοίκητον, οὐδ' ὅλως γίνονται, τῶν πόλων ἀμφοτέρων ἐκεῖ φαινομένων καὶ τοῦ ὁρίζοντος δι' αὐτῶν ἐκπίπτοντος. εἰσὶ δὲ οἳ καὶ τὴν σφαῖραν ὀρθὴν καλοῦσι, πάντων τῶν παραλλήλων ὀρθῶν γινομένων ὡς πρὸς ἐκείνους τοὺς τόπους τῆς γῆς.

ἔτι τῶν μὲν ἄλλων κύκλων ἕκαστος ὄντως ἐστὶ κύκλος ὑπὸ μιᾶς γραμμῆς περιεχόμενος. ὁ δὲ λεγόμενος ζῳδιακὸς ἐν πλάτει τινὶ φαίνεται καθάπερ τυμπάνου κύκλος, ἐφ' οὗ καὶ εἰδωλοποιεῖται τὰ ζῴδια. τούτου δὲ ὁ μὲν διὰ μέσου λέγεται τῶν ζῳδίων, ὅστις ἐστὶ καὶ μέγιστος καὶ τῶν τροπικῶν ἐφαπτόμενος καθ' ἓν ἑκατέρου σημεῖον καὶ τὸν ἰσημερινὸν διχοτομῶν· οἱ δὲ ἑκατέρωθεν τὸ πλάτος ἀφορίζοντες τοῦ ζῳδιακοῦ καὶ τοῦ διὰ μέσου ἐλάττονες.

2 τῇ δὲ θέσει μετ.] τῇ θέσει μετ. δὲ B, τῇ θ. δὲ μ. Mart., *sed positione nutant* e. q. s. Chalc. 67 5 μεσουράνημα? οὔθ'] καθ' B, καὶ Mart. 16 πρὸς ἐκείνους] προσήκει ὡς B* 17 inscr. περὶ τοῦ ζῳδιακοῦ B ἔτι] εἴ τις B, εἷς τις Mart. *etiam illud addendum* Chalc. 68 21 ὁ μὲν ⟨τὸ πλάτος διατέμνων⟩? *secat porro latitudinem eius circulus qui inter signa medius adpellatur* Chalc.

οἱ μὲν οὖν πολλοὶ καὶ ἀπλανεῖς ἀστέρες τῇ πρώτῃ καὶ μεγίστῃ καὶ τὸ πᾶν ἔξωθεν περιεχούσῃ σφαίρᾳ συμπεριφέρονται μίαν καὶ ἁπλῆν ἐγκύκλιον κίνησιν, ὡς ἐνεστηριγμένοι ταύτῃ καὶ ὑπ' αὐτῆς φερόμενοι, θέσιν τε ⟨μίαν⟩ καὶ ἀεὶ τὴν αὐτὴν ἐν τῇ σφαίρᾳ διαφυλάττοντες καὶ τὴν πρὸς ἀλλήλους τάξιν ὁμοίαν, μηδ' ἡντινοῦν ἑτέραν μεταβολὴν ποιούμενοι μήτε σχήματος ἢ μεταναστάσεως μήτε μεγέθους ἢ χρώματος. ἥλιος δὲ καὶ σελήνη καὶ οἱ λοιποὶ πάντες ἀστέρες καλούμενοι πλάνητες συναποφέρονται μὲν ὑπὸ τοῦ παντὸς τὴν ἀπὸ ἀνατολῶν ἐπὶ δύσιν φορὰν καθ' ἑκάστην ἡμέραν, καθὰ καὶ οἱ ἀπλανεῖς, φαίνονται δὲ καθ' ἑκάστην ἡμέραν πολλὰς καὶ ποικίλας ἄλλας ποιούμενοι κινήσεις. εἴς τε γὰρ τὰ ἑπόμενα τῶν ζῳδίων μετίασι καὶ οὐκ εἰς τὰ προηγούμενα κατὰ τὴν ἰδίαν πορείαν, ἀντιφερόμενοι ⟨τῷ⟩ παντὶ τὴν κατὰ μῆκος αὐτῶν λεγομένην φοράν, καὶ ἀπὸ τῶν βορείων ἐπὶ τὰ νότια καὶ ἀνάπαλιν τρέπονται, τὴν κατὰ πλάτος ποιούμενοι μετάβασιν, ἁπλῶς δὲ ἀπὸ τοῦ θερινοῦ τροπικοῦ πρὸς τὸν χειμερινὸν καὶ ἀνάπαλιν φερόμενοι διὰ τὴν τοῦ ζῳδιακοῦ λόξωσιν τούτοις ὑφ' ὧν ἀεὶ θεωροῦνται, καὶ ἐν αὐτῷ τῷ πλάτει

1 inscr. περὶ τῶν ἀπλανῶν B 2 καὶ τὸ et in fine paginae et in initio sequentis scr. B, semel apogr. 3 ἁπλῆν] ἀπλανῆ τὴν B: cf. p. 149, 1. *una simplicique circa illam agitatione* Chalc. 69 4 ἐν ἐστηριγμένοι B* 5 *unam et eandem semper positionem* Chalc. 6 ἡ^{α}ντινοῦν B 8 inscr. περὶ τῶν πλανήτων B ἥλιος δὲ] ἥλιός τε B 13 εἴς] εἴ B* 16 τῷ παντὶ] πάντῃ B*, *universi globi motui contrarios motus agentes* Chalc. 17 τρέπεται B 18 πλάτος] παντὸς B, τοῦ παντὸς Mart. cf. vs. 21. p. 135, 12. 173, 11. *latiore deflexione* perverse Chalc. 20 τούτοις ὑφ' ὧν ἀεὶ θεωροῦνται fort. del.

τοῦ ζῳδιακοῦ ποτὲ μὲν βορειότεροι τοῦ διὰ μέσου φαινόμενοι καὶ ὑψοῦσθαι λεγόμενοι, ποτὲ δὲ νοτιώτεροι καὶ ταπεινούμενοι, καὶ τοῦτο οἱ μὲν πλεῖον, οἱ δὲ ἔλαττον, ἔτι δὲ καὶ τοῖς μεγέθεσι διαλλάττοντες, διὰ τὸ ποτὲ μὲν ἀπογειότεροι, ποτὲ δὲ σύνεγγυς ἡμῖν ἐν τῷ βάθει φέρεσθαι. διὰ δὲ τοῦτο καὶ τὸ τάχος τῆς κινήσεως διὰ τῶν ζῳδίων ἀνώμαλον φαίνονται ποιούμενοι, τὰ ἴσα διαστήματα μὴ ἐν ἴσοις χρόνοις παραλλάττοντες, ἀλλὰ θᾶττον μὲν ὅτε καὶ μέγιστοι δοκοῦσι διὰ τὸ προσγειότεροι καθίστασθαι, βραδύτερον δὲ ὅτε καὶ μικρότεροι διὰ τὸ γίνεσθαι ἀπόγειοι.

τὸ δ' ἐν αὐτῷ τῷ ζῳδιακῷ πλάτος τῆς μεταβάσεως ὁ μὲν ἥλιος βραχύ τι παντάπασιν ὁρᾶται, τὸ πᾶν περὶ μίαν μοῖραν τῶν τξ'· ἡ δὲ σελήνη, καθὰ οἱ ἀρχαῖοί φασι, καὶ ὁ φωσφόρος πλεῖστον, περὶ γὰρ μοίρας ιβ'· στίλβων δὲ περὶ μοίρας η'· πυρόεις δὲ καὶ φαέθων περὶ μοίρας ε'· φαίνων δὲ περὶ μοίρας γ'. ἀλλὰ σελήνη μὲν καὶ ἥλιος ἴσον ἐφ' ἑκάτερον τοῦ διὰ μέσου ἐν παντὶ ζῳδίῳ κατὰ πλάτος φαίνονται χωρεῖν, τῶν δὲ ἄλλων ἕκαστος οὐκ ἴσον, ἀλλ' ἔν τινι μὲν βορειότατος, ἔν τινι δὲ νοτιώτατος γίνεται. τὸν δὲ τῶν ζῳδίων κύκλον κατὰ τὸ μῆκος ἀπὸ σημείου ἐπὶ τὸ αὐτὸ σημεῖον, εἰς τὰ ἑπό-

1 βορειότερον τὸν διὰ μέσου φαινόμενον B* 3 καὶ τοῦτο: ante καὶ nota eiusdem vocis B 6 τάχος] πάχος B* 9 προσγειότερον B 12 post μεταβάσεως pauca videntur excidisse: *evagatio tamen in latum, quae fit in zodiaco, non aequa est omnium; quippe solis minor* e. q. s. Chalc. 70 13 παντάπασι φέρεται Mart. περὶ μίαν μοῖραν. cf. p. 194, 7. Schiaparelli, Ztschr. f. Math. u. Physik XXII. Suppl. (Abh. zur Gesch. d. Math. I) p. 126 14 cf. p. 194, 10 15 ιβ': cf. Biot, Journal des Savants 1850 p. 200 16 στίλβων (ἑρμῆς supra) δὲ B 18 μέσον B* 21 νοτιώτατος: ι corr. ex ε B

μενα καὶ οὐκ εἰς τὰ προηγούμενα, σελήνη μὲν ἐν ἡμέραις κζʹ καὶ τρίτῳ μάλιστα ἡμέρας καὶ νυκτὸς διέρχεται· ὁ ἥλιος δʼ ἐνιαυτῷ, ὅς ἐστιν ἡμερῶν ἐγγὺς τξεʹ δʹʹ· φωσφόρος δὲ καὶ στίλβων καθʼ ἕκαστα μὲν ἀνωμάλως, ὀλίγον παραλλάττοντες τοῖς χρόνοις, ὡς δὲ τὸ ὅλον εἰπεῖν ἰσόδρομοι ἡλίῳ εἰσίν, ἀεὶ περὶ τοῦτον ὁρώμενοι· διὸ καταλαμβάνουσί τε αὐτὸν καὶ καταλαμβάνονται· πυρόεις δὲ ὀλίγου δεῖν διετίᾳ, καὶ φαέθων μὲν σύνεγγυς ἔτεσι δώδεκα, φαίνων δὲ παρʼ ὀλίγον ἔτεσι λʹ.

διὸ καὶ τὰς πρὸς τὸν ἥλιον συνόδους καὶ φάσεις καὶ κρύψεις, ἃς καὶ αὐτὰς ἀνατολὰς καλοῦσι καὶ δύσεις, οὐχ ὁμοίως πάντες ποιοῦνται. σελήνη μὲν γὰρ μετὰ τὴν πρὸς τὸν ἥλιον σύνοδον, ἐπειδὴ θᾶττον αὐτοῦ τὴν εἰς τὰ ἑπόμενα ποιεῖται κίνησιν, ἀεὶ ἑσπερία πρώτως φαινομένη καὶ ἀνατέλλουσα, ἑῴα κρύπτεται καὶ δύνει. φαίνων δὲ καὶ φαέθων καὶ πυρόεις ἀνάπαλιν ἐπειδὴ βράδιον ἡλίου τὸν τῶν ζῳδίων ἀνύουσιν εἰς τὰ ἑπόμενα κύκλον, οἷον αὐτοὶ καταλαμβανόμενοι ὑπʼ αὐτοῦ καὶ παριέμενοι, ἀεὶ ἑσπέριοι δύνοντες [δὲ] ἑῷοι ἀνατέλλουσιν. ὁ φωσφόρος δὲ καὶ στίλβων ἰσόδρομοι ὄντες ἡλίῳ καὶ περὶ αὐτὸν ἀεὶ βλεπόμενοι, καταλαμβάνοντες αὐτὸν καὶ καταλαμβανόμενοι ὑπʼ αὐτοῦ, ἑκατέρως ἑσπέριοι μὲν ἀνατείλαντες ἑσπέριοι πάλιν κρύπτονται, ἑῷοι δὲ φανέντες ἑῷοι δύνουσι καὶ ἀφανίζονται. τῶν γὰρ ἄλλων πλανωμένων ἀπὸ τοῦ ἡλίου πᾶν ἀπό-

8 πορόεις δὲ ὀλίγου δὴν διετίαν B* 14 ἑσπερεία B* 17 βραδίων B* 18 κύκλον, οἷον] κύκλον κύκλον οἷον B, κύκλον, τοὐναντίον Mart. *tamquam ab eo comprehensi* Chalc. 19 ἑσπέρειοι B* δύνονται, ἑῷοι δὲ Mart. *vespere occidentes exoriuntur matutinae* Chalc. 20 inscr. περὶ ἡλίου (ἡλίῳ Mart.) ἰσοδρόμων B. cf. p. 187, 5 sqq.

στημα ἀφισταμένων καὶ κατὰ διάμετρον αὐτῷ ποτε γινομένων, οἱ δύο οὗτοι ἀεὶ περὶ τὸν ἥλιον ὁρῶνται, στίλβων μὲν κ΄ που μοίρας, τουτέστιν ἔγγιστα δύο μέρη ζῳδίου, τὸ πλεῖστον ἀνατολικώτερος ἢ δυσμικώτερος αὐτοῦ γινόμενος, ὁ δὲ τῆς Ἀφροδίτης περὶ ν΄ μοίρας πρὸς ἀνατολὰς ἢ δύσεις ἀφιστάμενος.

ἀνατολὴ δὲ λέγεται πλεοναχῶς· κυρίως μὲν καὶ κοινῶς ἐπί τε ἡλίου καὶ τῶν ἄλλων ἄστρων ἡ πρώτη ἀναφορὰ ὑπὲρ τὸν ὁρίζοντα· ἕτερον δὲ τρόπον ἐπὶ τῶν ἄλλων ἡ πρώτη φαῦσις ἐκ τῶν τοῦ ἡλίου αὐγῶν, ἥτις καὶ κυρίως <φαῦσις> ὀνομάζεται· λοιπὴ δὲ ἡ καλουμένη ἀκρόνυχος, ἐπειδὰν ἡλίου δύνοντος τὸ κατὰ διάμετρον ἄστρον ἐπὶ τῆς ἀνατολῆς βλέπηται· καλεῖται δὲ ἀκρόνυχος, ἐπειδὴ ἡ τοιαύτη ἀνατολὴ γίνεται ἄκρας νυκτός, τουτέστιν ἀρχομένης. παραπλησίως δὲ καὶ δύσις κοινῶς μὲν ἡ πρώτη κάθοδος ἡ ὑπὸ τὸν ὁρίζοντα· τρόπον δὲ ἄλλον ὁ πρῶτος ἀφανισμὸς ἄστρου τινὸς ὑπὸ τῶν τοῦ ἡλίου αὐγῶν, ἥτις καὶ κυρίως κρύψις πάλιν προσαγορεύεται· λοιπὴ δὲ καὶ ἀκρόνυχος, ἐπειδὰν ἡλίου ἀνατέλλοντος τὸ κατὰ διάμετρον ἄστρον ἀντικαταδύνῃ. τῶν δὲ διὰ τὰς τοῦ ἡλίου αὐγὰς λεγομένων ἀνατολῶν καὶ δύσεων, τουτέστι φαύσεων καὶ κρύψεων, αἱ μέν εἰσιν ἑῷαι, αἱ δὲ ἑσπέριαι. ἑῴα μὲν οὖν ἐστιν ἀνατολὴ ἄστρου, ἐπειδὰν ἐκφεῦγον τὰς τοῦ ἡλίου αὐγὰς προανατέλλον αὐτοῦ πρώτως ὁραθῇ, καθάπερ καὶ ἡ τοῦ κυνὸς ἐπιτολὴ

3 που] πολὺ B, cf. p. 187, 10, τὸ πολὺ Mart. 5 αὐτῶ B* ν΄] κ̄ B*, cf. p. 187, 12; *quinquaginta* Chalc. 7 inscr. ὁποσαχῶς λέγεται ἀνατολή B 8 ἐπί τε] ἐπεὶ δὲ B* 9 ὑπὲρ] ὑπὸ B* 10 φάσις cj. Mart. 20 ἀντικαταδύνει B* 23 ἑσπέριοι B* 24 ἐκφεύγων B* προανατέλλων B* 25 πρῶτος B*

λέγεται· ἑσπερία δέ, ἐπειδὰν μετὰ τὴν δύσιν τοῦ ἡλίου πρώτως φανῇ, καθάπερ τὴν σελήνην ταῖς νεομηνίαις φαμὲν ἀνατέλλειν. παραπλησίως δὲ καὶ δύσεις ἑῷαι μέν, ἐπειδὰν ταῖς ἔμπροσθεν ἡμέραις τι προανατέλλον ἡλίου συνεγγίσαντος αὐτῷ πρώτως ἀφανισθῇ, καθάπερ ἡ σελήνη· ἑσπερία δέ, ἐπειδὰν ἐπικαταδυομένῳ τινὶ συνεγγίσας ὁ ἥλιος πρώτως διὰ τὰς αὐγὰς ἀφανὲς αὐτὸ καταστήσῃ.

τὴν δὲ κατὰ τόπον τῶν σφαιρῶν ⟨ἢ⟩ κύκλων θέσιν τε καὶ τάξιν, ἐν οἷς κείμενα φέρεται τὰ πλανώμενα, τινὲς μὲν τῶν Πυθαγορείων τοιάνδε νομίζουσι· προσγειότατον μὲν εἶναι τὸν τῆς σελήνης κύκλον, δεύτερον δ' ὑπὲρ τοῦτον ⟨τὸν τοῦ⟩ Ἑρμοῦ, ἔπειτα τὸν τοῦ φωσφόρου, καὶ τέταρτον ⟨τὸν⟩ τοῦ ἡλίου, εἶτα τὸν τοῦ Ἄρεως, ἔπειτα τὸν τοῦ Διός, τελευταῖον δὲ καὶ σύνεγγυς τοῖς ἀπλανέσι τὸν τοῦ Κρόνου· μέσον εἶναι βουλόμενοι τὸν τοῦ ἡλίου τῶν πλανωμένων ὡς ἡγεμονικώτατον καὶ οἷον καρδίαν τοῦ παντός. μηνύει δὲ ταῦτα καὶ Ἀλέξανδρος ὁ Αἰτωλός, λέγων οὕτως·

1 ἐπειδὴ B* 3 ἑῴα? *similiter occasus matutinus quidem* Chalc. 71 4 τὶς προανατέλλων B* 5 συνεγγύσαντος B* 6 ἑσπέριαι Mart. 7 πρῶτος B* αὐτὸ] αὐτῷ B* 9 inscr. περὶ θέσεως τῶν πλανωμένων B. stellarum errantium ordinem duabus figuris illustr. B; ad alteram (cui similis est descr. XXIII in Chalcidii editione Wrobeliana) adscriptum est αἱ σειρῆνες κατὰ] μετὰ B* ἢ add. Mart. *positionem vero atque ordinem conlocationis globorum vel etiam orbium* Chalc. 72 κύκλων: ων e corr. B 11 τῶν Πυθαγορείων: cf. Zeller I p. 395, 5 17 πλανομένων B* ἡγεμονικωτάτου Mart. 18 καρδία B, καρδίας Mart. *scilicet ut inter planetas sol medius locatus cordis, immo vitalium omnium praestantiam obtinere intellegatur* Chalc. 72. cf. p. 188, 5. Procl. in Tim. p. 171 C 19 cf. Rhein. Mus. XXVI p. 586

ὑψοῦ δ' ἄλλοθεν ἄλλος ὑπέρτερον ἔλλαχε κύκλον·
ἀγχοτάτη μὲν δῖα σεληναίη περὶ γαῖαν,
δεύτερος αὖ στίλβων χελυοξόου Ἑρμείαο,
τῷ δ' ἔπι φωσφόρος ἐστὶ φαεινότατος Κυθερείης,
τέτρατος αὐτὸς ὕπερθεν ἐπ' ἠέλιος φέρεθ' ἵπποις,
πέμπτος δ' αὖ πυρόεις φονίου Θρήικος Ἄρηος,
ἕκτος δ' αὖ φαέθων Διὸς ἀγλαὸς ἵσταται ἀστήρ,
ἕβδομος ⟨αὖ⟩ φαίνων Κρόνου ἀγχόθι τέλλεται ἄστρων.
πάντες δ' ἑπτανόνοιο λύρης φθόγγοισι συνῳδὸν
ἁρμονίην προχέουσι διαστάσει ἄλλος ἐπ' ἄλλῃ.

καὶ γὰρ τοῦτο Πυθαγόρειον, τὸ καθ' ἁρμονίαν εἴρεσθαι τὸν κόσμον καὶ κατὰ τοὺς τῶν ἡρμοσμένων καὶ συμφώ-

1 ὑπέρτατον BC, em. Meineke anal. Alex. p. 373 ἔλαχε BC, em. Vossius (cf. Gale in notis ad hist. poet. scriptt. p. 149. Schneider ad Vitr. t. II p. 23) 2 δῖα — γαῖαν recte C] δία σεληναία περι γαίαν B 3 στρίβων C χελυοξόου ἑρμείαο C] χελιζώου (χελυσσόου Vossius, χελυοσσόου Naeke opusc. I p. 29) ἑρμείου B 4 τῶ δ' ἐπὶ C] τῶν ἐπι B (τῶν δ' ἐπὶ Gale, τῷ ἔπι Schneider) 5 τέτρατος — ἠέλιος recte C] τέταρτος αὗτος ὕπερθεν ἐπιέλιος B αὖ καθύπερθεν? 6 πυρόεις: cf. Ludwich Beitr. zur Kritik des Nonnos p. 91 φονίου Mart.] φ ου B (spat. vac. quattuor fere litt.), φθονίου C, φωστὴρ Gale, φαέθων Schneider, φοβεροῦ Peerlkamp (Gelder ad Tim. Locr. p. 83), φόνιος G. Hermann Ztschr. f. d. AW. 1850 p. 500 ἄρης ut vid. C (Θρηίκιος Ἄρης Hermann) 7 ἕκτος B, ἐκτὸς C, em. Vossius ἀστὴρ B] ἀνήρ C 8 αὖ add. Gale φαίνων C] φαίνεται B (ψυχρὸν — ἄστρον cj. Schneider) κρόνω C ἄστρων B] ἀστήρ C (ἄστρον Vossius) 9 hunc et seq. versum adfert etiam Heraclitus alleg. Hom. p. 27 Mehl. συνῳδὸν Heracl.] σύνοδον B, συνωδοὶ C et schol. Il. A 46 ubi Heracliti locus exscriptus est 10 προχέουσι Bredow epist. Paris. p. 255] προσέχουσι Heracl., στοιχοῦσι B, στείχουσι C, παρέχουσι Schow διασταδὸν Gale ἄλλῃ C] ἄλλην B. διάστασιν ἄλλος ἐπ' ἄλλον schol., διαστὰς ἄλλος ἀπ' ἄλλου Heracliti codd.(?) 11 sqq. Ach. Tat. isag. ad Ar. Phaen. p. 136 A περὶ δὲ τῆς ἐναρμονίου κινήσεως αὐτῶν εἶπεν, ὡς ἔφην, Ἄρατος ἐν τῷ κανόνι καὶ Ἐρατοσθένης ἐν τῷ Ἑρμῇ καὶ Ὑψικλῆς καὶ Θράσυλλος καὶ Ἄδραστος Ἀφροδισιεύς καθ'] κατ' B*

νων φϑόγγων λόγους διεστῶτα τὰ οὐράνια τῇ ῥύμῃ καὶ τῷ τάχει τῆς φορᾶς ἡρμοσμένους καὶ συμφώνους φϑόγγους ἀποτελεῖν. ὅϑεν καὶ ἐν τοῖς ἐφεξῆς φησιν Ἀλέξανδρος·

γαῖα μὲν οὖν ὑπάτη τε βαρεῖα τε μεσσόϑι ναίει·
ἀπλανέων δὲ σφαῖρα συνημμένη ἔπλετο νήτη·
μέσσην δ' ἠέλιος πλαγκτῶν ϑέσιν ἔσχεϑεν ἄστρων·
τοῦ δ' ἀπὸ δὴ ψυχρὸς μὲν ἔχει διὰ τέσσαρα κύκλος·
κείνου δ' ἡμίτονον φαίνων ἀνίησι χαλασϑείς,
τοῦ δὲ τόσον φαέϑων ὅσον ὄβριμος Ἄρεος ἀστήρ·
ἠέλιος δ' ὑπὸ τοῖσι τόνον τερψίμβροτος ἴσχει,
αἴγλης δ' ἠελίοιο τριημίτονον Κυϑέρεια·
ἡμίτονον δ' ὑπὸ τῷ στίλβων φέρεϑ' Ἑρμείαο,
τόσσον δὲ χρωσϑεῖσα φύσιν πολυκαμπέα μήνη·
κέντρου δ' ἠελίοιο ϑέσιν διὰ ⟨πέντ'⟩ ἔλαχε χϑών·
αὕτη πεντάζωνος ἀπ' ἠέρος εἰς φλογόεν πῦρ

5 μεσσόϑι vel μεσόϑι C] μέσηϑι B ναίει C] ναίη B 6 νήτ̔ C, νότης B 6 μέσην B, μέσσον vel μέσον C ἠέλιος C] ἥλιος B πλακτῶν BC, em. Vossius ἔσχεϑεν C] ὑπέρσχεο B, ἔσχ' ὑπὲρ Vossius 8 ἀπο B, ὑπὸ C τοῖο δ' ἄφ' ὕψιστος vel τοῦ δ' ἄπο δὴ ὕψος cj. Naeke τέσσαρα: αρα periit in C, τεσσάρω B κύκλων C 10 τῷ δὲ τάσιν φαέϑων ὅσον ἔβριμος ἄρεως ἀστήρ B, τοῦ δὲ τόσον φαέϑων̊ ἠνοβριμος ἄρε . . ἀστήρ C, τοῦ δ' ἶσον φαέϑων, τόνον ὄβριμος Ἄρεος ἀστήρ dubitanter cj. Bergk, Ztschr. f. d. AW. 1850 p. 175 11 δ' C] om. B τῆσι ut vid. C 12 αἴγλ5 C ἠελίοιο C] ἠελίοις ac tum ἡ del. B Κυϑέρεια Naeke] κυϑερείης BC, Κυϑερείῃ Gale 13 δ' ὑπὸ τῷ C] ἀεὶ ὑπο B, δὲ ὑπὸ Gale, δ' ὑπὸ τῇ Naeke fort. recte ἡρμεις (α supra ει) C, ἑρμείας B, em. Vossius 14 δὲ] τε Schneider πολυκαμπέα C] πολυκαμπτέα B 15 κέντρου δ' ἠελίοιο C] κέντρει (vel κέντει) δ' ἠελίοις B, κέντρου ἄπ' ἠελίοιο Bergk δία ἔλαχε B, διέλαχε C, em. Naeke 16 αὐτὴ Schneider ἀπ' ἠέρος εἰς C] ἀπηεριῆς B, ὑπ' ἠέρι ἧς Mart.

ἁρμοσθεῖσ' ἀκτῖσι πυρὸς κρυερῇσί τε πάχναις
οὐρανοῦ ἑξάτονον τόνον ἔσχεθε τὸν διὰ πασῶν.
τοίην τοι σειρῆνα Διὸς παῖς ἥρμοσεν Ἑρμῆς,
ἑπτάτονον κίθαριν, θεομήστορος εἰκόνα κόσμου.

ἐν δὲ τούτοις τὴν μὲν τάξιν τῶν σφαιρῶν ἣν βεβούληται μεμήνυκε, τὴν δὲ διάστασιν αὐτῶν καὶ τὰ ἄλλα σχεδὸν πάντα φαίνεται εἰκῇ πεποιῆσθαι. τὴν γὰρ λύραν ἑπτάχορδον λέγων εἰκόνα κόσμου συστήσασθαι τὸν Ἑρμῆν καὶ ἐν τῇ διὰ πασῶν ἡρμοσμένην συμφωνίᾳ τὸ πᾶν ἐννεάχορδον συνίστησιν, ἓξ μέντοι τόνους περιέχον. καὶ τὸν μὲν τῆς ὑπάτης φθόγγον ἀποδίδωσι τῇ γῇ, διότι βαρυτάτη τῶν ἄλλων ἐστὶν αὕτη· καίτοι ἢ ἐπὶ τοῦ μέσου ἐστὶν ἀκίνητος, οὐδ' ὅλως ποιεῖ φθόγγον· τὸν δὲ τῆς συνημμένης νήτης τῇ τῶν ἀπλανῶν ἀποδίδωσι σφαίρᾳ, καὶ τοῦτο ζ' ....· μεταξὺ δὲ τίθησι φθόγγους τοὺς τῶν πλανωμένων. πάλιν τὸν τῆς μέσης ἀποδίδωσι τῷ ἡλίῳ, τῆς ὑπάτης οὔτε πρὸς τὴν μέσην διὰ πέντε συμφωνούσης, ἀλλὰ διὰ τεσσάρων, οὔτε πρὸς τὴν συνημμένην νήτην διὰ πασῶν, ἀλλὰ πρὸς τὴν διεζευγμένην. τό τε πᾶν σύστημα οὔτε κατὰ διάτονον γένος ἁρμόζεται· οὔτε γὰρ τριημιτονιαῖον ἀσύνθετον οὔτε πλείω ἑνὸς ἡμιτόνια κατὰ τὸ ἑξῆς ἐν τούτῳ μελῳδεῖται τῷ γένει·

1 ἁρμοσθεῖσα ἀκτίσι B, ἁρμοσθεῖσα κτῆσ̈ C κρυερῆσι C] κρυεροῖσι B 2 οὐρανὸν BC (cf. p. 140, 8 sq. 11. 13). οὐρανὸς ἑξάτονος Schneider τὸν C] τῶν B πάντων BC, em. Schneider; in postremis complura deesse putat Bergk 3 τοίην C] τοίνυν B σειρὴν ὁ BC, em. Naeke 4 θεομήτορος BC, em. Meineke 5 ἐν] εἰ B* 9 ἡρμοσμένη B* 10 περιέχον (ω superscr.) B 12 ἢ] ἡ B, εἰ Mart. 14 τῇ] τὴν B* 15 σφαίραν B* καὶ τούτων μεταξὺ ζ' τίθησι Mart. fort. recte; in B post ζ̄ vacuum spatium est paucarum literarum

οὔτε μην κατὰ χρῶμα· πάλιν γὰρ ἐν χρώματι τόνος ἀσύνθετος οὐ μελῳδεῖται. εἰ δὲ μικτὸν ἐξ ἀμφοῖν λέγει τις τοῖν γενοῖν εἶναι τὸ σύστημα, ... τό τε πλείω δυοῖν κατὰ τὸ ἑξῆς ἡμιτόνια τάττεσθαι οὐδ' ὅλως ἐστὶν ἐμμελές. ἀλλὰ ταῦτα μὲν τοῖς ἀμυήτοις μουσικῆς ἐστιν ἄδηλα.

Ἐρατοσθένης δὲ τὴν μὲν διὰ τῆς φορᾶς τῶν ἄστρων γινομένην ἁρμονίαν παραπλησίως ἐνδείκνυται, τὴν μέντοι τάξιν τῶν πλανωμένων οὐ τὴν αὐτήν, ἀλλὰ μετὰ σελήνην ὑπὲρ γῆς δεύτερόν φησι φέρεσθαι τὸν ἥλιον. φησὶ γὰρ ὡς Ἑρμῆς ἔτι νέος, ἐργασάμενος τὴν λύραν, ἔπειτα πρώτως εἰς τὸν οὐρανὸν ἀνιὼν καὶ παραμείβων τὰ πλανᾶσθαι λεγόμενα, θαυμάσας τὴν διὰ τὴν ῥύμην τῆς φορᾶς αὐτῶν γινομένην ἁρμονίαν τῇ ὑπ' αὐτοῦ κατεσκευασμένῃ λύρᾳ ⟨ὁμοίαν⟩ .... ἐν δὲ τοῖς ἔπεσι φαίνεται ὁ ἀνὴρ οὗτος τὴν μὲν γῆν ἐᾶν ἀκίνητον, ἐν η' δὲ φθόγγοις ποιεῖ ὑπὸ τὴν τῶν ἀπλανῶν σφαῖραν τὰς τῶν πλανωμένων ἑπτά, [καὶ] πάσας κινῶν περὶ τὴν γῆν καὶ τὴν λύραν ποιούμενος ὀκτάχορδον ἐν τῇ διὰ πασῶν συμφωνίᾳ [ὁ μουσικώτα-

1 κατὰ χρῶμα] χρῶμα τὲ B, ἐν χρώματι Mart. 7 sqq. cf. Erat. carm. rel. p. 38. Bernhardy Erat. p. 143 11 ἔτι] ἐστι B* 12 πρῶτος B*, *primitus* Chalc. 73 13 θαυμάσοιε B, θαυμάσειε Mart. *miratum* Chalc. 15 ὁμοίαν Mart. addidit post ἁρμονίαν: *miratum, quod imago a se inventi operis in caelo quoque reperiretur stellarum conlocatione, quae causa esset concinentiae, recensere, primum se a terra transmisisse lunae globum, post quem superasse solis, dehinc Mercurii Stilbontis et ceterorum cum aplani summa et excelsa* Chalc. 17 cf. p. 105, 15 sqq. 18 τὰς] ταῖς B* 20 ὁ μουσικω ἀλεξαν B (τ? δ? superscr.), ὁ μουσικώτατος ἀλέξανδρος apogr., ὁ μουσικώτερος Ἀλεξάνδρου Mart., οὐχ ὡς ὁ μουσικώτατος Ἀλέξανδρος Bergk

τος Ἀλέξανδρος]. οἱ μέντοι μαθηματικοὶ τὴν τάξιν τῶν πλανωμένων οὔτε ταύτην ⟨οὔτε τὴν⟩ αὐτὴν πάντες τιθέασιν, ἀλλὰ μετὰ μὲν τὴν σελήνην τάττουσι τὸν ἥλιον, ὑπὲρ δὲ τοῦτον ἔνιοι μὲν τὸν στίλβοντα, εἶτα τὸν φωσφόρον, ⟨ἄλλοι δὲ τὸν φωσφόρον,⟩ ἔπειτα τὸν στίλβοντα, τοὺς δὲ ἄλλους ὡς εἴρηται.

Πλάτων δὲ ἐπὶ τέλει τῆς Πολιτείας, προτρέπων ἐπὶ δικαιοσύνην καὶ ἀρετήν, μῦθόν τινα διέξεισι [καὶ] περὶ τῆς τῶν οὐρανίων διακοσμήσεως, λέγων ἄξονα μέν τινα διὰ τοῦ πόλου διήκοντα οἷον κίονα, ἑτέραν δὲ ἠλακάτην καὶ ἄτρακτον, τοὺς δέ τινας περὶ τοῦτον κοίλους ἐν ἀλλήλοις ἡρμοσμένους σφονδύλους τὰς τῶν ἄστρων σφαίρας, ζ' μὲν τῶν πλανωμένων, ἐκτὸς δὲ μίαν τῶν ἀπλανῶν ἐντὸς αὐτῆς περιέχουσαν τὰς ἄλλας· δηλοῖ δὲ τὴν τάξιν τῶν σφαιρῶν διά τε τοῦ μεγέθους τῶν ἄστρων ἑκάστου καὶ διὰ τοῦ χρώματος ἑκάστου καὶ ἔτι διὰ τοῦ τάχους τῆς ἐπὶ τὰ ἐναντία τῷ παντὶ φορᾶς, λέγων οὕτως·

ἐπειδὴ δὲ τοῖς ἐν τῷ λειμῶνι ἑκάστοις ἑπτὰ ἡμέραι γένοιντο, ἀναστάντας ἐντεῦθεν δεῖν τῇ ὀγδόῃ ἐκπορεύεσθαι, καὶ ἀφικνεῖσθαι [ἢ] τεταρταίους ὅθεν καθορᾶν

1 *mathematici tamen neque hanc neque unam omnes ordinationem stellarum errantium ponunt* Chalc. 4 τοῦτον corr. ex τούτων B 5 ἄλλοι δὲ τὸν φωσφόρον add. Mart. *ultra hunc autem quidam Mercurium, quidam alium aliquem ex residuis conlocant* Chalc. 7 τὰ ἐν τῇ Πολιτείᾳ περὶ τοῦ Παμφίλου μύθου B (haec verba sine ullo discrimine ceteris inserta sunt) τῆς Πολιτείας: cf. Civ. X p. 614 B sqq. 9 cf. Boeckh kl. Schr. III p. 299 sqq. 10 τὸν πόλον B οἷον] οἳ B* ἠλεκάτην B* 11 τοῦτο B 13 ἔκτος B* μίαν] πρώτην (i. e. α') B, πρώτην τὴν Mart. 19 Plat. Civ. p. 616 B ἡμέραις B 20 γένοιτο B πορεύεσθαι Plato 21 τεταρτέους ὅθεν καθαρὰν B

ἄνωθεν διὰ παντὸς τοῦ οὐρανοῦ καὶ γῆς τεταμένον φῶς εὐθύ, οἷον κίονα, μάλιστα τῇ ἴριδι ἐμφερές, λαμπρότερον δὲ καὶ καθαρώτερον, εἰς ὃ ἀφικνεῖσθαι προελθόντας ἡμερησίαν ὁδόν, καὶ ἰδεῖν αὐτόθι κατὰ μέσον τὸ φῶς ἐκ τοῦ οὐρανοῦ τὰ ἄκρα τῶν δεσμῶν τεταμένα· εἶναι γὰρ τοῦτο τὸ φῶς σύνδεσμον τοῦ οὐρανοῦ, οἷον τὰ ὑποζώματα τῶν τριήρων, οὕτω πᾶσαν συνέχον τὴν περιφοράν· ἐκ δὲ τῶν ἄκρων τεταμένον ἀνάγκης ἄτρακτον, δι' οὗ πάσας ἐπιστρέφεσθαι τὰς περιφοράς· οὗ τὴν μὲν ἠλακάτην καὶ τὸ ἄγκιστρον εἶναι ἐξ ἀδάμαντος, τὸν δὲ σφόνδυλον μικτὸν ἐκ τούτου καὶ ἄλλων. τὴν δὲ τοῦ σφονδύλου φύσιν εἶναι τοιάνδε· τὸ μὲν σχῆμα οἵανπερ τοῦ ἐνθάδε· νοῆσαι δὲ δεῖ ἐξ ὧν ἔλεγε τοιόνδε αὐτὸν εἶναι· ὥσπερ γὰρ ἂν ἐν ἑνὶ μεγάλῳ σφονδύλῳ κοίλῳ καὶ ἐξεγλυμμένῳ διαμπερὲς ἄλλος τοιοῦτος ἐλάττων ἐγκέοιτο ἁρμόττων καθάπερ οἱ κάδοι εἰς ἀλλήλους ἁρμόττοντες· καὶ οὕτω δὲ τρίτον ἄλλον καὶ τέταρτον καὶ ἄλλους τέτταρας. ὀκτὼ γὰρ εἶναι τοὺς σύμπαντας σφονδύλους ἐν ἀλλήλοις ἐγκειμένους, κύκλους ἄνωθεν τὰ χείλη φαίνοντας, νῶτον συνεχὲς ἑνὸς σφονδύλου ἀπεργαζομένους περὶ τὴν ἠλακάτην· ἐκείνην δὲ διὰ

1 τεταγμένον B (sic etiam Platonis codex Vat. B) 2 ἐμφερές] προσφερῆ Pl. (προσφερὲς Ven. B) 3 καθαρότερον B ἀφικέσθαι Pl. 4 ἰδεῖν Pl.] δεῖν B 5 τὰ ἄκρα αὐτοῦ τῶν δεσμῶν Pl. (τὰ ἄκρα τῶν δεσμῶν αὐτοῦ codd. multi, τὰ ἄκρα ἐκ τῶν δεσμῶν unus) τεταμμένα εἶναι· τοῦτο γὰρ φῶς B 7 οὗτος πᾶς συνέχων (corr. ex συνεχῶς) B 8 ἀνάγκαις B 10 ἠλεκάτην B καὶ] τε καὶ Pl. 11 ἔκ τε τούτου καὶ ἄλλων γενῶν Pl. 12 τοῦ Pl.] τὴν B 13 οἵαπερ ἡ τοῦ Pl. 14 ὥσπερ γὰρ ἂν ἐνι μεγάλω B, ὥσπερ ἂν εἰ ἐν ἑνὶ μεγάλῳ Pl. 15 κύλω καὶ ἐγκεγλυμένω B ἄλλως B ἔλαττον B 16 ἑλκέοιτο B οἱ ante εἰς Pl. (om. Vind. B) 17 δὲ] δὴ Pl. 20 σφονδύλους B et Platonis codd. duo 21 δὲ διὰ Pl.] διὰ δὲ B

μέσου τοῦ ὀγδόου διαμπερὲς ἐληλάσθαι. τον μὲν οὖν πρῶτόν τε ⟨καὶ⟩ ἐξωτάτω σφόνδυλον πλατύτατον τὸν τοῦ χείλους κύκλον ἔχειν, τὸν δὲ ⟨τοῦ⟩ ἕκτου δεύτερον, τρίτον δὲ τὸν τοῦ τετάρτου, τέταρτον δὲ τὸν τοῦ ὀγδόου, πέμπτον δὲ τὸν τοῦ ἑβδόμου, ἕκτον δὲ τὸν τοῦ πέμπτου, ἕβδομον δὲ τὸν τοῦ τρίτου, ὄγδοον δὲ τὸν τοῦ δευτέρου. καὶ τὸν μὲν τοῦ μεγίστου ποικίλον, τὸν δὲ τοῦ ἑβδόμου λαμπρότατον, τὸν δὲ τοῦ ὀγδόου χρῶμα ἀπὸ τοῦ ἑβδόμου ἔχειν προσλάμποντος, τὸν δὲ τοῦ δευτέρου καὶ πέμπτου παραπλήσια ἀλλήλοις, ξανθότερα ἐκείνων χρώματα, τρίτον δὲ λευκότατον χρῶμα ἔχειν, τὸν τέταρτον ὑπέρυθρον, δεύτερον λευκότητι τὸν ἕκτον. κυλίεσθαι δὲ στρεφόμενον τὸν ἄτρακτον ὅλον μὲν τὴν αὐτὴν φορὰν τῷ κόσμῳ, ἐν δὲ ὅλῳ περιφερομένῳ τοὺς ἐντὸς ἑπτὰ κύκλους τὴν ἐναντίαν τῷ ὅλῳ ἠρέμα περιάγεσθαι, αὐτῶν δὲ τούτων τάχιστα μὲν ἰέναι τὸν ὄγδοον, δευτέρους δὲ καὶ ἅμα ἀλλήλοις ἰσοταχῶς τόν τε ἕβδομον καὶ τὸν ἕκτον καὶ τὸν πέμπτον· τρίτον δὲ φορᾷ ἰέναι, ὅν φασι φαίνεσθαι ἐπανακυκλούμενον μάλιστα τῶν ἄλλων· τέταρτον δὲ ⟨τὸν⟩ τρίτον καὶ πέμπτον τὸν δεύτερον. στρέφεσθαι δὲ αὐτὸν ἐν τοῖς τῆς ἀνάγκης γόνασιν. ἐπὶ δὲ τῶν κύκλων αὐτοῦ ἄνωθεν ἐφ' ἑκάστου βεβηκέναι

3 τοῦ ἕκτου δεύτερον Pl.] ἐκ τοῦ δευτέρου B 4 τρίτον δὲ Pl.] τρίτον τὲ B 7 μεγίστου Pl.] πέμπτου B 8 τὸ ante χρῶμα Pl. (om. Vat. H) 11 χρώματα non est apud Pl. τὸν τέταρτον] τέταρτον δὲ Pl. 12 δεύτερον δὲ λευκότητι τὸν Pl. δεύτερον λευκότατον B κυκλεῖσθαι Pl. 13 δὴ post δὲ Pl. (om. Flor. T) 14 τῷ κόσμῳ non est apud Pl. τῷ ante ὅλῳ Pl. (om. codd. duo) μὲν post τοὺς Pl. 15 περιάγεσθαι] περιφέρεσθαι Pl. 17 ἰσοταχῶς non est apud Pl. 18 καὶ ἕκτον καὶ πέμπτον Pl. τὸν ante τρίτον Pl. (om. codd. duo) ὅν φασι] ὡς σφίσι Pl. 19 μάλιστα τῶν ἄλλων] τὸν τέταρτον Pl.

Σειρῆνα συμπεριφερομένην, φωνὴν μίαν ἱεῖσαν, ἕνα τόνον· ἐκ πασῶν ὀκτὼ οὐσῶν ἁρμονίαν συμφωνεῖν.

ταῦτα μὲν οὖν καὶ ὁ Πλάτων· ὧν τὴν ἐξήγησιν ἐν τοῖς τῆς Πολιτείας ποιούμεθα ὑπομνήμασιν. κατεσκεύασται δ' ἡμῖν καὶ σφαιροποιία κατὰ τὰ εἰρημένα· καὶ γὰρ αὐτός φησιν ὁ Πλάτων ὅτι τὸ ἄνευ τῶν δι' ὄψεως μιμημάτων [τῶν] τὰ τοιαῦτα ἐθέλειν ἐκδιδάσκειν μάταιος πόνος. ἐπὶ δὲ τῶν κύκλων ⟨ἅς⟩ φησιν ἐφεστάναι Σειρῆνας οἱ μὲν αὐτούς ⟨φασι⟩ λέγεσθαι τοὺς πλάνητας, ἀπὸ τοῦ σειριάζειν· κοινῶς τε γάρ, φησὶν ὁ Ἄδραστος, πάντας τοὺς ἀστέρας οἱ ποιηταὶ σειρίους καλοῦσιν, ὡς Ἴβυκος

φλεγέθων, ᾇπερ διὰ νύκτα μακρὰν σείρια παμφανόωντα,

καὶ κατὰ διαφορὰν ἔνιοι τοὺς λαμπροὺς καὶ ἐπιφανεῖς, ὡς Ἄρατος τὸν τοῦ κυνὸς ὀξέα σειριᾶν φησι, καὶ ὁ τραγικὸς ἐπί τινος τῶν πλανήτων·

1 *ἕνα τόνον* Pl.] *ἐνάτονον* B 2 *δὲ* post *πασῶν* Pl. *μίαν* ante *ἁρμονίαν* Pl. 4 *ὑπομνήμασιν*: Procl. in Tim. p. 26 A *ἄλλοι δὲ Καλλαίσχρου Κριτίαν καὶ Γλαύκωνα παῖδας λέγουσιν, ὥσπερ καὶ Θέων ὁ Πλατωνικός*(?) *κατεσκευάσθαι* B* 6 Plat. Tim. p. 40 D *τὸ λέγειν ἄνευ διόψεως* (*δι' ὄψεως* vel *δ' ὄψεως* codd. tres) *τούτων αὖ τῶν μιμημάτων μάταιος ἂν εἴη πόνος*: in Theonis vel Adrasti exemplari fuit *ἄνευ τῶν δι' ὄψεως μιμημάτων*, quod etiam Proclus legisse videtur 8 *ἅς* post *Σειρῆνας* add. Mart. *φησιν*] *φασὶν* B* 9 *φασι* add. Mart. 11 *σειρόους* B* 12 *Ἴβυκος*: fr. 3 Bergk. cf. Phot. lex. s. v. *σείριος* et *σίριος* (Suidas s. v. *σείριον*). Hesych. s. v. *σειρίου κυνὸς δίκην*. lex. rhet. apud Eustath. ad Od. 1709, 55. schol. Apoll. II 517. etym. m. 710, 22. Westphal Metrik d. Gr. II p. 365 13 *ἅπερ* vel *ἀπερ* B*, *ἀπερεὶ* cj. Bergk 15 cf. Pseudo-Erat. Catast. 33 *μέγας δ' ἐστὶ καὶ λαμπρός, τοὺς δὲ τοιούτους ἀστέρας οἱ ἀστρολόγοι σειρίους καλοῦσι διὰ τὴν τῆς φλογὸς κίνησιν* 16 Ar. 331 *ὀξέα σειριάει* *ὀξεία* B* 17 Eur. Iph. Aul. 6 sq.

τί ποτ' ἄρα ὁ ἀστὴρ ὅδε πορθμεύει
σείριος;

ἔνιοι δὲ Σειρῆνας οὐ τοὺς ἀστέρας λέγεσθαί φασιν, ἀλλὰ κατὰ τὸ Πυθαγορικὸν τοὺς ὑπὸ τῆς τούτων φορᾶς γινομένους ἤχους καὶ φθόγγους ἡρμοσμένους καὶ συμφώνους, ἐξ ὧν μίαν ἡρμοσμένην ἀποτελεῖσθαι φωνήν.

τῶν δὲ πλανωμένων, φησὶν ὁ Ἄδραστος, τὰ μέν ἐστιν ἀεὶ ὑπολειπτικά, ὡς ἥλιος καὶ σελήνη· ταῦτα γὰρ οὐδέποτε εἰς τὰ προηγούμενα τῶν ζῳδίων μεταβαίνει, ἀλλὰ πάντοτε ὁρᾶται μεταβαίνοντα εἰς τὰ ἑπόμενα· διόπερ οὐδὲ στηριγμοὺς οὐδὲ ἀναποδισμοὺς ποιεῖται. τὰ δὲ καὶ προηγεῖται καὶ ὑπολείπεται, καθάπερ τὰ ἄλλα· διόπερ ἀναγκαίως καὶ στηρίζοντά ποτε φαίνεται καὶ ἀναποδίζοντα. ἔστι γὰρ ὑπόλειψις μὲν φαντασία πλάνητος ὡς εἰς τὰ ἑπόμενα τῶν ζῳδίων καὶ πρὸς ἀνατολὰς ἀπιόντος, ὥς φησιν ὁ Ἄδραστος, ὡς δὲ ὁ Πλάτων φησίν, οὐ φαντασία, ἀλλὰ τῷ ὄντι μετάβασις πλάνητος εἰς τὰ ἑπόμενα ζῴδια ἐπ' ἀνατολὰς ἀπιόντος κατὰ τὴν ἰδίαν κίνησιν, οἷον ἀπὸ Καρκίνου εἰς Λέοντα. προήγησις δέ ἐστι φαντασία πλάνητος ὡς ἐπὶ τὰ προηγούμενα καὶ ἐπὶ δυσμὰς μεταβαίνοντος, οἷον ἀπὸ Καρκίνου εἰς Διδύ-

1 τίς ποτ' ἄρ' ἀστὴρ Eur. τί ποτ' ἄρ' ἀστὴρ scribendum esse put. Bergk 2 in duobus qui exstant huius fabulae codicibus verba τίς ποτ' ἄρ' ἀστὴρ ὅδε πορθμεύει Agamemnoni, σείριος κτλ. seni tribuuntur, neque aliter legisse videtur Ennius (Iph. fr. 1 Ribb.); cf. praeter editores Euripidis Bremi philol. Beitr. aus der Schweiz I p. 211 sqq. Dindorf Jahrb. f. Philol. 1868 p. 410 3 σειρίνας B* 7 inscr. τί ἐστιν ὑπόλησις (ὑπόλειψις Mart.) καὶ προήγησις, στηριγμὸς καὶ ἀναποδισμός B 9 οὐδέποτε] οὐδέν ποτε B*, *numquam* Chalc. 74 11 inscr. τί ἐστιν ὑπόλειψις B 19 inscr. τί ἐστι προήγησις B

μους. στηριγμὸς δέ ἐστι φαντασία πλάνητος ὡς ἐπὶ πλέον ἑστῶτος καὶ μένοντος παρά τινι τῶν ἀπλανῶν. ἀναποδισμὸς δέ ἐστι φαντασία πλάνητος ὑποστροφῆς ἀπὸ στηριγμοῦ ὡς ἐπὶ τὰ ἐναντία τῇ πρόσθεν κινήσει. πάντα δὲ ταῦτα ἡμῖν φαίνεται γίνεσθαι, οὐ μὴν οὕτως ἐπιτελεῖται· τούτου δ' αἴτιον τὸ κατὰ ἰδίου τινὸς κύκλου ἢ ἐν ἰδίᾳ σφαίρᾳ φερόμενον ἕκαστον τῶν πλανωμένων κατωτέρω τῶν ἀπλανῶν ἡμῖν διὰ τὴν ἐπιπρόσθησιν δοκεῖν κατὰ τὸν ζῳδιακὸν φέρεσθαι κύκλον ἐπάνω κείμενον, ὡς καὶ περὶ τούτων διορίζει ὁ Ἄδραστος εἰς τὸ τὴν διαφορὰν τῶν περὶ τοὺς πλάνητας ὑποθέσεων φανερὰν γίνεσθαι αἷς ἕπεται τὰ φαινόμενα.

φησὶ δ' ὅτι ὁ μὲν πᾶς κόσμος τοιοῦτός τε καὶ ἐκ τοσούτων καὶ τοιούτων συνεστηκὼς οἵων καὶ ὅσων διειλόμεθα, φερόμενός τε φορὰν ἐγκύκλιον καὶ τοῦ σφαιρικοῦ σχήματος οἰκείαν ὑπὸ τοῦ πρώτου· ὅθεν καὶ κατεσκευάσθη τοῦ βελτίστου καὶ ἀρίστου χάριν. πρὸς δὲ τὴν χρόνου διαρίθμησιν καὶ τὴν τῶν περιγείων καὶ ἀπογείων μεταβολὴν ἐγένετο ἡ τῶν πλανωμένων φορὰ ποικίλη τις ἤδη συνεστηκυῖα, ὥστε ἀκολουθεῖν αὐτῇ τὸ ἐνταῦθα· ταῖς γὰρ τούτων τροπαῖς προσιόντων καὶ ἀπιόντων συμμεταβάλλει καὶ τἀνταῦθα παντοίως. τῶν

1 inscr. τί ἐστι στηριγμός B 2 τινι] τινα B* 3 inscr. τί ἐστιν ἀναποδισμός B 4 πρόσθεν] προσθέσει B*, *ad contrarium iter prioris itineris* Chalc. 5 πάντα δὲ ταῦτα] τὰ δὲ ταῦτα B, τὰ δὲ τοιαῦτα Mart. *quae omnia* Chalc. 7 ἕκαστον τῶν] ἕνατον τῶν B (ἕνατον apogr., ἕνα τῶν Mart.) 8 ἐπιπρόσθεσιν B* 13 inscr. περὶ τῆς τῶν ὅλων διακοσμήσεως καὶ τῆς ὑπὸ σελήνην ἀταξίας B. cf. Zeller III 1 p. 699 15 φερόμενοί τε B* 16 κινεῖται post πρώτου add. Mart. 18 τὴν ante τῶν bis scr. B, semel apogr. 19 πλανομένων B, em. apogr. 20 συνεστηκεια B* 22 τἀνταῦθα] τὰ κατ' αὐτὰ B*

μὲν γὰρ ἀπλανῶν ἁπλῆ καὶ μία φορὰ κύκλῳ, τεταγμένη τε καὶ ὁμαλή. τῶν δὲ ἄλλων πλανωμένων κυκλικὴ μέν, οὐ μὴν ἁπλῆ δοκεῖ καὶ μία, οὐδὲ ὁμαλὴ καὶ τεταγμένη. τῶν δ' ὑπὸ σελήνην καὶ περὶ ἡμᾶς καὶ μέχρις ἡμῶν πᾶσα μεταβολὴ καὶ κίνησις καί, καθάπερ φησίν,

ἔνθα κότος τε φόνος τε καὶ ἄλλων ἔθνεα κηρῶν.

καὶ γὰρ γένεσις καὶ φθορὰ περὶ πάντα τἀνταῦθα καὶ αὔξησις καὶ μείωσις ἀλλοίωσίς τε παντοία καὶ ἡ κατὰ τόπον ποικίλη φορά. τούτων δέ, φησίν, αἴτια τὰ πλανώμενα τῶν ἄστρων. ταῦτα δὲ λέγοι τις ἂν οὐχ ὡς τῶν τιμιωτέρων καὶ θείων καὶ ἀιδίων ἀγεννήτων τε καὶ ἀφθάρτων ἕνεκα τῶν ἐλαττόνων καὶ θνητῶν καὶ ἐπικήρων πεφυκότων, ἀλλ' ὡς ἐκείνων μὲν διὰ τὸ κάλλιστον καὶ ἄριστον καὶ μακαριώτατον ἀεὶ οὕτως ἐχόντων, τῶν δ' ἐνταῦθα κατὰ συμβεβηκὸς ἐκείνοις ἑπομένων. ἵνα μὲν γὰρ ἡ ἐν κύκλῳ τοῦ παντὸς ἀεὶ ὁμοία φορὰ γίνηται, οἷον ἐνέργειά τις οὖσα καὶ ζωὴ τούτου θεία, μένειν ἐπὶ τοῦ μέσου τὴν γῆν ἀνάγκη, ⟨ᾗ⟩ περιενεχθήσεται τὸ κύκλῳ φερόμενον. εἰ δὲ ἀνάγκη μένειν κάτω τὴν γῆν, ἀνάγκη καὶ τὸ πῦρ τὸν ἐναντίον ταύτῃ κατέχειν τόπον, ὑπὸ τὴν κύκλῳ φορητικὴν αἰθέριον οὐσίαν καθιστάμενον. τούτων δ' οὕτω διεστηκότων ἀνάγκη καὶ τἆλλα στοιχεῖα, ὕδωρ καὶ ἀέρα, κατὰ λόγον τὸν μεταξὺ τόπον ἐπέχειν. τούτων δὲ ὄντων ἀνάγκη καὶ

5 φησίν: Empedocles vs. 19 Sturz et Mullach, 21 Karsten, 386 Stein. Ἐμπεδοκλῆς fort. addendum 9 ποικίλη corr. ex κοίλη B 10 λέγοι] λέγει B* 11 ἀγενήτου (ων superscr.) B* 16 γίνεται vel γένεται B* 18 ᾗ add. Mart. *circa quam* Chalc. 76 19 τὸ] τῶ B* 24 ὄντων] οὕτως ἐχόντων? *his porro ad unam veluti seriem continuatis* Chalc. καὶ ante ἀνάγκη del. B

μεταβολὴν εἶναι τῶν ἐνταῦθα, διὰ <τὸ> τὴν ὕλην αὐτῶν διόλου εἶναι τρεπτὴν καὶ [ταῦτα] δυνάμεις ἔχειν ὑπεναντίας. ἐγγίνεται δ' ἡ μεταβολὴ τῇ ποικίλῃ φορᾷ τῶν πλανωμένων. εἰ γὰρ ὁμοίως τοῖς ἀπλανέσι καὶ ταῦτα ἐφέρετο κατὰ παραλλήλων, ἀεὶ ὁμοίας οὔσης τῆς τῶν ὅλων καὶ πάντων καταστάσεως, οὐκ ἂν τῶν ἐνταῦθα ἑτεροίωσις ἢ μεταβολή τις ἦν. νῦν δὲ τροπαὶ καὶ ἰσημερίαι πρόσοδοί τε καὶ ἀποχωρήσεις κατά τε ὕψος καὶ πλάτος μάλιστα μὲν ἡλίου καὶ σελήνης, οὐ μὴν ἀλλὰ καὶ τῶν ἄλλων, τάς τε ὥρας διαφόρους ἐπιτελοῦσι καὶ τὴν ἐνταῦθα πᾶσαν ἐργάζονται μεταβολὴν καὶ γένεσιν καὶ ἀλλοίωσιν. ἡ δὲ ποικίλη τῆς φορᾶς τῶν πλανωμένων φαντασία γίνεται διὰ τὸ κατ' ἰδίων τινῶν κύκλων καὶ ἐν ἰδίαις σφαίραις ἐνδεδεμένα καὶ δι' ἐκείνων κινούμενα δοκεῖν ἡμῖν φέρεσθαι διὰ τῶν ζῳδίων, καθὰ πρῶτος ἐνόησε Πυθαγόρας, τῇ κατὰ ταὐτὰ τεταγμένῃ ἁπλῇ καὶ ὁμαλῇ αὐτῶν φορᾷ κατὰ συμβεβηκὸς ἐπιγινομένης τινὸς ποικίλης καὶ ἀνωμάλου κινήσεως.

περὶ δὲ τῆς θέσεως τῶν σφαιρῶν [κύκλων] τ . . . . . ἥτις σώσει τὰ φαινόμενα διέξεισι ταῦτα·

φυσικὸν μὲν καὶ ἀναγκαῖον, καθάπερ τὰ ἀπλανῆ, καὶ τῶν ἄλλων οὐρανίων ἕκαστον ἁπλῆν καὶ μίαν καθ' αὑτὸ φορὰν ὁμαλῶς φέρεσθαι καὶ εὐτάκτως. δῆλον δέ

1 τὸ add. Mart. ὕλην] ὅλην B, διὰ τὸ τὴν ὅλην αὐτῶν διόλου <φύσιν> Mart. *cum eorum* s i l v a *sit utrobique mutabilis, ipsarum autem materiarum vis et natura contraria* Chalc.
7 ἢ] ἣ vel ἡ B* 14 σφαίραις] διαφοραῖς B, δὲ σφαίραις Mart. 16 cf. Zeller I p. 384 ταὐτὰ] ταῦτα B*
19 inscr. τίς ἡ θέσις τῶν σφαιρῶν ἢ κύκλη (ἢ κύκλων Mart.) τῶν πλανωμένων B <ἢ> κύκλων Mart. post τ vacuum spatium quinque fere literarum B, τοιαύτης Mart. τούτων? 22 οὐρανίων] οἷον B*

φημι τοῦτο γενήσεσθαι, ἐὰν κατ' ἐπίνοιαν στήσαντες τὸν κόσμον νοήσωμεν τὰ πλανώμενα ὑπὸ τὸν ζῳδιακόν, ἀκίνητον ὄντα καθ' ὑπόθεσιν, κινούμενα· οὕτως γὰρ οὐκέτι ποικίλη καὶ ἀνώμαλος, ἀλλ' εὔτακτος ἡ κίνησις αὐτῶν ἐπιτελουμένη φανήσεται, ὡς ἐπὶ τῆς σφαιροποιίας τῆς Πλατωνικῆς ὑφ' ἡμῶν ἐπιδείκνυται. τῆς δ' ἀλληνάλλου δοκούσης αὐτῶν κινήσεως καὶ ποικίλης αἰτία ἡ διττὴ κίνησις, τῆς ἀπλανοῦς σφαίρας ἀπ' ἀνατολῆς ἐπὶ δύσιν φερομένης περὶ τὸν διὰ τῶν πόλων ἄξονα καὶ συμπεριαγούσης τῇ οἰκείᾳ ῥύμῃ τὰ πλανώμενα καὶ πάντας γραφούσης τοὺς κύκλους καθ' ὧν φέρεται τὰ ἀπλανῆ παραλλήλους, αὐτὰ δὲ τὰ πλανώμενα κατὰ τὴν ἰδίαν κίνησιν οὖσαν βραδυτέραν ἀπὸ δύσεως ἐπ' ἀνατολὴν φέρεσθαι ἐν ἀνίσοις χρόνοις ὑπὸ τὸν ζῳδιακὸν λελοξωμένον κατὰ τῶν τριῶν παραλλήλων, χειμερινοῦ ἰσημερινοῦ θερινοῦ, περὶ ἕτερον ἄξονα τὸν πρὸς ὀρθὰς ὄντα τῷ ζῳδιακῷ, πεντεκαιδεκαγώνου πλευρὰν ἀπέχοντα τοῦ τῶν ἀπλανῶν ἄξονος. τὸν δὲ τῶν πλανωμένων ἄξονα ὁ Πλάτων ἠλακάτην καὶ ἄτρακτον καλεῖ.

λέγεται δέ, φησὶν Ἄδραστος, ὁμαλῶς μὲν κινεῖσθαι τὸ τὰ ἴσα διαστήματα ἐν ἴσοις χρόνοις διανύειν, ἀλλὰ μὴ ποτὲ μὲν ἀνιέναι ὁτὲ δὲ ἐπιτείνειν ἕκαστον τὸ αὑτοῦ τάχος. εὐτάκτως δέ ἐστι κινεῖσθαι τὸ μὴ ποτὲ μὲν ἵστασθαι ποτὲ δὲ ἀνακάμπτειν, φέρεσθαι δὲ ἐπὶ τὰ

2 τὸν κόσμον] τε κόσμον B* 8 in B non hic σφαίρας sed post δύσιν voc. σφαίρασι legitur, quod ortum esse videtur ex vocabulo σφαίρας et signo quo σφαίρας transponendum esse indicavit librarius ἀπ'] ἐπ' B* 13 βραχυτέρων B, βραδύτερον Mart. 14 φέρεται Mart. 19 cf. p. 143, 10 ἠλεκάτην B* 20 inscr. τί ἐστι τὸ ὁμαλῶς κινεῖσθαι B 22 ὁτὲ] ποτὲ Mart. 23 inscr. τί ἐστι τὸ εὐτάκτως κινεῖσθαι B 24 ἀνακάπτειν B*

αὐτὰ ἀεὶ ὁμοίως. δοκεῖ δ' ἡμῖν τὰ πλανώμενα πάντα μὲν ἀνωμαλίας, ἔνια δὲ καὶ ἀταξίας μετέχειν. τίς οὖν ἡ τῆς τοιαύτης φαντασίας αἰτία; πρώτη μὲν τὸ ἐν ἑτέραις σφαίραις καὶ ἐν ἑτέροις κύκλοις ὄντα, καθ' ὧν φέρονται, δοκεῖν διὰ τοῦ ζῳδιακοῦ φέρεσθαι, καθὰ ἤδη προείρηται. κατὰ συμβεβηκὸς δέ, ὡς προείρηται, καίτοι ἁπλῆν τὴν ἰδίαν ποιούμενοι κίνησιν οἱ ζ, πλείονας κύκλους γράφουσι καὶ διαφόρους. δῆλον δὲ τοῦτο ἂν ἡμῖν καὶ ἐφ' ἑνὸς γένοιτο σκοπουμένοις τοῦ φανερωτάτου καὶ μεγίστου τῶν πλανωμένων ἡλίου.

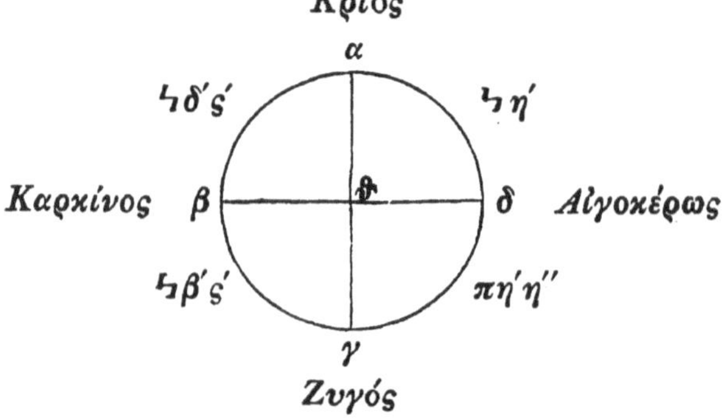

ἔστω ζῳδιακὸς μὲν ὁ $\overline{\alpha\beta\gamma\delta}$· κέντρον δὲ αὐτοῦ καὶ τοῦ παντός, περὶ ὃ λέγεται ἐρηρεῖσθαι μέση ⟨ἡ⟩ γῆ, τὸ θ, καὶ διὰ τούτου πρὸς ὀρθὰς ἀλλήλαις αἱ $\overline{\alpha\gamma}$ $\overline{\beta\delta}$ διάμετροι· καὶ τὸ μὲν α ἐν ἀρχῇ τοῦ Κριοῦ, τὸ δὲ β Καρκίνου, πάλιν δὲ τὸ μὲν γ τοῦ Ζυγοῦ, τὸ δὲ δ Αἰγοκέρω.

3 sqq.: cf. p. 150, 12 sqq. 6 inscr. τίς ἡ θέσις τῶν ζ' κύκλων B 12 περὶ ὃ λέγεται ἐρηρεῖσθαι] περὶ τὸ μέσον ἐρηρεῖσθαι B, περὶ οὗ τὸ μέσον ἐρήρεισται Mart. *cuius et universi mundi in medietate iuxta quam stipatam manere* d i c i m u s *terram* Chalc. 78 13 δια τοῦτο B*

φαίνεται δὴ ὁ ἥλιος κατὰ τὸ α γενόμενος ἰσημερίαν ἐαρινὴν ποιεῖσθαι, κατὰ δὲ τὸ β τροπὴν θερινήν, καὶ κατὰ μὲν τὸ γ μετοπωρινήν ⟨ἰσημερίαν, κατὰ δὲ τὸ δ τροπὴν χειμερινήν⟩, ἴσας δὲ οὔσας τὰς αβ βγ γδ δα περιφερείας τεταρτημοριαίας ἀνωμάλως ἐν ἀνίσοις χρόνοις διεξιών. ἀπὸ μὲν γὰρ ἰσημερίας ἐαρινῆς ἐπὶ τροπὴν θερινὴν ἐν ἡμέραις παραγίνεται ϟδ΄ς΄, ἀπὸ δὲ θερινῆς τροπῆς ἐπὶ ἰσημερίαν μετοπωρινὴν ἡμέραις ϟβ΄ς΄, ἀπὸ δὲ μετοπωρινῆς ἰσημερίας ἐπὶ τροπὴν χειμερινὴν ἡμέραις πη΄ η″, λοιπὸν ἀπὸ τροπῆς χειμερινῆς ἐπὶ τὴν ἐαρινὴν ἰσημερίαν ἡμέραις ϟη΄, ὥστε τὸν ὅλον κύκλον ἐνιαυτῷ διανύειν, ἡμέραις ἔγγιστα τξε΄δ″, καὶ κατὰ τῶν Διδύμων τὴν ἀρχὴν βραδύτατα κινούμενος, κατὰ δὲ τὴν ἀρχὴν τοῦ Τοξότου τάχιστα, μέσα δὲ κατὰ τὴν Παρθένον καὶ τοὺς Ἰχθύας.

φυσικὸν δέ, ὥς φαμεν, καὶ ἀναγκαῖον ἅπαντα τὰ θεῖα ὁμαλῶς κινεῖσθαι καὶ εὐτάκτως· δῆλον οὖν ὡς ἐπί τινος ἰδίου κύκλου φερόμενος ὁμαλῶς καὶ εὐτάκτως ἡμῖν ἀπὸ τοῦ θ ὁρῶσιν ἐπὶ τοῦ αβγδ δοκεῖ φέρεσθαι ἀνωμάλως. εἰ μὲν οὖν ὁ κύκλος αὐτοῦ περὶ τὸ αὐτὸ κέντρον ἦν τῷ παντί, λέγω δὲ περὶ τὸ θ, τοὺς αὐτοὺς λόγους διαιρούμενος ὑπὸ τῶν αγ βδ διαμέτρων, διὰ τὴν ἰσότητα τῶν περὶ τὸ κέντρον γωνιῶν καὶ τὴν ὁμοιό-

3 uncis inclusa add. Mart. *item ad γ autumnale aequinoctium, ad δ hiemalem conversionem* Chalc. 5 τεταρτιμοριαίας B* 9 μεταπωρινῆς B* 10 ἡμέραι B* η″ add. Mart.] in B vacuum spatium rel. *octoginta et octo diebus pervenit et octava parte unius diei* Chalc. 16 ἀναγκαία πάντα B, ἀναγκαῖον πάντα Mart. 22 διαιροῦμεν B*, *eadem ratione divisus* Chalc. 79 αβ γδ διαμέτρω B*

τητα τῶν περιφερειῶν τὴν αὐτὴν ἂν παρεῖχεν ἀπορίαν. δῆλον δὲ ὡς ἑτέρως κινούμενος καὶ οὐ περὶ τὸ Θ κέντρον αἴτιόν ἐστι τῆς τοιαύτης ἐμφάσεως. ἤτοι οὖν ἐντὸς αὐτοῦ περιλήψεται τὸ Θ, ἢ δι' αὐτοῦ ἐλεύσεται, ἢ ἐκτὸς αὐτοῦ ἀπολείψει. διὰ μὲν οὖν τοῦ Θ τὸν ἡλιακὸν ἔρχεσθαι κύκλον, ἀμήχανον· καὶ γὰρ αὐτὸς ἂν ὁ ἥλιος ἐπὶ γῆν παρεγίνετο, καὶ τοῖς μὲν ἐπὶ θάτερα τῆς γῆς ἀεὶ ἦν ἡμέρα, τοῖς δ' ἄλλοις ἀεὶ νὺξ ἦν, καὶ οὔτ' ἀνατέλλων οὔτε δύνων οὔθ' ὅλως περὶ τὴν γῆν ἐρχόμενος ἐφαίνετο ἂν ὁ ἥλιος· ἅπερ ἄτοπα. λείπεται οὖν ἢ ἐντὸς περιλαμβάνεσθαι τὸ Θ ὑπὸ τοῦ ἡλιακοῦ κύκλου ἢ ἐκτὸς ἀπολείπεσθαι. ὁποτέρως δ' ἂν ὑποτεθῇ, φησί, σωθήσεται τὰ φαινόμενα, καὶ ἐντεῦθεν ἡ διαφορὰ τῶν μαθηματικῶν ἐλεγχθήσεται ἄτοπος οὖσα, τῶν μὲν κατὰ ἐκκέντρων μόνον λεγόντων φέρεσθαι τὰ πλανώμενα, τῶν δὲ κατ' ἐπίκυκλον, τῶν δὲ περὶ τὸ αὐτὸ κέντρον τῇ ἀπλανεῖ. ἐπιδειχθήσονται γὰρ τοὺς τρεῖς γράφοντες κύκλους κατὰ συμβεβηκός, καὶ τὸν περὶ ⟨τὸ⟩ τοῦ παντὸς κέντρον καὶ τὸν ἔκκεντρον καὶ τὸν ἐπίκυκλον. ἐὰν μὲν γὰρ περιλαμβάνεσθαι ὑποθώμεθα τὸ Θ ἐντὸς ὑπὸ ἡλιακοῦ κύκλου, φησί, μὴ μέντοι γε ὡς κέντρον, ἔκκεντρος ἡ τοιαύτη λέγεται πραγματεία, ἐὰν δὲ ἐκτὸς ἀπολείπεσθαι, κατ' ἐπίκυκλον.

1 παρέχειν B, παρέχοι Mart. 10 ἐντὸς] ἐκτὸς B*, *ut Θ vel intra ambitum solstitialis circuli sit vel extra* Chalc. 11 ἐκτὸς] ἐντὸς B* 13 cf. p. 148, 11 16 ἐπικύκλων Mart. 17 ἀπλανῆ B* 21 ἔνκεντρος B, em. apogr., κατ' ἔκκεντρον Mart.

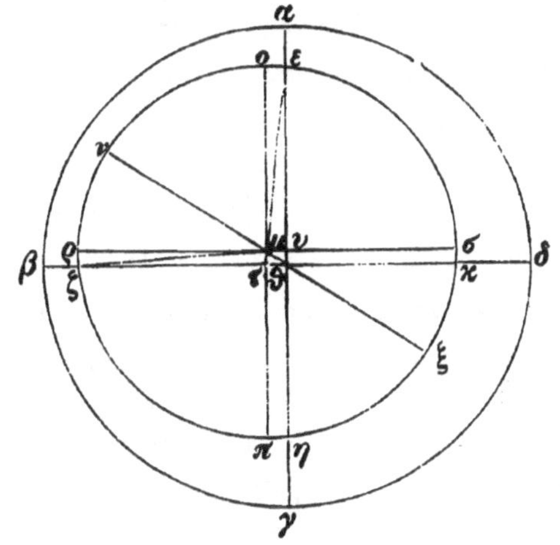

ὑποκείσθω πρότερον ἔκκεντρος εἶναι ὁ τοῦ ἡλίου κύκλος ὁ εζηκ, παρεγκεκλιμένος οὕτως, ὡς ἔχειν τὸ αὐτοῦ κέντρον ὑπὸ τῇ εζ περιφερείᾳ, οἷον τὸ μ, καὶ διαιρουμένου εἰς ἴσα μέρη τξε′δ″ [καὶ] τὴν μὲν εζ περιφέρειαν εἶναι ϟδ′ ϛ′, τὴν δὲ ζη ϟβ′ ϛ′, καὶ τὴν ηκ πη′ η″, τὴν δὲ κε ϟ′ η″. φανερὸν οὖν ὡς ἐπὶ μὲν τοῦ ε γενόμενος ἡμῖν ἀπὸ τοῦ ϑ ἐπ' εὐθείας ὁρῶσιν ἐπὶ τοῦ α εἶναι δόξει, τὴν δὲ εζ διελθών, μεγίστην οὖσαν τῶν εἰς τέσσαρα τετμημένων τοῦ ἰδίου κύκλου, ἡμέραις ϟδ′ ϛ′, ὅσωνπερ ἦν καὶ αὐτὴ ⟨μοιρῶν⟩, ὁμαλῶς, καὶ γενόμενος

1 ἡλίου] ἡλιακοῦ B* supra ι acc. del. 2 ἔχει B 3 διαιρουμένου εἰς ἴσα μέρη τξε′ δ″] διαιρουμένου εἰς ἴσα μένει τὰ εζηκ B, διαιρούμενος οὐκ εἰς ἴσα μὲν τὰ εζ ζη ηκ κε Mart. *hoc igitur circulo in trecentas sexaginta quinque partes et partem quartam unius portionis diviso* Chalc. 80 9 ϟβϛ B (δϛ suprascr.) 10 ἦν καὶ] εἶναι B* μοριῶν add. Mart. γινόμενος B, em. apogr.

ἐπὶ τοῦ ζ, ἡμῖν ἐπὶ τοῦ β φανήσεται, καὶ δόξει τὴν $\overline{\alpha\beta}$ διεληλυθέναι, τεταρτημοριαίαν τοῦ ζῳδιακοῦ κύκλου, οὐ ταῖς αὐταῖς ἡμέραις, ἀνωμάλως. πάλιν δὲ τὴν $\overline{\zeta\eta}$ περιφέρειαν, δευτέραν μεγέθει τοῦ ἰδίου κύκλου, περιελθὼν ὁμαλῶς ἐν ἡμέραις ϙβ΄ ς΄, ὅσωνπερ ἦν αὐτὴ μοιρῶν, καὶ γενόμενος ἐπὶ τοῦ η, ἡμῖν ἐπὶ τοῦ γ φανήσεται, καὶ δόξει τὴν $\overline{\beta\gamma}$, τεταρτημοριαίαν τοῦ ζῳδιακοῦ καὶ ἴσην τῇ πρόσθεν ἐν ἐλάττοσιν ἡμέραις διεληλυθέναι καὶ ἀνωμάλως. παραπλησίως δὲ τὴν $\overline{\eta\kappa}$ διαπορευθείς, ἐλαχίστην οὖσαν τῶν εἰς τέσσαρα τοῦ ἰδίου κύκλου, μοιρῶν πη΄ η΄΄, ἐν ἡμέραις τοσαύταις, καὶ γενόμενος ἐπὶ τοῦ κ, τοῖς ἀπὸ τοῦ θ ὁρῶσι φανήσεται μὲν ἐπὶ τοῦ δ, δόξει δὲ τὴν $\overline{\gamma\delta}$, τεταρτημοριαίαν καὶ ἴσην ταῖς πρόσθεν, ἐλαχίσταις ἡμέραις διεληλυθέναι. καὶ κατὰ λόγον λοιπὴν τὴν $\overline{\kappa\varepsilon}$ πορευθεὶς ἡμέραις ϙ΄ η΄΄, ὅσων καὶ μοιρῶν ἦν, καὶ ἀποκαταστὰς ἐπὶ τὸ ε, δόξει τὴν $\overline{\delta\alpha}$ διηνυκέναι, τεταρτημοριαίαν καὶ ἴσην, ἐν ἡμέραις ϙ΄ η΄΄, καὶ ἐπὶ τὸ α σημεῖον ἀποκαθίστασθαι. καὶ τὸν ἑαυτοῦ κύκλον διαπορευθεὶς ὁμαλῶς τὸν τῶν ζῳδίων ἀνωμάλως δόξει διεληλυθέναι. ἐὰν δὲ ἐπιζεύξαντες μεταξὺ τῶν κέντρων τὴν $\overline{\vartheta\mu}$ ἐκβάλωμεν ἐφ᾽ ἑκάτερα ἐπ᾽ εὐθείας,

2 τεταρτιμοριαίαν B, em. apogr. 8 καὶ ἴσην τῇ] καθ᾽ ἧς ἦν τῇ B, καθ᾽ ἧς ἦν τῆς Mart. cf. vs. 13 et 17. βγ *ambitum velut aequalem priori* Chalc. 9 ἀνομάλως B, em. apogr. 13 τεταρτημοριαίαν] μοριαίαν B* 17 δεικνυκέναι B* 20 *quod si duum circulorum, id est maioris zodiaci et minoris solstitialis eccentri, duo puncta coniungantur et fiat* μθ, *deinde per hanc ducta perexeat* νξ *linea: quia* εζηκ *circuli punctum et medietas est* μ, *aequales erunt lineae* νμ μξ. *maior igitur est* νμ *linea quam* ξθ, *multo ergo maior* νθ *quam* θξ Chalc.

ἐπειδὴ τοῦ εξ κύκλου κέντρον τὸ μ, ἴση ἔσται ἡ μν ⟨τῇ⟩ μξ. ὥστε κατὰ μὲν τὸ ν γενόμενος ὁ ἥλιος ἀπογειότατος ἂν εἴη, καὶ ἡμῖν ἀπὸ τοῦ θ ὁρῶσι τὸ μέγεθος ἐλάχιστος δόξει καὶ βραδύτατα κινούμενος· ὅπερ φαίνεται ποιῶν κατὰ τὴν πέμπτην ἡμίσειαν μάλιστα μοῖραν τῶν Διδύμων· κατὰ δὲ τὸ ξ γενόμενος προσγειότατός τε καὶ διὰ τοῦτο μέγιστος τῇ φάσει καὶ τάχιστα κινούμενος δόξει· ἅτινα πάλιν φαίνεται ποιούμενος κατὰ τὴν ε′ ἡμίσειαν μοῖραν τοῦ Τοξότου· εὐλόγως τε καὶ περὶ τὰς αὐτὰς μοίρας τῶν τε Ἰχθύων καὶ τῆς Παρθένου μέσως τῷ μεγέθει καὶ τῷ τάχει φέρεσθαι δοκεῖ. καὶ οὕτως πάντα, φησί, σωθήσεται τὰ φαινόμενα.

εὑρίσκεται ὁ εξηκ κύκλος τῇ θέσει καὶ τῷ μεγέθει δεδομένος. ἤχθωσαν γὰρ διὰ τοῦ μ ταῖς αγ βδ παράλληλοι πρὸς ὀρθὰς ἀλλήλαις αἱ οπ ρσ, καὶ ἐξεύχθωσαν αἱ ζμ με. δῆλον οὖν ὅτι τοῦ εξηκ κύκλου διαιρεθέντος εἰς ἡμέρας τξε′ δ″ ἡ μὲν εξη περιφέρεια τοιούτων ἔσται ἡμερῶν ρπζ′, ἡ δὲ ηκε ἔσται ἡμερῶν ροη′ δ″. ἴσα ἄρα ἑκατέρα τῶν εο πη ρζ σκ, αἱ δὲ σπ πρ ρο οσ περιφέρειαι ἀνὰ ϟα′ δ″ ις″ τοιούτων ὑπάρχουσαι. ἡ δοθεῖσα ἄρα γωνία ὑπὸ ομν ἴση ἔσται τῇ θμτ· ὁμοίως καὶ ⟨ἡ⟩ ρμν γωνία ἴση ἔσται τῇ υμθ. ἔσται ἄρα ὁ λόγος

2 τῇ add. Mart. μξ] μζ B* ν Chalc.] θν B 6 ξ Chalc.] θξ B 9 εὔλογός B* 13 ἕξκη B* 14 ἤχθοσαν (ω supra o) B 16 εξηη̄ B* 17 εξη] ε̄ζ ἡ B* 18 ρπξ B* 19 εο] βο̄ B* ἡ δὲ εκ̄ κρ οηη περιφέρεια ἀνὰ ω̄ ὀγδόου ἑκκαιδεκάτου τοιούτων ὑπάρχουσα B* 21 ομν] ομς B* θμτ] μτε B* 22 ρμν] ρμ̄ζ B* υμθ] υμ B*

τῆς $\overline{\mu\tau}$ προς $\overline{\mu\vartheta}$, τουτέστι $\overline{\mu\tau}$ πρὸς $\overline{\vartheta\tau}$, ⟨δεδομένος⟩. δέδοται ἄρα τὸ μτϑ τρίγωνον τῷ εἴδει. καὶ δοϑὲν τὸ ϑ κέντρον τοῦ παντὸς πρὸς ἑκάτερον τῶν ν ξ σημείων· τὸ μὲν γὰρ μέγιστον ὁρίζει ἀπόστημα, τὸ δὲ ἐλάχιστον· καὶ ἔστιν ἡ μὲν $\overline{\vartheta\mu}$ μεταξὺ κέντρων τοῦ τε παντὸς καὶ τοῦ ἡλιακοῦ κύκλου. δέδοται ἄρα ὁ $\overline{\varepsilon\zeta\eta\varkappa}$ κύκλος τῇ ϑέσει καὶ τῷ μεγέϑει· εὑρίσκεται δὲ διὰ τῆς περὶ ἀποστημάτων καὶ μεγεϑῶν πραγματείας ὁ λόγος τῆς $\overline{\vartheta\mu}$ ⟨πρὸς τὴν $\overline{\mu\nu}$⟩ ἔγγιστα ὡς ἓν πρὸς κδ′.

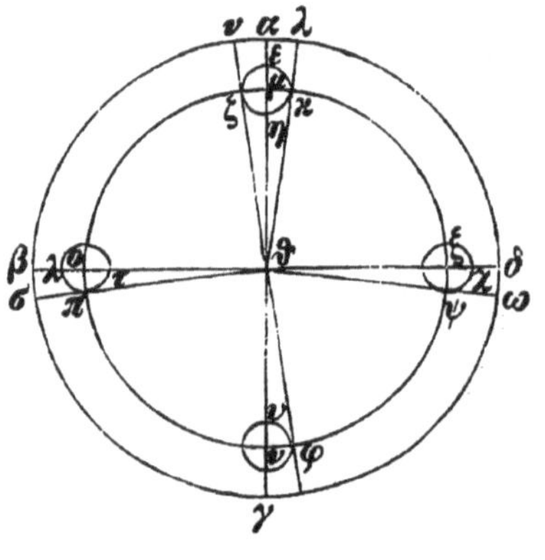

τοιάνδε μὲν τὴν κατὰ ἔκκεντρον πραγματείαν παραδίδωσιν, σῴζουσαν τὰ φαινόμενα. τὴν δὲ κατ' ἐπίκυ-

1 $\overline{\mu\vartheta}$, τουτέστι $\overline{\mu\tau}$] $\bar{\upsilon}\vartheta$ τουτέστιν $\mu\bar{\upsilon}$ B* δεδομένος add. Mart. 2 τὸ post. καὶ del. B 3 ν ξ] $\bar{\bar{\upsilon}}\xi$ B* 4 ὁρίζῃ B* τὸ δὲ] τό τε Mart. 5 ἡ ante μεταξὺ add. Mart. 6 δίδοται B* $\overline{\varepsilon\zeta\eta\varkappa}$] $\bar{\varepsilon}\zeta$ $\eta\bar{\eta}$ B* 9 πρὸς τὴν $\overline{\mu\nu}$ add. Mart. κδ′] ηδ′ B* 10 τοιάνδε] pro literis τοι spatium vacuum rel. in B* ἐγκέντρων B*, ἐκκέντρων apogr.

κλον τοιάνδε λέγουσιν εἶναι. ἔστω πάλιν ζῳδιακὸς μὲν ὁ αβγδ, ἡλιακὸς δὲ κύκλος ὁ εξκ, ἐκτὸς ἀπολείπων ἑαυτοῦ τὸ θ ὅ ἐστι τοῦ παντὸς κέντρον. φερομένης δὴ τῆς τῶν ἀπλανῶν σφαίρας ἀπὸ τῆς β ἀνατολῆς ἐπὶ τὸ α μεσουράνημα καὶ ἀπὸ τοῦ α ἐπὶ τὴν δ δύσιν, ὁ εξκ κύκλος ἤτοι ἠρεμήσει ἢ καὶ αὐτὸς κινηθήσεται, φερομένου περὶ αὐτὸν τοῦ ἡλίου. ἀλλ' εἰ μὲν ἠρεμήσει, δῆλον ὡς ὁ ἥλιος οὔτε δύνων οὔτε ἀνατέλλων φανήσεται, ἀλλ' ἀεὶ τοῖς μὲν ὑπὲρ γῆν ἡμέραν ποιήσει, τοῖς δὲ ὡς πρὸς ἡμᾶς ὑπὸ γῆν νύκτα, καὶ μιᾷ περιστροφῇ τοῦ παντὸς δόξει πάντα παροδεύειν τὰ ζῴδια· ἅπερ ἐστὶν ἄτοπα. κινηθήσεται οὖν καὶ αὐτός· κινούμενος δὲ ἤτοι ἐπὶ τὰ αὐτὰ τῷ παντὶ οἰσθήσεται ἢ ὑπεναντίως· καὶ <εἰ> ἐπὶ τὰ αὐτὰ τῷ παντί, ἤτοι ἰσοταχῶς ἢ θᾶττον αὐτοῦ ἢ βραδύτερον. ἀλλ' εἰ μὲν ἰσοταχῶς, ἀχθεισῶν τῶν θζν θκλ ἐφαπτομένων τοῦ ζε κύκλου, ὁ ἥλιος ἐν τῇ ναλ περιφερείᾳ τοῦ ζῳδιακοῦ ἀεὶ δόξει ἀναστρέφεσθαι· ἐπὶ μὲν γὰρ τοῦ ζ γενόμενος κατὰ τὸ ν φανήσεται, ἐπὶ δὲ τοῦ ε κατὰ τὸ α, μεταβὰς δὲ ἐπὶ τὸ κ κατὰ τὸ λ, καὶ τὴν μὲν ζεκ περιφέρειαν διανύσας, τὴν ναλ δόξει πεπορεῦσθαι ἐπὶ τὰ προηγούμενα τῶν ζῳδίων· τὴν δὲ κηζ διελθὼν δόξει τὴν λαν ἐπὶ τὰ ἑπόμενα ἐνηνέχθαι· ἅτινα πάλιν οὐ φαίνεται. οὐκ ἄρα ὁ εξκ τοῦ ἡλίου κύκλος ἰσοταχῶς ἐπὶ τὰ αὐτὰ τῷ παντὶ συμπερι-

2 εζηκ Mart. 3 θ ὅ ἐστι] ε ὁ ἐπὶ B* 5 εζηκ Mart. 6 αὐτὸς] αὐτὸν B* 9 τοῖς] τῆς B* τοῖς] τῆς B* 13 οἷς θήσεται B* 15 ἀχθεὶς B* 16 εζηκ Mart. 17 ναλ] κᾶλ B* 20 διαννούσας B* 22 δὲ κηζ] δ' κεζ B* 23 εζηκ Mart.

ενεχθήσεται. ἀλλὰ μὴν οὐδὲ θᾶττον, ἐπεὶ καὶ οὕτως προφθάνων προηγεῖσθαι δόξει τῶν ἀπλανῶν καὶ ἀνάπαλιν τὸν ζῳδιακὸν διανύειν, οἷον ἀπὸ Κριοῦ εἰς Ἰχθύας καὶ Ὑδροχόον· ἅπερ οὐ φαίνεται. δῆλον οὖν ὅτι ὁ εζη κύκλος ἤτοι ἐπὶ τὰ αὐτὰ τῷ παντί, βραδύτερον μέντοι, κινηθήσεται, καὶ διὰ τοῦτο ὑπολειπόμενος εἰς τὰ ἑπόμενα δόξει μεταβαίνειν, ἢ καθ᾽ ἑαυτὸν [εἰ] μὲν ὑπεναντίως τῷ παντὶ οἰσθήσεται, συναπενεχθήσεται δὲ τῷ παντὶ πρὸς ἡμέραν ἑκάστην κρατούμενος τὴν ἀπ᾽ ἀνατολῶν ἐπὶ δύσεις· καὶ γὰρ οὕτως εἰς τὰ ἑπόμενα φανήσεται μετιὼν καὶ οἷον ὑπολειπόμενος.

πῶς οὖν σώσει τὰ φαινόμενα; ἔστω κέντρον τοῦ ἡλιακοῦ κύκλου τὸ μ, καὶ γεγράφθω κέντρῳ μὲν τῷ θ, διαστήματι δὲ τῷ θμ, κύκλος ὁ μονξ, καὶ ὑποκείσθω ὁ εζηκ κύκλος νῦν συναποφέρεσθαι μὲν τῷ παντὶ τὴν ἀπὸ τῶν ἀνατολῶν ἐπὶ δύσεις φοράν, ἤτοι δὲ διὰ βραδυτῆτα ὑπολειπόμενος, ἢ καὶ φερόμενος ὑπεναντίως τῷ παντί, ὃ καὶ μᾶλλον δοκεῖ τῷ Πλάτωνι, ὥστε τὸ μὲν κέντρον κατὰ τοῦ μονξ κύκλου φερόμενον ὁμαλῶς περιπορεύεσθαι αὐτὸν ἐνιαυτῷ, καὶ ἐν τῷ ⟨αὐτῷ⟩ χρόνῳ τὸν ἥλιον διανύειν τὸν ἑαυτοῦ κύκλον, ὁμοίως φερόμενον ὁμαλῶς. πάλιν ὁ ἥλιος κατὰ τοῦ εζηκ κύκλου ἤτοι ἐπὶ τὰ αὐτὰ τῷ παντὶ ἐνεχθήσεται, ἢ ὑπεναντίως, ⟨ἐπὶ τὰ αὐτὰ δὲ⟩ τῷ ἰδίῳ κύκλῳ, οἷον ἀπὸ τοῦ κ ἐπὶ τὸ ε καὶ ἀπὸ τοῦ ε ἐπὶ τὸ ζ. λέγω δὲ ὅτι τοῦ εζηκ κύκλου περιφερομένου

1 οὗτος B* 3 τῶν ζωδιακῶν B* εἰς] ⁄ B* 5 εζηκ Mart. 7 εἰ del. Mart. 8 οἷς θήσεται B* 10 φορὰν post δύσεις addendum esse cj. Mart. 13 τῷ] τὸ B* 18 cf. p. 147, 16 20 αὐτῷ add. Mart. 23 ἐπὶ τὰ αὐτὰ δὲ add. Mart. 24 οἷον] οἱ B*

κατὰ τοῦ μονξ ὑπεναντίως τῷ παντὶ ὁ ἥλιος ἐπὶ τοῦ εζηκ κύκλου ἐνεχθήσεται ἐπὶ τὰ αὐτὰ τῷ παντὶ καὶ σώσει τὰ φαινόμενα.

ἐνηνέχθω γὰρ πρότερον ὑπεναντίως μὲν τῷ παντί, ἐπὶ τὰ αὐτὰ ⟨δὲ⟩ τῷ ἑαυτοῦ κύκλῳ, οἷον ἀπὸ τοῦ ε ἐπὶ τὸ ζ ἢ ἀπὸ τοῦ ζ ἐπὶ τὸ η ἢ ἀπὸ τοῦ η ἐπὶ τὸ κ. ἐπεὶ τοίνυν ἐπὶ τοῦ ε γενόμενος πλεῖστον ἀφέστηκεν ἡμῶν, δῆλον ὅτι τὸ α κατὰ τὴν ε' ἡμίσειαν μοῖράν ἐστι τῶν Διδύμων· ἔσται οὖν τὸ γ περὶ τὴν ε' ἡμίσειαν μοῖραν τοῦ Τοξότου· καὶ τὸ μὲν μ, τοῦ ἡλιακοῦ κύκλου κέντρον, τεταρτημοριαίαν ἐνηνέχθω περιφέρειαν τοῦ μονξ κινούμενον ὁμαλῶς, τὴν μο, καὶ τὸν εζηκ κύκλον μετενηνοχέτω ἐπὶ τὸν λπ· ὁ δὲ ἥλιος ἐπὶ τὰ αὐτὰ τούτῳ φερόμενος ὁμοίως τεταρτημοριαίαν ἐνηνέχθω περιφέρειαν τοῦ εζηκ τὴν εξ· ἔσται οὖν ἐπὶ τοῦ π, φανήσεται δὲ ἡμῖν ἐπὶ τοῦ σ, καὶ τὴν εξ τεταρτημοριαίαν τοῦ ἰδίου κύκλου διελθὼν δόξει τοῦ ζῳδιακοῦ μείζονα ἢ ὁμοίαν πορεύεσθαι τὴν αβσ καὶ ἀπὸ τοῦ α ταχέως ἀπιέναι. πάλιν δὲ τὸ ο ἐνηνέχθω κέντρον τεταρτημοριαίαν περιφέρειαν τὴν ον, καὶ καθεστακέτω τὸν λπ κύκλον ἐπὶ τὸν φυ· ὁ δὲ ἥλιος τεταρτημοριαίαν κεκινήσθω περιφέρειαν τὴν πτ· ἔσται οὖν ἐπὶ τοῦ υ, φανήσεται δὲ ἡμῖν ἐπὶ τοῦ γ, καὶ ἐνηνέχθαι δόξει τὴν σγ τοῦ ζῳδιακοῦ ἐλάττονα ἢ τεταρτημοριαίαν καὶ προσιέναι τῷ γ

4 ἐνηνέχθω] γενέσθω B 5 δὲ add. Mart. 8 α] θε B 13 τούτου B* 18 αβσ] ᾱμς̄ B* ἀπεῖναι B* 20 καθεστηκέτω B τὸν λπ] τὸ λπ B* 21 κεκινείσθω B* 22 οὖν] ἡμῖν B, μὲν Mart. cf. vs. 9. 15. p. 163, 7 23 ἐνηνέχθω B* 24 τῷ] τὸ B*

βραδέως. πάλιν δὴ τὸ ν τεταρτημοριαίαν μεταβὰν περιφέρειαν τὴν νξ, μετενηνοχέτω τὸν κύκλον ἐπὶ τὸν χψ· ὁ δὲ ἥλιος τεταρτημοριαίαν ἐνεχθεὶς περιφέρειαν ἔστω ἐπὶ τοῦ ψ· φανήσεται δὲ ἄρα κατὰ τὸ ω καὶ δόξει διεληλυθέναι τὴν γω, ἐλάττονα ⟨ἢ⟩ τεταρτημοριαίαν, καὶ βραδέως ἀπιέναι τοῦ γ. λοιπὸν δὲ τὸ μὲν ξ κέντρον, τεταρτημοριαίαν ἐλθὸν περιφέρειαν τὴν ξμ, ἀποκαθεστακέτω τὸν ψχ κύκλον ἐπὶ τὸν εξηκ, καὶ αὐτὸς δὲ ὁ ἥλιος, διελθὼν [ϑ'] ὁμοίαν τὴν περιφέρειαν τὴν ψχ, ἀποκαθεστάσθω ἐπὶ τὸ ε, φαινόμενος κατὰ τὸ α· καὶ ἐνηνέχθαι δόξει τὴν ωδα τοῦ ζῳδιακοῦ μείζονα περιφέρειαν καὶ ταχύνειν ἐπὶ τὸ α. ὥστε δῆλον ὅτι φερόμενος οὕτω τάχιστα μὲν δόξει κινεῖσθαι περὶ τοὺς Διδύμους, βραδύτατα δὲ περὶ τὸν Τοξότην· φαίνεται δὲ τοὐναντίον· οὐκ ἄρα, τοῦ κύκλου αὐτοῦ φερομένου κατὰ τὸν μονξ ἔγκεντρον κύκλον ἐπὶ τὰ ἐναντία τῷ παντί, καὶ αὐτὸς ὁ ἥλιος ἐπὶ τοῦ ἐπικύκλου ἐπὶ τὰ αὐτὰ μὲν τούτῳ κινηθήσεται, ὑπεναντίως δὲ τῷ παντί.

2 τὸν χψ] τὸ χλ B* 3 ἐνενεχθεὶς B, em. apogr. 5 τὴν] τὸ B* ἢ add. Mart. 6 ἐπιέναι B, em. apogr. 7 ἐλθὼν B*. an διελθὸν? περιφέρειαν] φέρειαν (lineola per α ducta) B* 9 ϑ' del. Mart. ψχ] ψ B* 11 ἐνηνέχθαι δόξει] ἐνηνέχθει B* 16 ἔνκεντρον B*

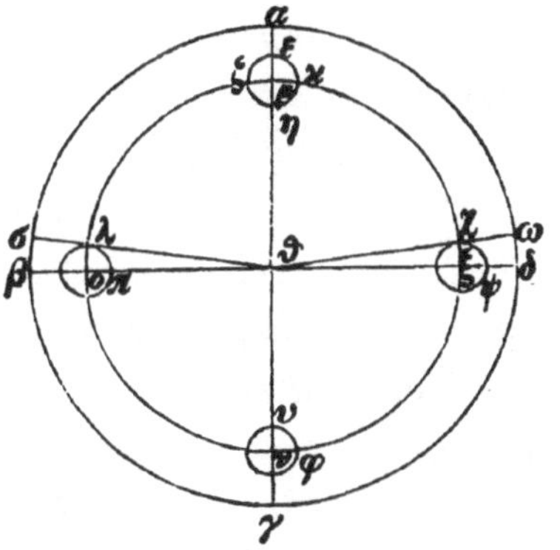

λείπεται οὖν, τοῦ ἐπικύκλου φερομένου ὑπεναντίως τῷ παντί, τὸν ἥλιον κατὰ τοῦ ἐπικύκλου φέρεσθαι ἐπὶ τὰ αὐτὰ τοῖς ἀπλανέσιν· οὕτως γὰρ σωθήσεται τὰ φαινόμενα. οἷον ἐνηνέχθω τὸ μὲν κέντρον τοῦ ἐπικύκλου τεταρτημοριαίαν περιφέρειαν περὶ ἔγκεντρον κύκλον τὴν μο, καὶ μετενηνοχέτω τὸν ἐπίκυκλον ἐπὶ τὸν λπ· ὁ δὲ ἥλιος ἐπὶ τοῦ ἐπικύκλου τὴν εκ ὁμοίαν· ἔσται οὖν ἐπὶ τοῦ λ, φανήσεται δὲ ἡμῖν ἐπὶ τοῦ σ, τεταρτημοριαίαν τοῦ ἰδίου κύκλου κινηθεὶς περιφέρειαν· ἐπὶ δὲ τοῦ ζῳδιακοῦ δόξει ἐλάττονα ἐνηνέχθαι τὴν ασ καὶ βραδέως ἀπερχόμενος τοῦ α σημείου. πάλιν τὸ ο κέντρον μεταβεβηκέτω τεταρτημοριαίαν τὴν ου, καὶ ὁ ἥλιος ὁμοίαν τοῦ ἐπικύκλου τὴν λπ· ἔσται δὲ ἐπὶ τοῦ υ, φανήσεται δὲ κατὰ τὸ γ, καὶ δόξει κεκινῆσθαι τοῦ ζῳδιακοῦ τὴν σβγ, μείζονα τεταρτημοριαίας, ταχύνων ἐπὶ τὸ γ. ἐπενη-

1 τοῦ apogr.] τον B 5 περιενκεν (τρ supra) B* 6 τὸ ν' ἐπίκυκλον ἐπὶ τὸ λπ B* 7 τήν ante τοῦ del. B ἐπικύκλου] ἐπικλου B* 13 λτ́ B* 14 κεκινεῖσθαι B* 15 τὸ] τοῦ B*

νέχθω τὸ ν ἐπὶ τὸ ξ τεταρτημοριαίαν τὴν νξ καὶ τὸν υφ κύκλον ἐφηρμοκέτω τῷ χψ· ὁ δὲ ἥλιος, κινηθεὶς ὁμοίαν ταῖς πρόσθεν τὴν υφ [περὶ τὴν υφ] περιφέρειαν, ἔστω ἐπὶ τοῦ χ· φανήσεται δὲ κατὰ τὸ ω, καὶ δόξει διεληλυθέναι τὴν γδω τοῦ ζῳδιακοῦ περιφέρειαν μείζονα τεταρτημοριαίας, καὶ ταχέως ἀπιέναι τοῦ γ ἐπὶ τὸ δ. λοιπὴν ⟨δὲ τὸ κέντρον ἐλθὸν⟩ τὴν ξμ κίνησιν ἀποκαθεστακέτω ⟨τὸν⟩ χψ ἐπὶ τὸν ἐπίκυκλον τὸν εξη, καὶ αὐτὸς ὁ ἥλιος, ἐνεχθεὶς ὁμοίαν λοιπὴν τὴν χψ, ἀποκαθεστάσθω ἐπὶ τὸ ε, φανήσεται δὲ κατὰ τὸ α, δόξει δὲ [ὁ κατὰ τὸ α] τοῦ ζῳδιακοῦ διεληλυθέναι τὴν ωα ἐλάττονα τεταρτημοριαίας καὶ βραδέως προσιέναι τῷ α. ὥστε κατὰ τήνδε τὴν ὑπόθεσιν σωθήσεται τὰ φαινόμενα· βραδύτατον μὲν γὰρ δόξει κινεῖσθαι καὶ μικρότατος εἶναι κατὰ μέγεθος ὁ ἥλιος περὶ τὴν ε′ ϛ′ μοῖραν τῶν Διδύμων, τάχιστα δὲ φέρεσθαι καὶ μέγιστος εἶναι περὶ τὴν αὐτὴν μοῖραν τοῦ Τοξότου· καὶ ταῦτα εὐλόγως· ἀπὸ μὲν γὰρ τοῦ ε μεταβαίνων ἐπὶ τὸ κ, τοῦ κύκλου αὐτοῦ κινουμένου ἀπὸ τοῦ μ ἐπὶ τὸ ο, ἀντιφερόμενος . . . .

1 τὸ ξ] τὸ ῡξ B* νξ] η̄ξ B* 4 διεκκλυθέναι B* 6 τὸ corr. ex τοῦ B 7 ἀποκαθεστηκέτω B 8 ⟨τὸν⟩ χψ] χψη̄ B, ⟨ὁ⟩ χψ Mart.; scrib. vid. ⟨τὸν⟩ χψ ἐπίκυκλον ἐπὶ τὸν εξη εξηκ Mart. 9 χψ] χη̄ B* 10 φανήσεται] φανέσθω B, φαινέσθω Mart. 11 δὲ ὁ] δὲ ὁ ⟨ἥλιος⟩ Mart. 12 τῷ α] τὸ αο B* 15 ε′ ϛ′] ε̄ζ B* 18 μεταβαῖνον B* 19 ἀπὸ] ἐπὶ B τὸ] τῶ B* 20 *quippe* εξηκ *epicyclo moto per* μονξ *circulum sol ab* ε *ad* κ *pergens contra quam fertur epicyclus suus moram faciens tardius ad* ο *defertur tardiusque* μο *obibit ambitum multoque tardius zodiaci circuli* αβ *regionem obisse existimatur; et rursum epicyclo supra dicto moto ad* ον *ambitum sol demum a*

ἐπὶ τὸ π, τοῦ ἐπικύκλου μεταβαίνοντος ἀπὸ τοῦ ο ἐπὶ τὸ υ, συντρέχων αὐτῷ τὴν ἐπὶ τοῦ ζῳδιακοῦ φορὰν ἐπιτείνειν δόξει τῇ κινήσει ἐπὶ ταὐτὰ γινομένην ⟨τῷ παντὶ καὶ⟩ τρόπον τινὰ συμβαίνουσαν. καὶ παραπλησίως ἀπὸ τοῦ υ φερόμενος ἐπὶ τὸ φ, τοῦ ἐπικύκλου μεταβαίνοντος ἀπὸ τοῦ ν ἐπὶ τὸ ξ, οἷον προφθάνων τὸν ἑαυτοῦ κύκλον [καὶ] ἐπὶ τοῦ ζῳδιακοῦ δόξει ταχύνειν. ἀνάπαλιν δὲ ἀπὸ τοῦ χ παραγινόμενος ἐπὶ τὸ ψ, τοῦ ξ μεταβαίνοντος ⟨ἐπὶ τὸ⟩ μ, ἀντιφερόμενος τῷ ἑαυτοῦ κύκλῳ βραδεῖαν φαίνεται ποιούμενος τὴν ἐπὶ τοῦ ζῳδιακοῦ φοράν.

εὑρίσκεται δὲ πάλιν τὸ μέγεθος τοῦ ἐπικύκλου καὶ ὁ λόγος τοῦ μεταξὺ τῶν κέντρων πρὸς τὴν ε̅η̅ τοῦ ε̅ξ̅ ἐπικύκλου ⟨διάμετρον⟩ ὑπεναντίως τῷ πρόσθεν, ὡς κδ΄ πρὸς ἕν, διὰ τῆς περὶ ἀποστημάτων καὶ μεγεθῶν πραγματείας· μέγιστον μὲν γὰρ ἀπόστημα τοῦ ἡλίου τὸ ϑ̅ε̅, ἐλάχιστον δὲ τὸ ϑ̅υ̅· ἡ δὲ ὑπεροχὴ τοῦ μεγίστου πρὸς τὸ ἐλάχιστον διάμετρος γίνεται τοῦ ἐπικύκλου· κατ' ἐπίκυκλον γὰρ καὶ ἡ τοιαύτη γίνεται πραγματεία,

κ ad η pergens e. q. s. Chalc. 82. *τῷ ἑαυτοῦ κύκλῳ βράδιον ἐπὶ τὸ ο*(?) *ἐνεχθήσεται καὶ βράδιον δόξει διεληλυθέναι τοῦ ζῳδιακοῦ τὴν α̅β̅ περιφέρειαν· ἀνάπαλιν δὲ ἀπὸ τοῦ λ παραγινόμενος* vel *τῷ ἑαυτοῦ κύκλῳ βραδεῖαν φαίνεται ποιούμενος τὴν ἐπὶ τοῦ ζῳδιακοῦ φοράν· ἀνάπαλιν δὲ ἀπὸ τοῦ λ παραγινόμενος* suppl. Mart. 1 *π*] *τ΄* B* 2[b] *ἐπὶ*] *μὲν* B, *μὲν ἐπὶ* Mart. 3 *ταὐτὰ*] *ταῦτα* B*. *sol demum a κ ad η pergens concurrere videbitur mundi circumactioni et adiutus ab ea propere et citius obire zodiaci quadrantem* Chalc. *γινομένῃ* Mart. 4 *συμβαίνουσα* B* 6 *ξ*] *φ΄ξ* B* 8 *ψ* add. Mart.] in B spatium vacuum rel. 9 *ἐπὶ τὸ* add. Mart. 13 *ε̅η̅*] *ἐκ* B* *ε̅ξ̅* Mart.] in B est nota voc. *κέντρον* 14 *διάμετρον* subaudiendum esse put. Mart. *τῷ*] *τὸ* B* *κδ΄*] *ἡ κ̅δ̅* B* 17 *ϑ̅ε̅*] *ϑ̅γ̅* B* *ϑ̅υ̅*] *ϑ̅ϛ̅* B* 18 *τὸ*] *τὸν* B*

ἐπειδὴ ὁ $\overline{\varepsilon\xi\kappa}$ τοῦ πλανωμένου κύκλος καθ' ἑτέρου τινὸς ἐγκέντρου [ὁμοκέντρου] φέρεται κύκλου, οἷον τοῦ $\overline{\mu o \nu \xi}$.

ἀλλ' ὅτι μὲν καθ' ἑκατέραν τὴν ὑπόθεσιν, τὴν κατ' ἔκκεντρον καὶ τὴν κατ' ἐπίκυκλον, σώζεται τὰ φαινόμενα, δείκνυσιν ἐκ τούτων. Ἵππαρχος δέ φησιν ἄξιον εἶναι μαθηματικῆς ἐπιστάσεως ἰδεῖν τὴν αἰτίαν δι' ἣν τοσοῦτον διαφερούσαις ὑποθέσεσι, τῇ τε τῶν ἐκκέντρων κύκλων καὶ τῶν ὁμοκέντρων καὶ τῶν ἐπικύκλων, τὰ αὐτὰ φαίνεται ἀκολουθεῖν. δείκνυσι δὲ ὁ Ἄδραστος πρῶτον μὲν πῶς τῇ κατ' ἐπίκυκλον ἕπεται κατὰ συμβεβηκὸς ἡ κατὰ ἔκκεντρον· ὡς δὲ ἐγώ φημι, καὶ τῇ κατὰ ἔκκεντρον ἡ κατ' ἐπίκυκλον.

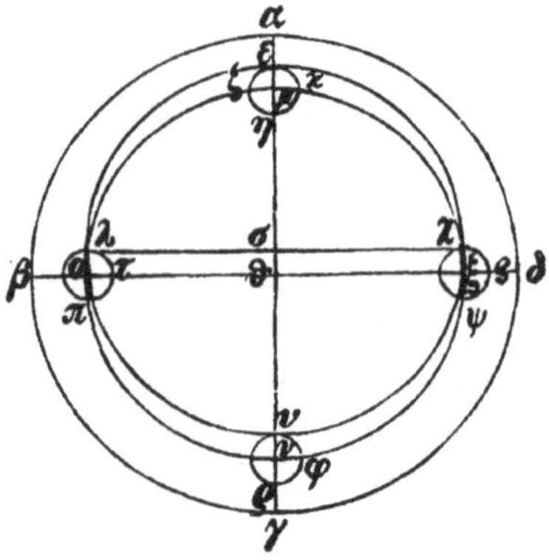

ἔστω γὰρ ζῳδιακος μὲν ὁ $\overline{\alpha\beta\gamma\delta}$, κέντρον δὲ τοῦ

1 $\overline{\varepsilon\zeta\eta\kappa}$ Mart. 2 ὁμοκέντρου del. Mart. φέρεται] φαίεται B* οἷον] οἷς B* 3 $\mu\overline{\nu o}\xi$ B* 4 κατέγκεντρον B* 8 διαφερούσαις] διαφέρει B, διαφόροις Mart. 9 τῇ ante τῶν ὁμοκέντρων add. Mart. cf. p. 185, 14. 186, 4. 199, 6 12 ἡ] ἢ B* ἔγκεντρον B* 13 ἡ] ἢ B* 14 κέντρον B*

παντὸς τὸ ϑ, ἡλίου δὲ ἐπίκυκλος ὁ εξηκ, κέντρον δὲ αὐτοῦ τὸ μ· καὶ γεγράφϑω κέντρῳ μὲν τῷ ϑ, διαστήματι δὲ τῷ ϑμ, κύκλος ὁ μονξ. λέγω ὅτι, τοῦ μ κέντρου κινουμένου περὶ τὸν μονξ κύκλον ὁμόκεντρον ὁμαλῶς, ὑπεναντίως τῷ παντί, καὶ συναποφέροντος τὸν ἐπίκυκλον, ὁ ἥλιος ἐν ἴσῳ χρόνῳ διανύων τὸν εκηξ ἐπίκυκλον ὁμαλῶς, ἐπὶ τὰ αὐτὰ δὲ τῷ παντί, γράψει καὶ τὸν ἔκκεντρον ἴσον ὄντα τῷ μονξ ἐγκέντρῳ. διήχϑωσαν γὰρ αἱ αγ βδ διάμετροι τοῦ ζῳδιακοῦ πρὸς ὀρϑὰς ἀλλήλαις, ὥστε τὸ μὲν α σημεῖον περὶ τὴν ε′ ϛ′ μοῖραν τῶν Διδύμων εἶναι, τὸ δὲ γ περὶ τὴν αὐτὴν τοῦ Τοξότου, καὶ κέντροις τοῖς [μ] ο ν ξ γεγράφϑωσαν τῷ εξηκ ἐπικύκλῳ ἴσοι κύκλοι οἱ λπτ υρφ χψς καὶ τῶν λπτ χψς διάμετροι πρὸς ὀρϑὰς τῇ βδ αἱ λπ χψ, καὶ ἐπεξεύχϑωσαν αἱ λχ ⟨οξ⟩. λέγω ὅτι αἱ λχ οξ ἴσαι τέ εἰσι καὶ παράλληλοι· ἴση ἄρα ἑκατέρα τῶν λσ σχ ἑκατέρᾳ τῶν οϑ ϑξ αἵ εἰσιν ἐκ τοῦ κέντρου τοῦ μονξ κύκλου· καὶ ἐπεὶ ἴση ἡ ϑσ τῇ ολ, ἴσαι ἔσονται ἡ ϑσ καὶ ἑκατέρα τῶν υν με· ἔστι δὲ ἴση καὶ ἡ ϑν τῇ ϑμ· ἴση ἄρα καὶ ἡ υσ τῇ σε. ἀλλ' ἐπεὶ ἴση ἡ ϑσ τῇ υν, κοινὴ δὲ ἡ ϑυ, ἴση

1 τὸ] τοῦ B* 2 τῷ] τὸ B* 3 τῷ] τὸ B* 5 συναποφερόμενος B, συναποφερομένου Mart. 8 ἔκκεντρον] ἔγκεντρον B* 9 βδ] βᾱ B, em. ap. 10 ε′ϛ′] ε̄ζ B* 12 μ del. Mart. 13 οἱ] ὁ B* 13 extr. χψς] χψζ B* 14 τῇ βδ] τνβζ B* ἐπιζεύχϑωσαν B* 15 οξ add. Mart. 18 in. ϑσ] φϑσ B* ἴσαι] ἴσα (η supra α) B* 19 υν] ῡω̄ B* 20 τῇ σε] τῆς ε′ B* υν] ϑω̄ B* ϑυ] ϑω B*

ἡ συ τῇ θυ· ἑκατέρα ἄρα τῶν εσ συ ἴση ἔσται τῇ ἐκ τοῦ κέντρου τοῦ μονξ κύκλου· ἐδείχθη δὲ καὶ ἑκατέρα τῶν λσ σχ ἴση τῇ ἐκ τοῦ κέντρου τοῦ αὐτοῦ κύκλου· τέσσαρες ἄρα αἱ σε σλ συ σχ ἴσαι ἀλλήλαις εἰσὶ καὶ πρὸς ὀρθάς. ὁ ἄρα κέντρῳ μὲν τῷ σ, διαστήματι δέ τινι μιᾷ αὐτῶν γραφόμενος κύκλος ἥξει διὰ τῶν ε λ υ χ σημείων, καὶ ἴσος ⟨ἔσται⟩ τῷ μονξ κύκλῳ, καὶ ὑπὸ τῶν ευ λχ διαμέτρων εἰς τέσσαρα ἴσα διαιρεθήσεται. γεγράφθω οὖν καὶ ἔστω ὁ ελυχ· οὗτος δὲ ἔσται ὁ ἔκκεντρος, τὸ μὲν ἀπογειότατον ἔχων ὑπὸ τὸ α, ε′ ς′ μοῖραν τῶν Διδύμων, τὸ δὲ προσγειότατον ὑπὸ τὸ γ, ε′ ς′ μοῖραν τοῦ Τοξότου. λέγω δ᾽ ὅτι ἥλιος, φερόμενος, ὡς ὑπετέθη, κατὰ τοῦ εκηξ ἐπικύκλου, κατὰ συμβεβηκὸς γράψει καὶ τὸν ελυχ ἔκκεντρον. ἐνηνέχθω γὰρ τὸ μὲν κέντρον τοῦ ἐπικύκλου τὴν μο περιφέρειαν τεταρτημοριαίαν· καὶ ὁ ἥλιος ἄρα, ἐν τῷ αὐτῷ χρόνῳ ἐνεχθεὶς ὁμοίαν τοῦ ἐπικύκλου τὴν εκ, ἔσται ἐπὶ τοῦ λ, καὶ ἀπὸ τοῦ ε ἐπὶ τὸ λ ἐλεύσεται τεταρτημοριαίαν γράψας περιφέρειαν τοῦ ἐκκέντρου τὴν ελ. πάλιν τὸ ο κέντρον ἐπὶ τοῦ κύκλου ἐνηνέχθω τεταρτημοριαίαν τὴν ον περιφέρειαν, ὁ δὲ ἥλιος ὁμοίαν τοῦ ἐπικύκλου τὴν λτ· ἔσται ἄρα ἐπὶ τοῦ υ, καὶ κατὰ συμβεβηκὸς γράψει τοῦ ἐκκέντρου ὁμοίαν περιφέρειαν τὴν λυ. ὁμοίως δὴ τοῦ ν δια-

3 τῇ corr. ex τοῦ B 6 υ] γ B* 7 ἔσται add. Mart. ὑπὸ τῶν] ὑποκείσθω B, ὑπ᾽ ἐκείνων τῶν Mart. 8 λχ] λλ′ B* 9 ο̄ ε̄λυχ B* 10 ε′ ς′] εζ B* 11 τὸ γ ε′ ς′ μοῖραν] τὴν γ εζ′ μόνον B* 17 τῶ (οῦ supra) ἐπικύκλου B 22 γράφει B* 23 ὁμοίαν ὁμοίαν περιφέρειαν ὁμοίαν B*

πορευθέντος τὴν νξ, ὁ ἥλιος τοῦ ἐπικύκλου διελεύσεται ὁμοίαν τὴν υφ· ἔσται δὴ ἐπὶ τοῦ χ, κατὰ συμβεβηκὸς γράψας καὶ τὴν υχ ὁμοίαν περιφέρειαν τοῦ ἐκκέντρου. λοιπὸν δὲ τοῦ ξ διελθόντος τὴν ξμ, καὶ ὁ ἥλιος ἐξανύσας ⟨τὴν⟩ χς ἀποκατασταθήσεται ἐπὶ τὸ ε· γράψει δὲ ἅμα καὶ τὴν χε περιφέρειαν τοῦ ἐκκέντρου λοιπὴν καὶ ὁμοίαν· ὥστε ὅλον τὸν ἐπίκυκλον ἐξανύσας ὁμαλῶς διὰ τοῦ ὁμοκέντρου γράψει ἔκκεντρον· ὅπερ ἔδει δεῖξαι.

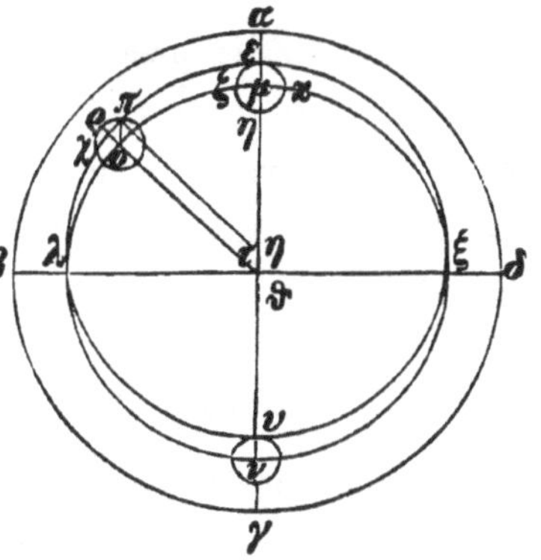

δείκνυται δὲ τὸ αὐτὸ καὶ οὕτως. ἔστω ζῳδιακὸς μὲν ὁ αβγδ, ἡλίου δὲ ἐπίκυκλος ὁ εξηκ, τὸ μὲν κέντρον ἔχων ἐπὶ τοῦ μονξ κείμενον, ὅς ἐστιν ὁμόκεντρος περὶ τὸ ϑ κέντρον τοῦ παντός· καὶ ἔστω τὸ ε σημεῖον ἀπογειότατον ὑπὸ τὴν ε΄ ς΄ μοῖραν τῶν Διδύμων. λέγω ὅτι, τοῦ κε φερομένου ὁμαλῶς ἐπὶ τοῦ μονξ κύκλου

2 υφ] ψχ B*   4 τοῦ ξ] τὸ ζ B*   5 χς] χσ B*
6 ἄρα (ἅμα above) B, ἅμα ἄρα ap.   10 αωγδ B*   εξκη B*   13 εζ B*

ὑπεναντίως τῷ παντί, ὁ ἥλιος ἐν τῷ αὐτῷ χρόνῳ φερόμενος κατὰ τοῦ εκηξ ἐπικύκλου ὁμαλῶς μὲν καὶ ὑπεναντίως τῷ ἐπικύκλῳ, ἐπὶ τὰ αὐτὰ δὲ τῷ παντί, κατὰ συμβεβηκὸς γράψει καὶ τὸν ἔκκεντρον ἴσον ὄντα τῷ μονξ ἐγκέντρῳ. ἀπενηνέχθω γὰρ τὸ μὲν μ κέντρον τυχοῦσάν τινα περιφέρειαν τὴν μο, καὶ καθεστακέτω τὸν ἐπίκυκλον ἐπὶ τὸν πρχ· ὁ δὲ ἥλιος ἀρξάμενος ἀπὸ τοῦ ε, τουτέστιν ἀπὸ τοῦ ρ, ἐν τῷ αὐτῷ χρόνῳ διεληλυθέτω τὴν ρπ, ὁμοίαν τῇ μο, καὶ κείσθω τῇ με ἴση ἡ θη, καὶ ἐπεξεύχθωσαν αἱ ηπ θρ· ἐπεὶ οὖν ὁμοία ἡ ρπ περιφέρεια τῇ ομ, ἴση καὶ γωνία ἡ φ τῇ τ· παράλληλος ἄρα ἡ πο τῇ ηθ· ἔστι δὲ καὶ ἴση· ἴση ἄρα ἡ πη τῇ οθ καὶ παράλληλος· ἔστι δὲ ἡ θο ἴση τῇ ηε· ἴση ἄρα ἡ ηπ τῇ ηε. ὁ ἄρα κέντρῳ μὲν τῷ η, διαστήματι δὲ τῷ ηε γραφόμενος κύκλος ἥξει καὶ διὰ τοῦ π καὶ ἴσος ἔσται τῷ μονξ. γεγράφθω οὖν ὁ επλυξ· οὗτος ἄρα ἔσται ὁ ἔκκεντρος· ἐπεὶ οὖν παράλληλος ἡ πη τῇ ρθ, ἴση ἡ φ γωνία τῇ τ, τουτέστι τῇ πηε· ὁμοία ἄρα ἡ επ· ἀρξάμενος δὲ ⟨ὁ ἥλιος⟩ ἀπὸ τοῦ ε, κατὰ συμβεβηκὸς γράψει καὶ τὴν επ ὁμοίαν περιφέρειαν τοῦ ἐκκέντρου. ὁμοίως δὲ δειχθήσεται τοῦτο ποιῶν ἀεί· ὥστε καὶ ὅλον ἀνύσας

2 τοῦ] τῆς B* 5 ἐνκέτρω B* ἀπηνέχθω B, em. apogr. 6 τὸν] τὸ ν̄ B* 7 πεχ B* 9 θη] θκ̄ B, de eadem lit. duo diversa puncta significante cf. Friedlein praef. ad Procli in Eucl. comm. p. VII 12 ηθ] νθ̄ B* 13 ηε] ζῆ ηε B* 14 τῷ η] τὸ η B* τῷ ηε] τὸ κε̄ B* 15 ἴσο B* 16 ἔκκεντρος Mart.] in B est nota vocis κέντρον supra quam scripta est lit. ς 17 πη] πηη B* 18 τουτέστι τῇ πηε] τοῦ τὶ ἡ πορ B: cf. ad p. 171, 18. 172, 10. 187, 19. 197, 3. Mart. sic scripsit: ἴση δὲ ἡ φ γωνία τῇ τ, τοῦ τε (τοῦ τὲ apogr.) πρχ τῇ πρ ὁμοία ἄρα ἡ επ 19 ἥλιος add. Mart.

τὸν ἐπίκυκλον διὰ τοῦ ἐγκέντρου ὅλον γράψει καὶ ἔκκεντρον· ὅπερ ἔδει δεῖξαι.

δεικτέον δὲ καὶ τὸ ἀναστρέφον. ἔστω γὰρ πάλιν ζῳδιακὸς μὲν ὁ αβγδ, διάμετρος δὲ αὐτοῦ ἡ αγ, καὶ κέντρον τὸ ϑ, ἡλίου δὲ κύκλος ἔκκεντρος ελυξ· καὶ ἔστω ἀπογειότατον μὲν αὐτοῦ τὸ ε ὑπὸ ε΄ ς΄ μοῖραν τῶν Διδύμων, κέντρον δὲ ἐπὶ τῇ αϑ τὸ η· καὶ γεγράφϑω κέντρῳ μὲν τῷ ϑ, διαστήματι δὲ τῷ ηε, κύκλος ὁ μονξ. πάλιν κέντρῳ μὲν τῷ μ, διαστήματι δὲ τῷ με, κύκλος γεγράφϑω ὁ εζηκ· δῆλον οὖν ὡς οὗτος ἔσται ὁ αὐτὸς τῷ ἐπικύκλῳ. λέγω δὴ ὅτι ὁ ἥλιος κινούμενος ὁμαλῶς κατὰ τοῦ ελυξ ἐκκέντρου γράψει κατὰ συμβεβηκὸς καὶ τὸν εζηκ ἐπίκυκλον φερόμενον ὁμαλῶς κατὰ τοῦ μονξ καὶ ἰσοχρονίως τῷ ἡλίῳ. ἐνηνέχϑω γὰρ ὁ ἥλιος τυχοῦσάν τινα περιφέρειαν ἐπὶ τοῦ ἐκκέντρου τὴν επ, καὶ ἐπεζεύχϑω ἡ πη, καὶ ⟨ἡ⟩ ρϑ παράλληλος, ἴση δὲ τῇ ϑη ἡ ορ, καὶ ἐπεζεύχϑω ἡ πο. ἐπεὶ οὖν αἱ ηϑ πο ἴσαι ἔσονται καὶ παράλληλοι, ἔστι δὲ ἡ ϑη ἴση τῇ με, τουτέστι τῇ ορ τῇ οπ, ὁ ἄρα κέντρῳ μὲν τῷ ο, διαστήματι δὲ τῷ ορ γραφόμενος κύκλος ἥξει καὶ διὰ τοῦ π, καὶ ὁ αὐτὸς ἔσται τῷ εζηκ ἐπικύκλῳ. γεγράφϑω οὖν ὁ πρχ· ἐπεὶ οὖν διὰ τὰς παραλλήλους αἱ τ φ γωνίαι ἴσαι

1 ἐκκέντρου B* ἔγκεντρον B* 5 ἔγκεντρος B* 6 ε̄ ζ̄ μοίραν B* 7 τῇ αϑ] τὰ (corr. ex τὸ) αο B* 8 τῷ ϑ] τὸ ϑ B* τῷ ηε κύκλος] τὸ ε̄λῡν̄ξ B* 9 κέντρω corr. ex κέντρον B τῷ μ] τὸ μ B* τῷ με] τὸ μσ B* 10 οὗτως B* 12 συμβηκὸς B, em. apogr. 16 ἡ add. Mart. ρϑ] οϑ? 17 ϑη ἡ ορ] ϑο ἡ ϑρ B* 18 με τουτέστι] μσ τουτὶ B* 20 ορ] ρ B* 22 ει post γωνίαι del. B

εἰσὶν ἀλλήλαις, ἐν δὲ τοῖς κύκλοις αἱ ἴσαι γωνίαι ἐφ' ὁμοίων περιφερειῶν βεβήκασιν, ἐν δὲ τοῖς ἴσοις καὶ ἐπὶ ἴσων, ἐάν τε πρὸς τοῖς κέντροις ὦσιν ἐάν τε πρὸς ταῖς περιφερείαις, αἱ $\overline{\rho\pi}$ $\overline{\epsilon\pi}$ $\overline{\mu o}$ περιφέρειαι [δὲ] ὅμοιαι ἔσονται ἀλλήλαις, αἱ δὲ $\overline{\epsilon\pi}$ $\overline{\mu o}$ καὶ ἴσαι. ἐν ᾧ ἄρα χρόνῳ ὁ ἥλιος τὴν $\overline{\epsilon\pi}$ περιφέρειαν ἐκινήθη τοῦ ἐκκέντρου, ἐν τούτῳ καὶ τὸ μ κέντρον τοῦ ἐπικύκλου, τὴν $\overline{\mu o}$ περιφέρειαν ἐνεχθέν, τὸν $\overline{\epsilon\zeta\eta}$ ἐπίκυκλον ἐπὶ τὸν $\overline{\pi\rho\chi}$ μετήνεγκε, καὶ ὁ ἥλιος τὴν $\overline{\epsilon\pi}$ ἐπὶ τοῦ ἐκκέντρου διανύσας, ἀρξάμενος ἀπὸ τοῦ ε, τουτέστιν ἀπὸ τοῦ ρ, καὶ τὴν $\overline{\rho\pi}$ τοῦ ἐπικύκλου περιφέρειαν ὁμοίαν ἔγραψε. τὸ δ' αὐτὸ δειχθήσεται καὶ κατὰ πᾶσαν κίνησιν ποιούμενος· ὥστε καὶ ὅλον διανύσας τὸν ἔκκεντρον ὁ ἥλιος ὅλον γράψει τὸν ἐπίκυκλον· ὅπερ ἔδει δεῖξαι.

ταῦτα δὲ καὶ ἐπὶ τῶν ἄλλων πλανωμένων δείκνυται. πλὴν ὁ μὲν ἥλιος ἀπαραλλάκτως ταῦτα δοκεῖ ποιεῖν κατὰ ἀμφοτέρας τὰς ὑποθέσεις, διὰ τὸ τοὺς ἀποκαταστατικοὺς αὐτοῦ χρόνους, τόν τε τοῦ μήκους καὶ τὸν τοῦ πλάτους καὶ τὸν τοῦ βάθους καὶ [τὸν] τῆς λεγομένης ἀνωμαλίας, οὕτως εἶναι σύνεγγυς ἀλλήλων, ὥστε τοῖς πλείστοις τῶν μαθηματικῶν ἴσους δοκεῖν, ἡμερῶν ἕκαστον τξε' δ'', ἀκριβέστερον δὲ ἐπισκοπουμένοις τὸν μὲν τοῦ μήκους, ἐν ᾧ τὸν ζῳδιακὸν ἀπὸ σημείου τινὸς ἐπὶ τὸ αὐτὸ σημεῖον διανύει καὶ ἀπὸ τροπῆς ἐπὶ τὴν

4 [δὲ]: μὲν Mart. 10 τουτέστιν] τουτὶ B* 13 ἔγκεντρον B* 15 inscr. περὶ ἡλίου ἀποκαταστάσεως B 17 cf. p. 184, 18 18 αὐτοὺς B* τόν τε — ἕκαστον: haec verba iterantur in B post ἐπισκοπουμένοις vs. 22, signo † ante τόν τε et post ἕκαστον posito (B[b]) τε supra voculam μὲν deletam scr. B[b] 19 τὸν del. Mart. 20 εἶναι om. B[a] 21 τοὺς πλείστους B* ἴσας B[b] 22 τξε'] $\overline{\tau\epsilon}$ B* 24 διανύειν B*

αὐτὴν τροπὴν καὶ ἀπὸ ἰσημερίας ἐπὶ τὴν αὐτὴν ἰσημερίαν παραγίνεται, τὸν εἰρημένον σύνεγγυς [κύκλον] χρόνον, παρὰ τετραετίαν ἐπὶ τὸ αὐτὸ σημεῖον τοῦ μήκους αὐτοῦ κατὰ τὴν αὐτὴν ὥραν ἀποκαθισταμένου· τὸν δὲ τῆς ἀνωμαλίας, καθ' ὃν ἀπογειότατος γινόμενος καὶ δι' αὐτὸ τῇ μὲν φάσει τοῦ μεγέθους μικρότατος, βραδύτατος δὲ κατὰ τὴν εἰς τὰ ἑπόμενα φοράν, ἢ ἀνάπαλιν προσγειότατος, καὶ διὰ τοῦτο μέγιστος μὲν τῷ μεγέθει δοκῶν, τῇ δὲ κινήσει τάχιστος, ἡμερῶν ἔγγιστα τξε' ς', διετίᾳ πάλιν ἐπὶ τὸ αὐτὸ σημεῖον τοῦ βάθους τὴν αὐτὴν ὥραν αὐτοῦ φαινομένου, τὸν δὲ τοῦ πλάτους, ἐν ᾧ ἀπὸ τοῦ αὐτοῦ βορειότατος ἢ νοτιώτατος γενόμενος ἐπὶ τὸ αὐτὸ παραγίνεται, ὡς πάλιν ἴσας ὁρᾶσθαι τὰς τῶν αὐτῶν γνωμόνων σκιάς, ἡμερῶν μάλιστα τξε' η'', κατὰ τὸ αὐτὸ τοῦ πλάτους σημεῖον αὐτοῦ τὴν αὐτὴν ὥραν ὀκταετίᾳ παραγινομένου. ἐπὶ δὲ τῶν ἄλλων, ἐπεὶ καθ' ἕκαστον τῶν πλανωμένων πολὺ παραλλάττουσιν ⟨οἱ⟩ εἰρημένοι χρόνοι πάντες, καὶ ἐφ' ὧν μὲν μᾶλλον, ἐφ' ὧν δὲ ἧττον, τὰ γινόμενα καθ' ἕκαστον φαίνεται ποικιλώτερα καὶ διαλλάττοντά πως καθ' ἑκατέραν τὴν ὑπόθεσιν, οὐκέτ' ἐν ἴσῳ χρόνῳ τοῦ πλάνητος ἑκάστου τὸν ἑαυτοῦ ἐπίκυκλον περιερχομένου καὶ τοῦ ἐπικύκλου τὸν ἔγκεντρον, ἀλλ' ὧν μὲν θᾶττον, ὧν δὲ βράδιον, διά τε τὰς τῶν κύκλων ἀνισότητας καὶ διὰ

2 κύκλον delendum aut in δοκεῖν mutandum esse censet Mart. 4 αὐτὴν] ἑαυτοῦ B* 5 γινόμενος] γίνεται?
ειο
6 μὲν] δὲ B* 10 ς'] ξ̄ B* 12 νοτιώτατος B 16 παραγένομένου B* inscr. περὶ τῆς τῶν λοιπῶν πλανήτων ἀποκαταστάσεως B 17 πολλοὶ B* 18 οἱ add. Mart. 20 ποικιλότερον B* 23 ἔκκεντρον B* 24 τε] δὲ B*

τὰς ἀπὸ τοῦ μέσου τοῦ παντὸς ἀνίσους ἀποστάσεις, ἔτι τε διὰ τὰς πρὸς τὸν διὰ μέσων τῶν ζῳδίων διαφόρους λοξώσεις ἢ ἀνομοίους ἐγκλίσεις τε καὶ θέσεις. ὅθεν καὶ τὰ τῶν στηριγμῶν τε καὶ ἀναποδισμῶν καὶ προηγήσεων καὶ ὑπολείψεων οὐχ ὁμοίως ἐπὶ πάντων ἀπαντᾷ· ἀλλ' ἐπὶ μὲν τῶν ε' γίνεσθαι [ὡς] ταῦτα φαίνεται, εἰ καὶ μη παντάπασιν ὁμοίως· ἐπὶ μέντοι γε ἡλίου καὶ σελήνης οὐδ' ὅλως· οὔτε γὰρ προηγεῖσθαί ποτε οὔτε στηρίζειν οὔτε ἀναποδίζειν οὗτοι φαίνονται, διὰ τὸ τὸν μὲν ἥλιον σύνεγγυς κατὰ τὸν ⟨αὐτὸν⟩ χρόνον ἐπὶ τοῦ αὐτοῦ κύκλου φαίνεσθαι φερόμενον, καὶ τὸν ἐπίκυκλον αὐτοῦ κατὰ τοῦ ἐγκέντρου, καθάπερ ἔφαμεν, τῆς δὲ σελήνης τὸν ἐπίκυκλον θᾶττον κατὰ τοῦ ἐγκέντρου φέρεσθαι καὶ τοῦ τῶν ζῳδίων ὑπολείπεσθαι κύκλου ἢ αὐτὴν διεξιέναι τὸν ἐπίκυκλον.

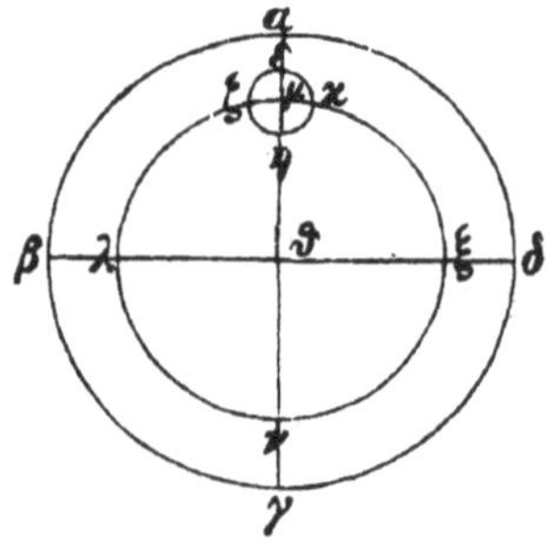

1 ὑποστασεις B* 2 τὰς] τοῦ B* 3 λοξώσεις: τητας del. inter λοξώ (ω fort. corr. ex ο) et σεις B inscr. περὶ στηριγμῶν καὶ προηγήσεων καὶ ἀναποδισμῶν B 5 ὑπολήψεων B* πάντ' B* ἀπαντᾶν deleto ut vid. altero ν B 6 γίνεται servata voce ὡς Mart. εἰ καὶ] καὶ εἰ B. verba καὶ εἰ — σελήνης iterantur in B post φαίνονται vs. 9, post φαίνονται et post σελήνης signo † posito 10 αὐτὸν add. Mart. αὐτοῦ Mart. 12 αὐτοῦ] αὐτὸν Mart. καθάπερ ἔφαμεν: p. 160, 20 14 τοῦ] τὸν B* κύκλον B* 15 αὐτὴν] αὐτὸν B*

δῆλον δὲ ὡς οὐδὲν διαφέρει πρὸς τὸ σώζειν τὰ φαινόμενα, τοὺς πλάνητας κατὰ τῶν κύκλων, ὡς διώρισται, λέγειν κινεῖσθαι, ἢ τοὺς κύκλους φέροντας τὰ τούτων σώματα αὐτοὺς περὶ τὰ ἴδια κέντρα κινεῖσθαι· λέγω δὲ τοὺς μὲν ἐγκέντρους, φέροντας τὰ τῶν ἐπικύκλων κέντρα, περὶ τὰ αὑτῶν κέντρα κινεῖσθαι ὑπεναντίως ⟨τῷ παντί⟩, τοὺς δὲ ἐπικύκλους, φέροντας τὰ τῶν πλανωμένων σώματα, πάλιν περὶ τὰ αὑτῶν κέντρα, οἷον τὸν μὲν μλνξ ἔγκεντρον φέρεσθαι περὶ τὸ θ, τοῦ παντὸς καὶ ἑαυτοῦ κέντρον, ὑπεναντίως τῷ παντί, φέροντα ἐπὶ τῆς αὑτοῦ περιφερείας τοῦ ⟨ἐπικύκλου τὸ⟩ μ κέντρον, τὸν ⟨δὲ⟩ εξηκ ἐπίκυκλον ἔχοντα τὸν πλανώμενον κατὰ τὸ ε φέρεσθαι πάλιν περὶ τὸ μ κέντρον, ἐπὶ μὲν ἡλίου καὶ σελήνης ἐπὶ τὰ αὐτὰ τῷ παντί, ἐπὶ δὲ τῶν ἄλλων καὶ τοῦτον ὑπεναντίως τῷ παντί· σώζεται γὰρ οὕτως τὰ φαινόμενα.

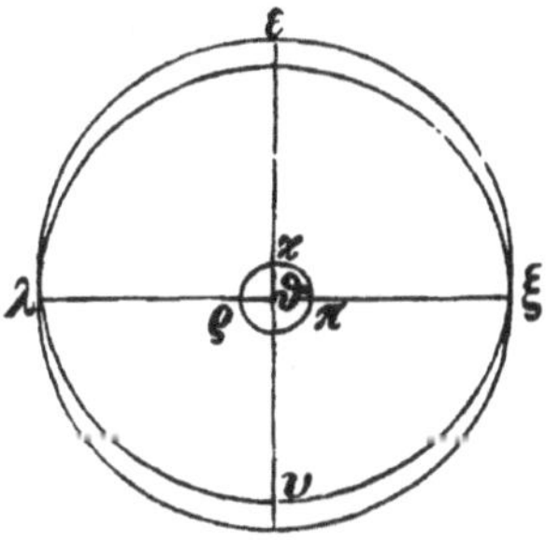

κατὰ δὲ τὴν ἑτέραν πραγματείαν, ὄντος ἐκκέντρου

6 ὑπεναντίους B, em. apogr. 7 τῷ παντὶ add. Mart. 8 πλανομένων B, em. apogr. αὑτῶν] αὐτὰ B* 10 ἑαυτὸν B* φέροντα ἐπὶ τῆς αὐτοῦ περιφέρειας τὸ μ κέντρον τοῦ εξηκ ἐπικύκλου, ⟨ὃν⟩ ἔχοντα κτλ. Mart. 15 τούτων B* 17 ἐγκέντρου B*

κύκλου τοῦ ελυξ περὶ κέντρον τὸ κ, ἐπὶ μὲν ἡλίου αὐτὸς ὁ ελυξ κύκλος ἐν ἐνιαυτῷ κινούμενος ὁμαλῶς περὶ τὸ κ κέντρον, φέρων τὸν ἥλιον ἐνεστηριγμένον κατὰ τὸ ε σημεῖον, σώσει τὰ φαινόμενα, τοῦ κ κέντρου καθ' ἑαυτὸ μὲν μὴ κινουμένου μηδ' ὑπεναντίως τῷ παντί, συναποφερομένου δὲ τῷ παντὶ καὶ πρὸς ἡμέραν ἑκάστην γράφοντος τὸν κρπ κύκλον, ἴσον γινόμενον τῷ τῆς ἑτέρας πραγματείας κύκλῳ· ποιήσεται γὰρ οὕτως ὁ ἥλιος ἀεὶ κατὰ τοὺς αὐτοὺς τόπους μέγιστα ἀποστήματα καὶ πάλιν καθ' ἑτέρους ἐλάχιστα καὶ παραπλησίως κατὰ ἄλλους μέσα, τὰ μὲν μέγιστα κατὰ τὴν ε΄ ς΄ μοῖραν, ὡς εἴρηται, τῶν Διδύμων, τὰ δὲ ἐλάχιστα κατὰ τὴν αὐτὴν τοῦ Τοξότου, καὶ τὰ μέσα ὁμοίως κατὰ τὰς αὐτὰς τῆς τε Παρθένου καὶ τῶν Ἰχθύων· ἐπειδὴ καὶ τὸ ε σημεῖον τοῦ ἐκκέντρου ἐφ' οὗ ἐστιν ὁ ἥλιος, τήνδε μὲν ἔχοντος τὴν θέσιν τοῦ κύκλου, φαινόμενον ὑπὸ τοὺς Διδύμους ἀπογειότατόν ἐστιν, περιενεχθέντος δὲ τοῦ κύκλου περὶ τὸ κ κέντρον, μεταπεσὸν ὅπου νῦν ἐστι τὸ υ, φανήσεται μὲν ὑπὸ τὸν Τοξότην, ἔσται δὲ προσγειότατον, μεταξὺ δὲ τούτων, κατά τε τὴν Παρθένον καὶ τοὺς Ἰχθύας, μέσως ἀποστήσεται.

τὰ δ' ἄλλα πλανητὰ ἐπειδὴ κατὰ πάντα τόπον τοῦ ζῳδιακοῦ καὶ μέγιστα καὶ ἐλάχιστα καὶ μέσα ποιεῖται καὶ ἀποστήματα καὶ κινήματα, ἐὰν κέντρῳ μὲν τῷ θ τοῦ παντός, διαστήματι δὲ τῷ θκ, γεγράφθαι νοήσωμεν κύκλον τὸν κπρ, ἔπειτα τοῦτον, ἔγκεντρον ὄντα καὶ

4 ἑαυτοῦ B, ἑαυτὸν Mart. 11 μέσους B* ε̄ζ̄ B* ὡς εἴρηται: p. 157, 5 18 μεταπεσών B* 19 προσγειότατος B* 24 τὸ θ B* 25 νοήσομεν B*

ἴσον τῷ τῆς ἑτέρας ὑποθέσεως ἐπικύκλῳ, φέρεσθαι περὶ τὸ θ τοῦ παντὸς κέντρον καὶ συναποφέρειν τὸ κ κέντρον τοῦ ἐκκέντρου ὑπεναντίως τῷ παντὶ ἐν χρόνῳ τινί, τὸν δὲ ελυξ ἔκκεντρον ἐν ἑτέρῳ χρόνῳ κινεῖσθαι περὶ τὸ ἑαυτοῦ κέντρον τὸ κ, φέροντα τὸν πλανώμενον ἐνεστηριγμένον ἐν αὐτῷ κατὰ τὸ ε, λαμβανομένων τῶν χρόνων καθ' ἕκαστον τῶν πλανωμένων ἰδίων καὶ οἰκείων, σωθήσεται τὰ φαινόμενα.

καὶ ταῦτα μὲν ἐπὶ πλέον διέξεισι τοῦ προσοικειῶσαι ἀλλήλαις τὰς τῶν μαθηματικῶν ὑποθέσεις τε καὶ πραγματείας, οἵτινες πρὸς τὰ φαινόμενα μόνον καὶ τὰς κατὰ συμβεβηκὸς γινομένας τῶν πλανωμένων κινήσεις ἀποβλέποντες, μακροῖς χρόνοις ταύτας τηρήσαντες διὰ τὸ εὐφυὲς τῆς χώρας αὐτῶν, Βαβυλώνιοι καὶ Χαλδαῖοι καὶ Αἰγύπτιοι, προθύμως ἀρχάς τινας καὶ ὑποθέσεις ἀνεζήτουν, αἷς ἐφαρμόζει τὰ φαινόμενα, δι' οὗ τὸ κατὰ τὰ εὑρημένα πρόσθεν ἐπικρίνειν καὶ κατὰ μέλλοντα προλήψεσθαι, φέροντες οἱ μὲν ἀριθμητικάς τινας, ὥσπερ Χαλδαῖοι, μεθόδους, οἱ δὲ καὶ γραμμικάς, ὥσπερ Αἰγύπτιοι, πάντες μὲν ἄνευ φυσιολογίας ἀτελεῖς ποιούμενοι τὰς μεθόδους, δέον ἅμα καὶ φυσικῶς περὶ τούτων ἐπισκοπεῖν· ὅπερ οἱ παρὰ τοῖς Ἕλλησιν ἀστρολογήσαντες ἐπειρῶντο ποιεῖν, τὰς παρὰ τούτων λαβόντες ἀρχὰς καὶ τῶν φαινομένων τηρήσεις, καθὰ καὶ Πλάτων

3 ἐγκέντρου B* 4 ἔγκεντρον B* 6 λαμβανόμενον τὸν χρόνων B, λαμβανόμενοι τῶν χρόνων Mart. 7 πλανομένων B, em. apogr. 11 οἵτινες] ὧν τινες? 14 cf. Aristot. de caelo II 12. Bretschneider die Geometrie u. die Geometer vor Euklides p. 12 sq. 16 ἐφαρμόζοι Mart. δι' οὗ κτλ.] haec verba graviter corrupta sunt κατὰ] καὶ Mart. 17 εἰρημένα B* κατὰ] τὰ Mart. 18 προλείψεσθαι B* 19 γραμμικάς: cf. Biot, Journal des Savants 1850 p. 199

ἐν τῷ Ἐπινομίῳ μηνύει, ὡς ὀλίγον ὕστερον ἔσται δῆλον παρατεθεισῶν τῶν λέξεων αὐτοῦ.

καὶ Ἀριστοτέλης δὲ ἐν τοῖς περὶ οὐρανοῦ κοινῶς διὰ πλειόνων δείξας περὶ τῶν ἄστρων, ὡς οὔτε δι' ἠρεμοῦντος αὐτὰ φέρεται τοῦ αἰθερίου σώματος οὔτε φερομένου συνθεῖ καθάπερ ἀπολελυμένα καὶ καθ' ἑαυτά, οὔτε μὴν δινούμενα οὔτε κυλινδούμενα, μᾶλλον δὲ ὑπ' ἐκείνου φέρεται τὰ ἀπλανῆ πολλὰ ὄντα ὑπὸ μιᾶς κοινῆς τῆς ἐκτός, τῶν δὲ πλανωμένων ἕκαστον ἓν ὑπὸ πλειόνων σφαιρῶν, πάλιν ἐν τῷ λ' τῶν μετὰ τὰ φυσικά φησιν Εὔδοξόν τε καὶ Κάλλιππον σφαίραις τισὶ κινεῖν τοὺς πλάνητας. τὸ γὰρ φυσικόν ἐστι μήτε τὰ ἄστρα αὐτὰ κατὰ ταὐτὰ φέρεσθαι κυκλικάς τινας ἢ ἑλικοειδεῖς γραμμὰς καὶ ὑπεναντίως γε τῷ παντὶ μήτε αὐτούς τινας κύκλους περὶ τὰ αὐτῶν κέντρα δινεῖσθαι φέροντας ἐνεστηριγμένους τοὺς ἀστέρας, καὶ τοὺς μὲν [ἑπτὰ] ἐπὶ τὰ αὐτὰ τῷ παντί, τοὺς δὲ ὑπεναντίως. πῶς γὰρ καὶ δυνατὸν ἐν κύκλοις ἀσωμάτοις τηλικαῦτα σώματα δεδέσθαι; σφαίρας δέ τινας εἶναι τοῦ πέμπτου σώματος οἰκεῖον ἐν τῷ βάθει τοῦ παντὸς οὐρανοῦ κειμένας τε καὶ φερομένας, τὰς μὲν ὑψηλοτέρας, τὰς δὲ ὑπ' αὐτὰς τεταγμένας, καὶ τὰς μὲν μείζονας, τὰς δὲ ἐλάττονας, ἔτι δὲ τὰς μὲν κοίλας, τὰς δ' ἐν τῷ βάθει τούτων πάλιν στερεάς, ἐν αἷς ἀπλανῶν δίκην ἐνεστηριγμένα τὰ πλα-

1 Ἐπινομίῳ: p. 987 A 3 inscr. τὰ Ἀριστοτέλους B. dditum est κε', quod ex ea quae sequitur καὶ voce ortum esse probabiliter cj. Mart. περὶ οὐρανοῦ: II 8 4 διηρεμοῦντος B* 8 Arist. de caelo II 12. cf. Krische die theol. Lehren der griech. Denker p. 286 sqq. τὰ] τὰ μὲν? 10 cf. p. 201, 25. Arist. Metaph. λ 8 p. 1073[b] φασὶν Εὔδοξός τε καὶ Κάλιππος B* 16 ἑπτὰ del. Mart. 19 sqq. cf. p. 189, 7

νητὰ τῇ ἐκείνων ἁπλῇ μέν, διὰ δὲ τοὺς τόπους ἀνισοταχεῖ φορᾷ κατὰ συμβεβηκὸς φαίνεται ποικίλως ἤδη κινεῖσθαι καὶ γράφειν τινὰς κύκλους ἐκκέντρους ἢ καὶ ἐφ' ἑτέρων τινῶν κύκλων κειμένους ἤ τινας ἕλικας, καθ' ὧν οἱ μαθηματικοὶ κινεῖσθαι νομίζουσιν αὐτά, τῇ ἀναστροφῇ ἀπατώμενοι. ἐπεὶ οὖν φαίνεται μὲν συναποφέρεσθαι ὑπὸ τοῦ παντὸς πρὸς ἑκάστην ἡμέραν τὴν ἀπ' ἀνατολῶν ἐπὶ δύσεις, ἀντιφέρεσθαι δὲ τὴν εἰς τὰ ἑπόμενα κατὰ λοξοῦ τοῦ ζῳδιακοῦ μετάβασιν, κινεῖσθαι δέ τι καὶ πλάτος, βορειότερά τε καὶ νοτιώτερα βλεπόμενα, πρὸς δὲ τούτοις ὕψος τε καὶ βάθος, ὁτὲ μὲν ἀπογειότερα, ὁτὲ δὲ προσγειότερα θεωρούμενα, φησὶν ὁ Ἀριστοτέλης ὅτι διὰ πλειόνων σφαιρῶν ἕκαστον οἱ πρόσθεν ὑπετίθεντο φέρεσθαι. Εὔδοξος μὲν ἥλιον καὶ σελήνην διὰ τριῶν σφαιρῶν φησιν ἐστηρίχθαι, μιᾶς μὲν τῆς τῶν ἀπλανῶν περὶ τοὺς τοῦ παντὸς πόλους δινουμένης καὶ διὰ κράτος κοινῶς πάσας τὰς ἄλλας ἀπὸ ἀνατολῶν ἐπὶ δύσεις ἐφελκομένης, ἑτέρας δὲ φερομένης περὶ ἄξονα τὸν πρὸς ὀρθὰς τῷ διὰ μέσου τῶν ζῳδίων, δι' ἧς τὴν κατὰ μῆκος μετάβασιν εἰς τὰ ἑπόμενα τῶν ζῳδίων κοινῶς ἕκαστον πάλιν φαίνεται ποιεῖσθαι, τρίτης δὲ περὶ ἄξονα τὸν πρὸς ὀρθὰς τῷ λελοξωμένῳ κύκλῳ πρὸς τὸν διὰ μέσου ἐν τῷ πλάτει τῶν ζῳδίων, δι' ἧς τὴν κατὰ πλάτος κίνησιν ἕκαστον ἰδίαν, τὸ μὲν ἐν πλείονι, τὸ δὲ

1 διά τε B*   3 ἐγκέντρους B*   5 μαθητικοὶ B, em. apogr.   αὐτοῦ B*   7 πρὸς ἑκάστην ἡμέραν] πρὸς ἑκάστην δὲ καὶ πάντα B, παρ' ἑκάστην τε καὶ πάντα Mart. cf. p. 176, 6   8 τὰ apogr.] τὴν B   13 ὅτι] ὁτὲ δὲ B*
14 inscr. τὰ Εὐδόξου κατὰ (καὶ τὰ Mart.) Ἀριστοτέλους B. cf. Ideler, Abh. d. Berl. Akad. 1830 p. 73 sqq. Letronne, Journal des Savants 1841 p. 542   19 ἧς] ἣν B   22 τὸν] τῶν B*   23 διαμέσου B*

ἐν ἐλάττονι φέρεται διαστάσει, βορειότερόν τε καὶ νοτιώτερον γινόμενον τοῦ διὰ μέσων τῶν ζῳδίων, τῶν δ' ἄλλων πλανωμένων ἕκαστον διὰ τεττάρων, προστεθείσης [ἄν τις ὑπολάβηται σειρῆνας] καθ' ἕκαστον ἑτέρας, δι' ἧς καὶ τὸ βάθος ἕκαστον ποιήσεται. Κάλλιπος δέ, χωριστοῦ Κρόνου καὶ Διός, τοῖς ἄλλοις καὶ ἑτέρας τινάς, φησί, προσετίθει σφαίρας, ἀνὰ δύο μὲν ἡλίῳ καὶ σελήνῃ, τοῖς δὲ λοιποῖς ἀνὰ μίαν. εἶτα δὲ ἐπιλογίζεται, εἰ μέλλοιεν συντεθεῖσαι σώζειν τὰ φαινόμενα, καθ' ἕκαστον τῶν πλανωμένων καὶ ἑτέρας εἶναι σφαίρας μιᾷ ἐλάττονας τῶν φερουσῶν τὰς ἀνελιττούσας, εἴτε ἑαυτοῦ δόξαν ταύτην, εἴτε ἐκείνων ἀποφαινόμενος. ἐπεὶ γὰρ ᾤοντο κατὰ φύσιν μὲν εἶναι τὸ ἐπὶ τὸ αὐτὸ φέρεσθαι πάντα, ἑώρων δὲ τὰ πλανώμενα καὶ ἐπὶ τοὐναντίον μεταβαίνοντα, ὑπέλαβον δεῖν εἶναι μεταξὺ φερουσῶν ἑτέρας τινάς, στερεὰς δηλονότι, σφαίρας, αἳ τῇ ἑαυτῶν κινήσει ἀνελίξουσι τὰς φερούσας ἐπὶ τοὐναντίον, ἐφαπτόμενας αὐτῶν, ὥσπερ ἐν ταῖς μηχανοσφαιροποιίαις τὰ λεγόμενα τυμπάνια, κινούμενα περὶ τὸ κέντρον ἰδίαν τινὰ κίνησιν, τῇ παρεμπλοκῇ τῶν ὀδόντων εἰς τοὐναντίον κινεῖν καὶ ἀνελίττειν τὰ ὑποκείμενα καὶ προσυφαπτόμενα. ἔστι δὲ τὸ μὲν φυσικὸν ὄντως, πάσας τὰς σφαίρας φέρεσθαι μὲν ἐπὶ τὸ αὐτό, περιαγομένας ὑπὸ τῆς ἐξωτάτω, κατὰ δὲ τὴν ἰδίαν κίνησιν διὰ τὴν

2 γινομένων B* 4 σειρήνας B. ὑπολάβοιτο, σειρήνης Mart. interpolator verba διὰ τεττάρων male intellecta ad Platonis de sphaerarum concentu locum supra exscriptum (p. 146, 1. cf. adn. ad p. 138, 9) rettulit 5 δι' ἧς] διήση B* inscr. τὰ Καλίππου κατὰ (καὶ τὰ Mart.) Ἀριστοτέλους B* Κάλιππος B* 7 δύο] δύο: δύο B* 18 cf. Papp. VIII p. 308 Gerh. Lübbert, Rhein. Mus. n. F. XII p. 119 21 κινεῖ καὶ ἀνελίττει Mart. 22 προσυφαπτόμενον B* 23 περιαγομένω B*

τάξιν τῆς θέσεως καὶ τοὺς τόπους καὶ τὰ μεγέθη τὰς μὲν θᾶττον, τὰς δὲ βραδύτερον ἐπὶ τὰ ἐναντία φέρεσθαι περὶ ἄξονας ἰδίους καὶ λελοξωμένους πρὸς τὴν τῶν ἀπλανῶν σφαῖραν· ὥστε τὰ ἐν αὐταῖς ἄστρα τῇ τούτων ἁπλῇ καὶ ὁμαλῇ κινήσει φερόμενα κατὰ συμβεβηκὸς αὐτὰ δοκεῖν συνθέτους καὶ ἀνωμάλους καὶ ποικίλας τινὰς ποιεῖσθαι φοράς. καὶ γράφουσί τινας κύκλους διαφόρους, τοὺς μὲν ἐγκέντρους, τοὺς δὲ ἐκκέντρους, τοὺς δὲ ἐπικύκλους. ἕνεκα δὲ τῆς ἐννοίας τῶν λεγομένων ἐπὶ βραχὺ καὶ περὶ τούτων ἐκθετέον, κατὰ τὸ δοκοῦν ἡμῖν ἀναγκαῖον εἰς τὰς σφαιροποιίας διάγραμμα.

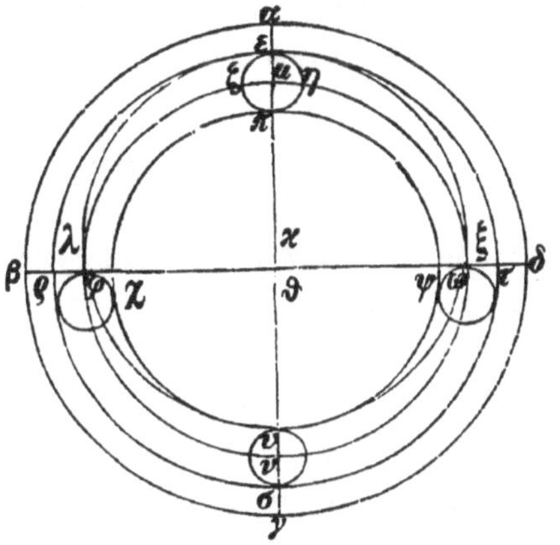

ἔστω σφαῖρα κοίλη τῶν ἀπλανῶν ἡ αβγδ περὶ κέντρον τὸ θ τοῦ παντὸς ἐν βάθει τῷ αε· διάμετροι δ' αὐτῆς αἱ αγ βδ· καὶ νοείσθω ὁ αβγδ κύκλος μέγιστος καὶ διὰ μέσων τῶν ζῳδίων· ἑτέρα δέ τις ὑποκάτω

5 καὶ ante κινήσει del. B 12 in descr. omissae sunt literae θκλμνξφω 14 αἱ] ἡ B* 15 δέ τις] ἥτις B*

αὐτῆς περὶ τὸ αὐτὸ κέντρον κοίλη σφαῖρα πλάνητος ἡ ερστ καὶ πχυψ, ἐν βάθει τῷ επ· ἐν δὲ τῷ βάθει τούτῳ στερεὰ σφαῖρα ἡ εξπη, ἐνεστηριγμένον ἐν αὐτῇ φέρουσα τὸ πλανώμενον κατὰ τὸ ε. καὶ πᾶσαι φερέσθωσαν ἐπὶ τὰ αὐτὰ ὁμαλῶς ἁπλᾶς κινήσεις ἀπ' ἀνατολῶν ἐπὶ δύσεις, μόνη δὲ ἡ τὸ πλάτος ἀφορίζουσα τοῦ πλάνητος ἐπὶ τὰ ἐναντία φερέσθω, ἢ ἐπὶ τὰ αὐτὰ μέν, ὑπολειπέσθω δὲ διὰ βραδυτῆτα· ἑκατέρως γὰρ σωθήσεται τὰ φαινόμενα. ἀλλ' ἡ μὲν τῶν ἀπλανῶν περὶ ἄξονα ⟨τὸν⟩ πρὸς ὀρθὰς τῷ .... αὐτῷ ἐπιπέδῳ ἐν ᾧ ἐστι καὶ ὁ τὸ πλάτος ἀφορίζων κύκλος ὁ λοξὸς πρὸς τὸν διὰ μέσων τῶν ζῳδίων. φερέσθω δὲ ἡ μὲν τῶν ἀπλανῶν σφαῖρα τάχιστα· βραδύτερον δὲ ταύτης ἡ κοίλη τοῦ πλάνητος ἐπὶ τὰ ἐναντία, ὥστε ἔν τινι ὡρισμένῳ χρόνῳ πᾶσαν ἐπὶ τὰ ἐναντία περιιέναι τὴν τῶν ἀπλανῶν, ἤ, ὥς τινες οἴονται, ὑπολείπεσθαι· ποτέρα δὲ ἀληθεστέρα δόξα, ἐν ἄλλοις εἴρηται· φερέτω δὲ [ἐπὶ] τὴν σφαῖραν τὴν στερεὰν ἔχουσαν τὸ πλανώμενον· ἡ δὲ στερεὰ σφαῖρα, φερομένη περὶ τὸν ἑαυτῆς ἄξονα ὁμαλῶς, ἐπὶ τὸ αὐτὸ ἀποκαταστήσεται, κατὰ τὰ αὐτὰ φερομένη τῇ ἀπλανεῖ· ἤτοι δὲ ἐν ἴσῳ χρόνῳ ἐπὶ τὸ αὐτὸ ἀποκαταστήσεται, ἐν ᾧ καὶ ἡ κοίλη τοῦ πλανωμένου τὴν τῶν ἀπλανῶν ἐπὶ τὰ ἐναντία φερομένη περιέρχεται ἢ ὑπολείπεται, ἢ θᾶττον, ἢ βραδύτερον.

1 αὐτῆς] τῆς B 2 τῷ επ] τὸ επ B* 10 lacunam Martinus his verbis supplevit: τοῦ ἰσημερινοῦ ἐπιπέδῳ· ἡ δὲ κοίλη τοῦ πλάνητος περὶ ἄξονα πρὸς ὀρθὰς τῷ 16 περιεῖναι B* τὴν] τῆς B* 18 ἄλλοι B, em. apogr. εἴρηται: cf. p. 148, 5 ἐπὶ del. Mart. 21 ἀπλανῆ B* 24 φερομένην B

ἀποκαθιστάσθω πρότερον ἐν τῷ αὐτῷ· καὶ ἔστω κέντρον τῆς σφαίρας τὸ μ· καὶ γεγράφθω κέντρῳ μὲν τῷ θ, διαστήματι δὲ τῷ θμ κύκλος ὁ μλνξ· τῆς δὲ ⟨ευ⟩ εὐθείας δίχα διαιρεθείσης κατὰ τὸ κ, κέντρῳ μὲν τῷ κ, διαστήματι δὲ τῷ κε, κύκλος γεγράφθω ὁ ελυξ, ἔκκεντρος πρὸς τὸ πᾶν. φανερὸν δὴ ὅτι ἐν ᾧ χρόνῳ ἡ κοίλη σφαῖρα τοῦ πλανωμένου τῆς τῶν ἀπλανῶν ὑπολείπεται φέρουσα τὴν στερεάν, τὸ μὲν μ κέντρον τῆς στερεᾶς σφαίρας διελεύσεται τὸν μλνξ κύκλον ἔγκεντρον, ἐπὶ τὰ ἐναντία δοκοῦν φέρεσθαι καὶ ἀπάγον τὴν στερεὰν σφαῖραν, τὸ δὲ ἐπὶ τοῦ ε πλανώμενον ἐν μὲν τῇ στερεᾷ σφαίρᾳ γράψει τὸν εηπξ κύκλον, ἐπίκυκλον γινόμενον τοῦ μλνξ ἐγκέντρου, αὐτὸν φερόμενον ἐπὶ τὰ αὐτὰ τῷ παντί· κατὰ συμβεβηκὸς ⟨δὲ⟩ γράψει καὶ τὸν ελυξ ἔκκεντρον ἴσον τῷ ἐγκέντρῳ, περιγράφον αὐτὸν ἐπὶ τὰ ἐναντία τῷ παντί· δόξει δὲ τοῖς ἀπὸ τοῦ θ ὁρῶσι καὶ τὸν αβγδ ζῳδιακον διανύειν, εἰς τὰ ἑπόμενα προϊὸν ὑπεναντίως τῇ τοῦ παντὸς φορᾷ· φανήσεται δὲ καὶ πλάτος κινεῖσθαι τὸ κατὰ λόγον τῆς λοξώσεως τοῦ ἐπιπέδου πρὸς τὸν διὰ μέσων τῶν ζῳδίων, ᾧ ἐπιπέδῳ πρὸς ὀρθὰς οἱ ἄξονες τῶν σφαιρῶν αὐτοῦ· κατὰ δὲ τὸν αὐτὸν τόπον ἀεὶ μέγιστον ἀπόστημα ποιήσεται καὶ τὰ ἐλάχιστα δόξει

1 ἔστω] ἐν τῶ B 2 τῇ σφαίρα B. ἐν τῷ κέντρῳ (ex ea nota qua voc. κέντρον hoc loco significatur casus cognosci non potest) τῇ σφαίρᾳ Mart. 3 τὸ θ B* τὸ θμ B* μψνξ B* ευ add. Mart. 4 τὸ κ] τὸ ή B, τὸ *H* Mart. τῷ κ] τὸ η B, τῷ *H* Mart. 5 τῷ] τὸ B* ἔγκεντρος B* 9 μ νξ B* 10 ἀπάγο. B, em. apogr. 11 τὸ] τὸν B* 12 εντξ B* 14 καὶ ante κατὰ add. Mart. 15 περιγράφων B* ἐπὶ] περὶ B* 17 προϊὼν B* 20 τὸν] τῶν B* ὧ ἐπίπεδοι B, οἷς ἐπιπέδοις Mart. 22 καὶ τὰ] κατὰ B*

κινεῖσθαι, οἷον κατὰ τὸ α σημεῖον τοῦ ζῳδιακοῦ, ἐπειδὰν τῆς στερεᾶς σφαίρας τὸ κέντρον ἐπὶ τῆς αθ εὐθείας κατὰ τὸ μ, αὐτὸ δὲ τὸ πλανώμενον κατὰ τὸ ε· κατὰ δὲ τοὐναντίον ἀεὶ τὸ ἐλάχιστον ἀπόστημα ἀποστήσεται καὶ τὰ μέγιστα δόξει κινεῖσθαι, οἷον κατὰ τὸ γ σημεῖον τοῦ ζῳδιακοῦ, ἐπειδάν, ἐπὶ τὰ ἐναντία τῆς κοίλης σφαίρας μεταπεσούσης, [καὶ] τῆς στερεᾶς τὸ μὲν κέντρον ἐπὶ τῆς θγ εὐθείας γένηται κατὰ τὸ ν, αὐτὸ δὲ τὸ πλανώμενον κατὰ τὸ γ, τουτέστι κατὰ τὸ υ. τὰ μέντοι μέσα ἀποστήματα καὶ τὰ μέσα κινήματα ποιήσεται διχῇ, κατὰ τὰς διχοτομίας γινόμενον τοῦ εξπη ἐπικύκλου καὶ τοῦ μλυξ ἐγκέντρου, οἷον τὰς ζ η, αἵτινες διὰ τὴν ἐπὶ τὰ ἐναντία μετάπτωσιν τῶν σφαιρῶν ἢ ὑπόλειψιν αἱ αὐταὶ γίνονται ταῖς λ ξ διχοτομίαις τοῦ τε ελυξ ἐκκέντρου κύκλου καὶ τοῦ μλυξ ἐγκέντρου, φαινόμεναι κατὰ τὰ μεταξὺ σημεῖα τῶν α γ ἐφ' ἑκάτερα β δ ἐν τῷ ζῳδιακῷ, οἷον τὰ φ ω· ἅ τινα πάντα φαίνεται περὶ τὸν ἥλιον, διὰ τὸ τοὺς ἀποκαταστατικοὺς αὐτοῦ χρόνους πάντας ὡς πρὸς αἴσθησιν ἴσους ἢ σύνεγγυς ἀλλήλων εὑρίσκεσθαι — λέγω δὲ τόν τε τοῦ μήκους καὶ τοῦ πλάτους καὶ βάθους — ⟨καὶ⟩ ἐπισυναντᾶν ἀμφοτέρων τῶν σφαιρῶν τὰ ὁμόλογα σημεῖα κατὰ τὰς ὁμολόγους αὐτῶν κινήσεις ἀεὶ κατὰ τοὺς αὐτοὺς τόπους καὶ κατὰ τὰ αὐτὰ ὁρᾶσθαι ζῴδια.

ἐπειδὴ δὲ τῇ τοιαύτῃ καὶ κατὰ φύσιν [οὕτω] φορᾷ τῶν [πλανωμένων οὕτω] σφαιρῶν, ὁμαλῇ καὶ ἁπλῇ καὶ

7 κέντρον] nota voc. κέντρω B* 11 εξπη B* 11 extr. τοῦ] τὸ B* 12 ἐκκέντρου B* τὰς ζ η] τὸ ε. ξν̄ B* 13 ὑπόληψιν B* 15 ἐκκέντρου, φαινόμενα B* 18 cf. p. 172, 17 22 τὰς] τοὺς B* 23 αὐτοὺς] αὐτῆς B* 25 οὕτω] ἢ τῶν Mart. ὁμαλὴ καὶ ἁπλὴ B*

τεταγμένῃ, λοξῇ δὲ καὶ διὰ βραδυτῆτα μόνον ὑπολειπομένῃ τῶν ἀπλανῶν ἢ μιᾷ τῇ φερούσῃ τὴν στερεάν, τουτέστι τὸν ἐπίκυκλον, ἐπὶ τὰ ἐναντία φερομένῃ κατὰ συμβεβηκὸς ἐπιγίνεται ποικίλη καὶ σύνθετος ἀνώμαλός τε [καὶ] οὖσα φορὰ τοῦ πλανωμένου, διὰ μὲν . . . . εἰς τὰ ἑπόμενα τῶν ζῳδίων γινομένη ἢ ὄντως ἢ καθ' ὑπόλειψιν, διὰ δὲ τὴν λόξωσιν ἐν πλάτει τινὶ τῶν ζῳδίων θεωρουμένη, διὰ δὲ ⟨τὴν⟩ τῆς στερεᾶς περὶ τὸν αὑτῆς ἄξονα δίνησιν ποτὲ μὲν ἐν ὕψει καὶ διὰ τοῦτο βραδεῖα δοκοῦσα, ποτὲ δὲ ἐν βάθει καὶ διὰ τοῦτο ταχυτέρα, καὶ ἁπλῶς ἀνώμαλος, διὰ ταῦτα δὲ καὶ κατὰ τοῦ ἐπικύκλου γινομένη καὶ κατὰ τοῦ ἐκκέντρου δοκοῦσα, δῆλον ὡς εἰκότως καὶ αἱ τῶν μαθηματικῶν ὑποθέσεις τῆς φορᾶς αὐτῶν, ἥ τε κατ' ἐπίκυκλον καὶ κατ' ἔκκεντρον, ἀλλήλαις ἕπονται καὶ συνᾴδουσιν, ἐπειδὴ ἀμφότεραι τῇ κατὰ φύσιν, κατὰ συμβεβηκὸς δέ, ἀκολουθοῦσιν, ὃ καὶ θαυμάζει Ἵππαρχος, μάλιστα ἐπὶ τοῦ ἡλίου διὰ τὸ ἰσοχρόνιον τῆς τῶν σφαιρῶν αὐτοῦ φορᾶς ἀκριβῶς ἀπαρτιζόμενον, ἐπὶ δὲ τῶν ἄλλων οὐχ οὕτως ἀκριβῶς διὰ τὸ μὴ ἐν τῷ αὐτῷ χρόνῳ τὴν στερεὰν σφαῖραν τοῦ πλάνητος ἀποκαθίστασθαι, ἐν ᾧ ἡ κοίλη τῆς τῶν ἀπλανῶν ἢ ὑπολείπεται ἢ ἐπὶ τὰ ἐναντία περιέρχεται, ἀλλ' ἐφ' ὧν μὲν θᾶττον, ἐφ' ὧν δὲ βραδύτερον, ὥστε τὰς ὁμολόγους αὐτῶν κινήσεις, καὶ κατὰ τὰ

1 λοξῇ B* 2 ἢ μιᾷ] ἡ μία B* 5 καὶ del. Mart. διὰ μὲν . . .] μία μὲν ἡ B, lacuna ante μία vacuo spatio complurium literarum indicata: excidisse videntur verba τὴν τῆς κοίλης φορὰν vel similia. καὶ μία μὲν ἡ Mart. 7 ὑπόληψιν B* 8 τὴν add. Mart. 11 κατὰ] διὰ B* 17 Ἵππαρχος: cf. p. 166, 6 ἐπὶ] ὑπὸ B* 19 ἀπαρτιζομένους B* 21 κοίλη τῆς] κοιλότης B*

αὐτὰ σημεῖα τῶν σφαιρῶν μὴ κατὰ τοὺς αὐτοὺς τόπους συναντᾶν, ἀλλ' ἀεὶ παραλλάττειν, εἶναι δὲ καὶ τὰς λοξώσεις τῶν σφαιρῶν ἐν πλείοσι πλάτεσι, διὰ δὲ ταῦτα τούς τε [τοὺς] ἀποκαταστατικοὺς αὐτῶν χρόνους τοῦ τε μήκους καὶ πλάτους καὶ βάθους ἀνίσους εἶναι καὶ διαφόρους, ⟨καὶ τὰς μεγίστας⟩ καὶ ἐλαχίστας καὶ μέσας ἀποστάσεις καὶ κινήσεις ἄλλοτε κατ' ἄλλους τόπους καὶ ἐν πᾶσι ποιεῖσθαι τοῖς ζῳδίοις, ἔτι δέ, διὰ τὸ παραλλάττειν, ὥς φαμεν, τὰς ὁμολόγους κινήσεις καὶ κατὰ τὰ ὁμόλογα σημεῖα τῶν σφαιρῶν, μηδὲ κύκλους δοκεῖν γράφειν τὰ πλανώμενα ταῖς κατὰ συμβεβηκὸς κινήσεσιν, ἀλλά τινας ἕλικας. ἐπὶ οὖν τῶν πλανωμένων ἑκάστου χρὴ νομίζειν ἰδίαν μὲν εἶναι τὴν κοίλην σφαῖραν καὶ φέρουσαν ἐν τῷ ἑαυτῆς βάθει τὴν στερεάν, ἰδίαν δὲ τὴν στερεάν, πρὸς τῇ ἰδίᾳ πάλιν ἐπιφανείᾳ φέρουσαν τὸ πλανώμενον.

ἐπὶ δὲ τοῦ ἡλίου καὶ φωσφόρου καὶ στίλβοντος [οὐ] δυνατὸν μὲν καὶ ἰδίας εἶναι καθ' ἕκαστον ἀμφοτέρας, ἀλλὰ τὰς μὲν κοίλας τῶν τριῶν ἰσοδρόμους ἐν ἴσῳ χρόνῳ τὴν τῶν ἀπλανῶν ἐπὶ τἀναντία περιιέναι σφαῖραν, τὰς δὲ στερεὰς ἐπὶ μιᾶς εὐθείας ἐχούσας τὰ κέντρα, μεγέθει δὲ τὴν μὲν τοῦ ἡλίου ἐλάττονα, ταύτης δὲ μείζονα τὴν τοῦ στίλβοντος, καὶ ταύτης ἔτι μείζονα τὴν τοῦ φωσφόρου. δυνατὸν δὲ καὶ μίαν μὲν εἶναι τὴν κοίλην κοινὴν τῶν τριῶν, τὰς δὲ στερεὰς ⟨τῶν⟩ τριῶν

4 τοὺς del. Mart. 6 καὶ μεγίστας add. Mart. 7 ἀποκαταστάσεις B* 8 παραλλάττειν] πράττειν B* 9 κατὰ τὰ] κατ' αὐτὰ B, κατ' αὐτὰ τὰ Mart. 17 inscr. περὶ ἡλίου, Ἑρμοῦ, Ἀφροδίτης B οὐ del. Mart. 20 περιεῖναι B* 21 nonnulla excidisse videntur, velut ἐπὶ τὰ αὐτὰ φέρεσθαι τῇ ἀπλανεῖ

ἐν τῷ βάθει ταύτης περὶ τὸ αὐτὸ κέντρον ἀλλήλαις, μικροτάτην μὲν καὶ ὄντως στερεὰν τὴν τοῦ ἡλίου, περὶ δὲ ταύτην τὴν τοῦ στίλβοντος, εἶτα ἀμφοτέρας περιειληφυῖαν καὶ τὸ πᾶν βάθος τῆς κοίλης καὶ κοινῆς πληροῦσαν τὴν τοῦ φωσφόρου· δι' ὃ τὴν μὲν κατὰ τὸ μῆκος διὰ τῶν ζῳδίων ἢ ὑπόλειψιν ἢ ἐπὶ τὰ ἐναντία φορὰν ἰσόδρομον οἱ τρεῖς οὗτοι ποιοῦνται, τὰς δὲ ἄλλας οὐχ ὁμοίως, [ἃς] ἀεί τε περὶ ἀλλήλους ὁρῶνται καταλαμβάνοντες καὶ καταλαμβανόμενοι καὶ ἐπιπροσθοῦντες ἀλλήλοις, τοῦ μὲν Ἑρμοῦ τὸ πλεῖστον εἴκοσί που μοίρας ἐφ' ἑκάτερα τοῦ ἡλίου πρὸς ἑσπέραν ἢ πρὸς ἀνατολὴν ἀφισταμένου, τοῦ δὲ τῆς Ἀφροδίτης τὸ πλεῖστον πεντήκοντα μοίρας. ὑποπτεύσειε δ' ἂν ⟨τις⟩ καὶ τὴν ἀληθεστέραν θέσιν τε καὶ τάξιν εἶναι ταύτην, ἵνα τοῦ κόσμου, ὡς κόσμου καὶ ζῴου, τῆς ἐμψυχίας ᾖ τόπος οὗτος, ὡσανεὶ καρδίας τοῦ παντὸς ὄντος τοῦ ἡλίου πολυθέρμου διὰ τὴν κίνησιν καὶ τὸ μέγεθος καὶ τὴν συνοδίαν τῶν περὶ αὐτόν. ἄλλο γὰρ ἐν τοῖς ἐμψύχοις τὸ μέσον τοῦ πράγματος, τουτέστι τοῦ ζῴου ᾗ ζῷου, καὶ ἄλλο τοῦ μεγέθους· οἷον, ὡς ἔφαμεν, ἡμῶν αὐτῶν ἄλλο μέν, ὡς ἀνθρώπων καὶ ζῴων, τῆς ἐμψυχίας μέσον τὸ περὶ τὴν καρδίαν, ἀεικίνητον καὶ πολύθερμον καὶ διὰ ταῦτα πάσης ψυχικῆς δυνάμεως οὖσαν ἀρχήν, οἷον ψυχικῆς καὶ κατὰ τόπον ὁρμητικῆς, ὀρεκτικῆς καὶ φανταστικης καὶ διανοητικῆς, τοῦ δὲ μεγέθους ἡμῶν ἕτερον μέσον, οἷον τὸ περὶ τὸν ὀμφαλόν. ὁμοίως δὴ καὶ τοῦ κόσμου

3 ἀμφοτέροις B* 6 ὑπόληψιν B* 8 ἃς] αἷς Mart. 13 τις add. Mart. 18 αὐτῶν B* 19 τουτὶ B* ἢ ζώω B* 22 ἀκίνητον B* 23 οἷον ψυχικῆς] οἷον θρεπτικῆς? cf. Aristot. de an. II 3 24 scr. ⟨καὶ⟩ ὀρεκτικῆς vel ὀρεκτικῆς ⟨τε⟩

παντός, ὡς ἀπὸ βραχέων καὶ τυχόντων καὶ θνητῶν τα μέγιστα καὶ τιμιώτατα καὶ θεῖα εἰκάσαι, τοῦ μεγέθους μέσον τὸ περὶ τὴν γῆν κατεψυγμένον καὶ ἀκίνητον· ὡς κόσμου δὲ καὶ ᾗ κόσμος καὶ ζῷον τῆς ἐμψυχίας μέσον τὸ περὶ τὸν ἥλιον, οἱονεὶ καρδίαν ὄντα τοῦ παντός, ὅθεν φέρουσιν αὐτοῦ καὶ τὴν ψυχὴν ἀρξαμένην διὰ παντὸς ἥκειν τοῦ σώματος τεταμένην ἀπὸ τῶν περάτων.

δῆλον δὲ ὡς διὰ τὰς εἰρημένας αἰτίας ἀμφοτέρων τῶν ὑποθέσεων ἑπομένων ἀλλήλαις κοινοτέρα καὶ καθολικωτέρα δοκεῖ καὶ σύνεγγυς τῇ κατὰ φύσιν ἡ κατὰ τὸν ἐπίκυκλον· ὁ γὰρ τῆς στερεᾶς σφαίρας μέγιστος κύκλος, ὃν τῇ ἐπ' αὐτῆς περὶ αὐτὴν φορᾷ γράφει τὸ πλανώμενον, ἔστιν ὁ ἐπίκυκλος· ὁ δὲ ἔκκεντρος παντάπασιν ἀπηρτημένος τοῦ κατὰ φύσιν καὶ μᾶλλον κατὰ συμβεβηκὸς γραφόμενος. ὅπερ καὶ συνιδὼν ὁ Ἵππαρχος ἐπαινεῖ τὴν κατ' ἐπίκυκλον ὑπόθεσιν ὡς οὖσαν ἑαυτοῦ, πιθανώτερον εἶναι λέγων πρὸς τὸ τοῦ κόσμου μέσον πάντα τὰ οὐράνια ἰσορρόπως κεῖσθαι καὶ ὁμοίως συναρηρότα· οὐδὲ αὐτὸς μέντοι, διὰ τὸ μὴ ἐφωδιάσθαι ἀπὸ φυσιολογίας, σύνοιδεν ἀκριβῶς, τίς ἡ κατὰ φύσιν καὶ κατὰ ταῦτα ἀληθὴς φορὰ τῶν πλανωμένων καὶ τίς ἡ κατὰ συμβεβηκὸς καὶ φαινομένη· ὑποτίθεται δὲ καὶ οὗτος τὸν μὲν ἐπίκυκλον ἑκάστου κινεῖσθαι κατὰ τοῦ ἐγκέντρου κύκλου, τὸ δὲ πλανώμενον κατὰ τοῦ ἐπικύκλου.

ἔοικε δὲ καὶ Πλάτων κυριωτέραν ἡγεῖσθαι τὴν κατ'

3 κατεμψυγμένον B* 5 τοῦ ἡλίου B* 7 τεταγμένην B* 10 ἡ] ἣ B* 11 τὸν] τὴν B* στερεᾶς] ἑτέρας B 12 ὃν τῇ] ὅτι B* 16 οὖσαν] οὖσ B* 17 πιθανότερον B, em. apogr. 18 συνειρηκότα B* 19 ἐφοδιᾶσθαι B* 23 οὗτως B* 26 inscr. τὰ Πλάτωνος B. cf. Procl. in Tim. p. 258 E. 272 B. 284 C

ἐπίκυκλον, οὐ μὴν σφαίρας, ἀλλὰ κύκλους εἶναι τὰ φέροντα τὰ πλανώμενα, καθάπερ καὶ ἐπὶ τέλει τῆς Πολιτείας τοῖς ἐν ἀλλήλοις ἡρμοσμένοις αἰνίσσεται σφονδύλοις· χρῆται δὲ τοῖς ὀνόμασι κοινότερον, καὶ τὰς μὲν σφαίρας πολλάκις κύκλους προσαγορεύει καὶ πόλους, τοὺς ἄξονας δὲ πόλους.

ὁ δὲ Ἀριστοτέλης φησί· σφαίρας εἶναί τινας τοῦ πέμπτου σώματος οἰκεῖον ἐν τῷ βάθει τοῦ παντὸς οὐρανοῦ κειμένας τε καὶ φερομένας, τὰς μὲν ὑψηλοτέρας, τὰς δὲ ὑπ᾽ αὐτὰς τεταγμένας, καὶ τὰς μὲν μείζονας, τὰς δὲ ἐλάττονας, ἔτι δὲ τὰς μὲν κοίλας, τὰς δὲ ἐν τῷ βάθει τούτων πάλιν στερεάς, ἐν αἷς ἀπλανῶν δίκην ἐνεστηριγμένα τὰ πλανητά, τῇ ἐκείνων ἁπλῇ μέν, διὰ δὲ τοὺς τόπους ἀνισοταχεῖ φορᾷ κατὰ συμβεβηκὸς φαίνεται ποικίλως ἤδη κινεῖσθαι καὶ γράφειν τινὰς κύκλους ἐκκέντρους, ἢ καὶ ἐφ᾽ ἑτέρων τινῶν κύκλων κειμένους ἢ τινας ἕλικας, καθ᾽ ὧν οἱ μαθηματικοὶ κινεῖσθαι νομίζουσιν αὐτά, τῇ ἀναστροφῇ ἀπατώμενοι.

2 Plat. Civ. X p. 616 D 3 ἀλλήλοις] ἄλλοις B* 4 κοινο^{τερ} B, κοινοτέροις Mart. 5 κύκλον B*. cf. Civ. p. 616 E. 617 AB. Tim. p. 36 D 6 καὶ πόλους: cf. Crat. p. 405 C. Epin. p. 986 C. (Axioch. p. 371 B) τοὺς ἄξονας δὲ πόλους: cf. Tim. p. 40 D post πόλους excidisse putat Mart. ea quae p. 178, 1 ex Epinomide se allaturum Theo promisit 7 inscr. τὰ Ἀριστοτέλους B hunc locum (vs. 7—18) pro spurio habet Mart. cf. p. 178, 19 sqq. (B^a) 13 ἐκείνων B^a] κοινῇ B^b διὰ δὲ] δία τε B*

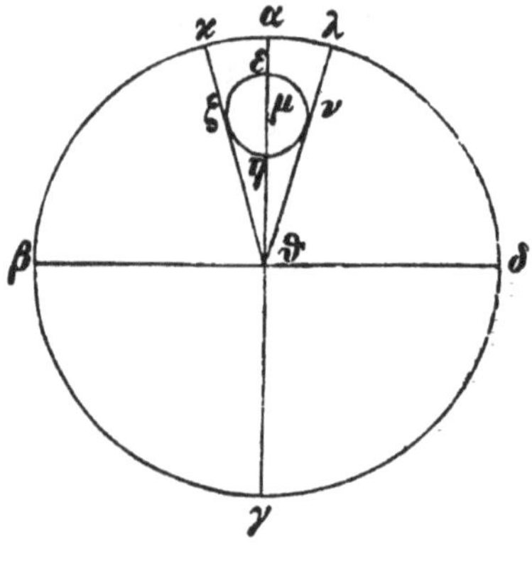

πῶς δέ ποτε φαίνονται προηγεῖσθαί τε καὶ στηρίζειν καὶ ἀναποδίζειν ὅσοι τῶν πλανήτων καὶ ταῦτα ποιεῖν δοκοῦσι, δηλωτέον. ἔστω ζῳδιακὸς μὲν ὁ αβγδ περὶ τὸ θ τοῦ παντὸς κέντρον, πλάνητος δὲ ἐπίκυκλος ὁ εζη, καὶ ἀπὸ τῆς θ ὄψεως ἡμῶν ἤχθωσαν ἐφαπτόμεναι τοῦ ἐπικύκλου αἱ θζκ, θνλ, καὶ διὰ τοῦ μ κέντρου τοῦ ἐπικύκλου ἡ θμεα. ἐπεὶ οὖν ἐπ' εὐθείας ὁρῶμεν, δῆλον ὡς ὁ ἀστὴρ ἐπὶ μὲν τοῦ ζ γενόμενος ἡμῖν ἐπὶ τοῦ κ φανήσεται· τὴν δὲ ζε περιφέρειαν ἐνεχθεὶς δόξει τοῦ ζῳδιακοῦ τὴν κα εἰς τὰ προηγούμενα προπεποδικέναι· ὁμοίως τὴν εν διανύσας δόξει τὴν αλ προπεποδικέναι. πάλιν δὲ τὴν νζ διαπορευθεὶς δόξει τὴν λακ εἰς τὰ ἑπόμενα τῶν ζῳδίων ἀναπεποδικέναι· καὶ τῷ μὲν ζ προσιὼν καὶ πρώτως αὐτοῦ ἀποχωρῶν, ἐπὶ τοῦ κ φανήσεται πλείω χρόνον ποιῶν καὶ στηρίζων· πλεῖον δὲ ἀπο-

1 inscr. περὶ προηγήσεως καὶ ἀναποδισμῶν B
5 εζην Mart. (εζη Chalc. 86)   8 κ] η B*   11 εν] εμ B*
14 κ] η B*

στὰς τοῦ ζ, πάλιν προηγησάμενος· ἔπειτα προσεγγίζων τῷ ν καὶ πρώτως ἀπιὼν αὐτοῦ, πάλιν ἑστάναι δόξει καὶ ἀναποδίζειν. τοὺς μέντοι στηριγμοὺς καὶ ἀναποδισμοὺς καὶ τὰς προηγήσεις καὶ ὑπολείψεις ἕκαστος πλάνης ἄλλοτε ἐν ἄλλοις ποιήσεται ζῳδίοις καὶ μέρεσι ζῳδίων, διὰ τὸ καὶ τὸν ἐπίκυκλον ἑκάστου ἀεὶ μετανίστασθαι εἰς τὰ ἑπόμενα ἢ μεταβαίνοντα ἢ ὑπολειπόμενον.

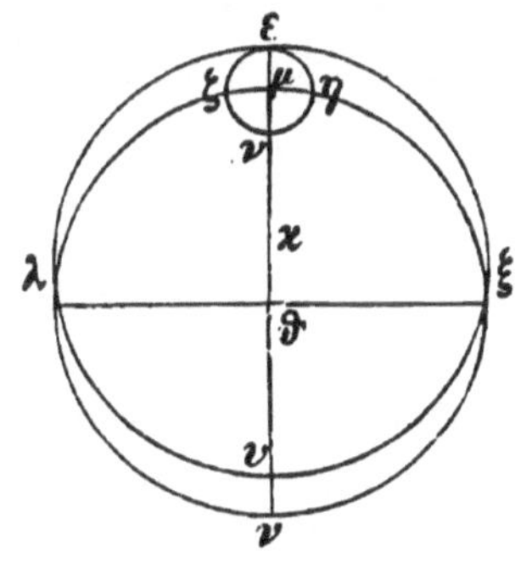

χρήσιμον δὲ ἕνεκα τῶν προκειμένων καὶ τὴν μέσην ἀπόστασιν πλάνητος, ὁποία ποτέ ἐστιν, ἰδεῖν. κατὰ μὲν οὖν τὴν τῶν ἐπικύκλων πραγματείαν, ἐὰν λάβωμεν τὸ μέγιστον ἀφ' ἡμῶν ἀπόστημα τοῦ ἀστέρος, οἷον τὸ $\overline{\vartheta\varepsilon}$, καὶ πάλιν τὸ ἐλάχιστον, οἷον τὸ $\overline{\vartheta\nu}$, καὶ τὴν ὑπεροχὴν τοῦ μεγίστου παρὰ τὸ ἐλάχιστον, οἷον τὸ $\overline{\varepsilon\nu}$, καὶ δίχα διέλωμεν κατὰ τὸ μ, δῆλον ὡς γενήσεται μέση αὐτοῦ ἀπόστασις ἡ $\overline{\vartheta\mu}$. ἐὰν οὖν κέντρῳ μὲν τῷ ϑ, διαστήματι δὲ τῷ $\overline{\vartheta\mu}$ γράψωμεν τὸν μλνξ κύκλον ἐγκεν-

1 πάλιν] καὶ B 2 ν] η̄ B, ν η̄ Mart., cf. p. 190, 14 4 ὑπολήψεις B* 6 διὰ τὸ] δι' ἃ B* 7 ἢ μεταβ.] καὶ μεταβ. B* ὑπολειπόμενα B* 9 κατὰ] καὶ τὸ B* 13 τὸ $\overline{\varepsilon\nu}$] τὸν εν B* 15 κέντρον μὲν τὸ ϑ B* 16 τὸ ϑμ B*

τρον, κέντρῳ δὲ τῷ μ καὶ διαστήματι τῷ με τὸν εξνη ἐπίκυκλον, φανερὸν ὡς ὁ ἀστὴρ κατὰ τοῦ ἐπικύκλου φερόμενος, ἐπὶ μὲν τοῦ ε σημείου γενόμενος μέγιστον ἀποστήσεται ἀφ' ἡμῶν, ἐπὶ δὲ τοῦ ν ἐλάχιστον, καθ' ἑκάτερον δὲ τῶν ζ η, καθ' ἃ τέμνεται ὁ ἐπίκυκλος ὑπὸ τοῦ ἐγκέντρου, ὁπουδήποτε μεταστάντος τοῦ ἐπικύκλου, τὸ μέσον. κατὰ δὲ τὴν ⟨τῶν⟩ ἐκκέντρων ὑπόθεσιν, ὄντος ἐκκέντρου τοῦ ελυξ περὶ κέντρον τὸ κ, τοῦ δὲ παντὸς κέντρου τοῦ θ, καὶ τῆς μεταξὺ τῶν κέντρων τῆς θκ ἐκβληθείσης ἐφ' ἑκάτερα, ἐὰν κέντρῳ τῷ θ γράψωμεν ἴσον τῷ ἐκκέντρῳ τὸν μλνξ, δῆλον ὡς οὗτος ἔσται ὁ ἔγκεντρος, καθ' οὗ τῆς ἑτέρας ὑποθέσεως φέρεται ὁ ἐπίκυκλος, κέντρῳ μὲν γραφόμενος τῷ μ, διαστήματι δὲ τῷ με. ὁ πλάνης, κατὰ τοῦ ἐκκέντρου φερόμενος, ἐπὶ μὲν τοῦ ε γενόμενος, ὅπου ἂν καὶ τοῦτο, μέγιστον ἀφέξει ἀφ' ἡμῶν, ἐπὶ δὲ τοῦ υ ἐλάχιστον, κατὰ δὲ τὰς πρὸς τὸν ἔγκεντρον διχοτομίας τὰς λ ξ, ὅπου ⟨ἂν⟩ γίνωνται μεταπίπτοντος τοῦ ἐκκέντρου, τὰ μέσα. καὶ φανερὸν ὡς καθ' ἑκατέραν τὴν ὑπόθεσιν τὰ αὐτὰ συμφωνήσει μέγιστα καὶ πάλιν ἐλάχιστα καὶ μέσα εἶναι ἀποστήματα.

λείπεται περὶ συνόδων καὶ ἐπιπροσθήσεων καὶ κρύψεων καὶ ἐκλείψεων ἐπὶ βραχὺ τῶν προκειμένων ἕνεκα διελθεῖν. ἐπεὶ τοίνυν φύσει μὲν ἐπ' εὐθείας ὁρῶμεν, ἔστι δὲ ἀνωτάτω μὲν ἡ τῶν ἀπλανῶν σφαῖρα, ὑπὸ δὲ

1 τὸ μ B* 3 γενόμενος] φερόμενος B* 5 ἑκάτερον] ἕτερον B 6 ὁπουδήπουτε B, em. apogr. 7 ἐγκέντρων ἀπόθεσιν B* 11 τὸν] τῶ B* 12 ἔκκεντρος B* 16 τὰς] τὴν B* 17 ἔκκεντρον B* ὅπου γίνονται B* 22 inscr. περὶ συνόδων καὶ ἐπιπροσθέσεων καὶ φάσεων καὶ κρύψεων B ἐπιπροσθέσεων B*

ταύτην αἱ τῶν πλανωμένων, ἐν ᾗ τάξει διωρίσαμεν, δῆλον ὡς ἡ μὲν σελήνη, προσγειοτάτη οὖσα, πᾶσι τοῖς ὑπὲρ αὐτὴν ἐπιπροσθήσει, καὶ πάντα τὰ πλανώμενα, τινὰ δὲ καὶ τῶν ἀπλανῶν, κρύπτει, ἐπειδὰν μεταξύ τινος αὐτῶν καὶ τῆς ὄψεως ἡμῶν ἐπ' εὐθείας καταστῇ, αὐτὴ δὲ ὑπ' οὐδενὸς ἄστρου κρύπτεται. ὁ δὲ ἥλιος ὑπὸ μὲν τῆς σελήνης ἐπιπροσθεῖται, αὐτὸς δὲ πλὴν τῆς σελήνης τἆλλα πάντα κρύπτει, τὸ μὲν πρῶτον συνεγγίζων καὶ καταυγάζων, ἔπειτα δὲ κατὰ μίαν εὐθεῖαν ἔμπροσθεν τῆς ὄψεως ἡμῶν κἀκείνων τινὸς μεταξὺ καθιστάμενος. στίλβων δὲ καὶ φωσφόρος τὰ μὲν ὑπὲρ αὐτοὺς κρύπτουσι, τῆς ὄψεως ἡμῶν κἀκείνων κατ' εὐθεῖαν ὁμοίως ἐπίπροσθεν γινόμενοι· δοκοῦσι ⟨δὲ⟩ καὶ ἀλλήλους ἐπιπροσθεῖν ποτε, διὰ τὰ μεγέθη καὶ τὰς λοξώσεις τῶν κύκλων καὶ τὰς θέσεις ἀλλήλων ὑπέρτεροί τε καὶ ταπεινότεροι γινόμενοι. τὸ μέντοι ἀκριβὲς ἄδηλον ἐπ' αὐτῶν, διὰ τὸ περὶ τὸν ἥλιον ἀναστρέφεσθαι καὶ μάλιστα τὸν στίλβοντα μικρὸν κέντρον εἶναι τῷ μεγέθει καὶ σύνεγγυς ἀεὶ τῷ ἡλίῳ καὶ τὰ πολλὰ καταυγαζόμενον ἀφανῆ. πυρόεις δὲ τοὺς ὑπὲρ αὐτὸν δύο πλάνητάς ποτε κρύπτει, φαέθων δὲ τὸν φαίνοντα, πάντες δὲ οἱ πλάνητες τῶν ἀπλανῶν τοὺς κατὰ τὸν ἑαυτοῦ δρόμον ἕκαστος.

σελήνη δὲ κατὰ διάμετρον ἡλίου [καὶ σελήνης] γενομένη καὶ εἰς τὴν τῆς γῆς ἐμπίπτουσα σκιὰν ἐκλείπει,

1 διωρίσαμεν: p. 138 sqq. 6 κρύπτε ante ἄστρου del. B 8 συνεγγίζον καὶ καταυγάζον (ω supra) B* 13 ἐπίπροσθα B* δὲ add. Mart. 15 ἄλλων B*, *invicem* Chalc. 87 16 αὐτῶ B* 20 δύο] αὖ B, *duos supra se planetas* Chalc. 23 inscr. περὶ ἐκλείψεως ἡλίου καὶ σελήνης B ἡλίου καὶ σελήνης γενομένων Mart. *luna item diametro a sole distans et incurrens umbram terrae* Chalc.

πλὴν οὐ κατὰ πάντα γε μῆνα· οὔτε ⟨γὰρ πάσαις⟩ ταῖς συνόδοις καὶ συμμηνίαις λεγομέναις ἥλιος ἐκλείπει, οὔτε ταῖς πανσελήνοις πάσαις ἡ σελήνη, διὰ τὸ τοὺς κύκλους αὐτῶν πολὺ λελοξῶσθαι πρὸς ἀλλήλους. ὁ μὲν γὰρ ἡλίου κύκλος, ὥς φαμεν, ὑπ' αὐτῷ σύνεγγυς τῷ διὰ μέσων τῶν ζῳδίων φαίνεται φερόμενος, τοῦ κύκλου αὐτοῦ βραχύ τι πρὸς τοῦτον ἐγκεκλιμένου, ὡς ἥμισυ μοίρας ἐφ' ἑκάτερον παραλλάττειν. ὁ δὲ τῆς σελήνης κύκλος, ὡς μὲν Ἵππαρχος εὑρίσκει, ἐν πλάτει δέκα μοιρῶν λελόξωται, ὡς δ' οἱ πλεῖστοι τῶν μαθηματικῶν νομίζουσι, δώδεκα, ὥστε ε' ἢ καὶ ϛ' μοίρας ἐφ' ἑκάτερα τοῦ διὰ μέσων βορειοτέραν ἢ νοτιωτέραν ποτὲ φαίνεσθαι. ἂν δὴ νοήσωμεν τὰ διὰ τῶν κύκλων ἑκατέρων, τοῦ τε ἡλιακοῦ καὶ τοῦ τῆς σελήνης, ἐπίπεδα ἐκβεβλῆσθαι, ἔσται αὐτῶν κοινὴ τομὴ εὐθεῖα, ἐφ' ἧς ἀμφοτέρων ἐστὶ τὰ κέντρα· ἥτις εὐθεῖα τρόπον τινὰ κοινὴ διάμετρος ἔσται ἀμφοῖν· ἧς τὰ ἄκρα, καθ' ἃ τέμνειν δοκοῦσιν ἀλλήλους οἱ κύκλοι, σύνδεσμοι καλοῦνται, ὁ μὲν ἀναβιβάζων, ὁ δὲ καταβιβάζων, καὶ αὐτοὶ μεταπίπτοντες εἰς τὰ ἑπόμενα τῶν ζῳδίων. ἐὰν μὲν οὖν κατὰ σύνδεσμον ἡ σύνοδος ἡλίου πρὸς σελήνην γένηται, σύνεγγυς ἀλλήλων φαινομένων τῶν σωμάτων, ἐπιπροσθήσει τῷ ἡλίῳ πρὸς τὴν ὄψιν ἡμῶν σελήνη, ὥστε δόξει ἡμῖν ἐκλείπειν ὁ ἥλιος, καὶ τοσοῦτόν γε μέρος, ὅσον ἂν ἡ σελήνη ἐπίπροσθεν γένηται. ἐὰν δὲ μὴ κατὰ τὸν σύνδεσμον ἡ συμμηνιακὴ σύνοδος γένηται, ἀλλὰ

1 πάσαις add. Mart. 2 λεγομένοις B* 5 φαμεν: cf. p. 135, 13 ὑπαυτῶν σύνεγγυς τῶν διαμέσων B* 9 cf. p. 135, 14. Lübbert, Rhein. Mus. n. F. XII p. 118 11 δωδώκα B, em. ap. ϛ'] ζ B* 12 του διαμέσον B* 16 ἐστὶ] ἐπὶ B* 18 ἀλλήλοις B*

τοῦ μὲν μήκους τῶν ζῳδίων κατὰ τὴν αὐτὴν μοῖραν, τοῦ δὲ πλάτους μὴ κατὰ τὴν αὐτήν, ἀλλὰ τὸ μὲν βορειότερον φαίνηται τῶν ἄστρων, τὸ δὲ νοτιώτερον, οὐκ ἐπιπροσθούμενος ἥλιος οὐδ᾽ ἐκλείπειν δόξει.

ἐπὶ δὲ τῆς σελήνης ὧδ᾽ ἂν γένοιτο φανερόν. ὅτι μὲν γὰρ εἰς τὴν τῆς γῆς ἐμπίπτουσα σκιάν ποτε ἐκλείπει, πολλάκις εἴρηται· ὡς δ᾽ οὐ καθ᾽ ἕκαστον μῆνα, δηλωτέον.

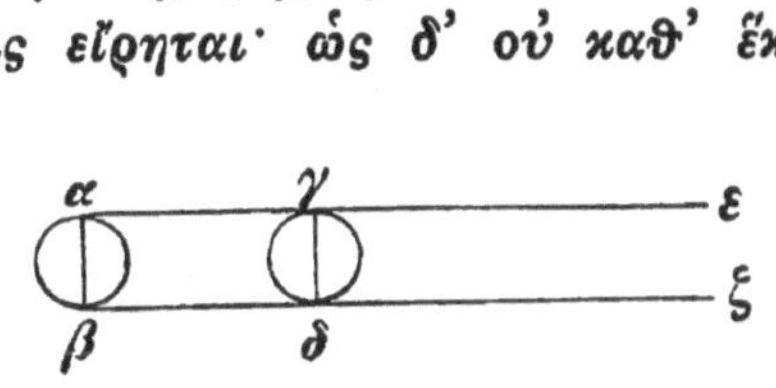

ἐπεὶ τοίνυν ἐπ᾽ εὐθείας τῶν φωτιζόντων αἱ ἀκτῖνες καὶ αἱ αὐγαὶ πίπτουσι καὶ παραπλησίως συνεχεῖς ταύταις αἱ σκιαί, ὅταν μὲν ἴσον ᾖ τό τε φωτίζον καὶ τὸ τὴν σκιὰν ἀποβάλλον, σφαιρικὰ δὲ ἄμφω, γίνεται ἡ [δὲ] σκιὰ κυλινδρικὴ καὶ εἰς ἄπειρον ἐκπίπτουσα. οἷον ἔστω φωτίζον μὲν τὸ αβ, φωτιζόμενον δὲ τὸ γδ, ἴσα δὲ ἀλλήλοις καὶ σφαιρικά· δῆλον οὖν ὡς τῆς γε αγ ἀκτῖνος καὶ τῆς βδ ἐπ᾽ εὐθείας ἐκπιπτουσῶν, ἐπεὶ αἱ αβ γδ διάμετροι ἴσαι τέ εἰσιν ἀλλήλαις καὶ πρὸς ὀρθὰς ταῖς αγε βδζ ἐφαπτομέναις, παράλληλοι ἔσονται, καὶ αἱ

3 *νοτιώτερον*: *ι* corr. ex *ει* B 5 inscr. *περὶ ἐκλείψεως σελήνης* B 8 tres quae sequuntur descriptiones desunt in B, sed exstant apud Chalc. 10 *ταύτης* B* 12 *γίνηται, ἡ δὲ σκιὰ* Mart. *ergo cum ignis lucem praebens aequalis erit corpori, ex quo emicant umbrae, si tam ignis quam corporis globosa erit forma, umbrae nascentur in modum cylindri* Chalc. 89 13 *ἐμπίπτουσα* B* 14 *φωτιζόμενον*] *προσλαμβάνον* B, *προλαμβάνον* Mart. *quod vero illuminatur* Chalc. 16 βδ Chalc.] *εδ* B *ἐμπιπτουσῶν* B* 18 *ἐφαπτομένας* B, cf. p. 190, 5, *ἑκάτεραι μὲν οὖν* Mart.

γε δζ ἐπ' ἄπειρον ἐκβαλλόμεναι οὐ συμπεσοῦνται· τοῦ δὲ τοιούτου πάντοθεν γινομένου δῆλον ὡς τῆς γδ σφαίρας ἡ σκιὰ κυλινδρική τε ἔσται καὶ ἐπ' ἄπειρον ἐκπίπτουσα.

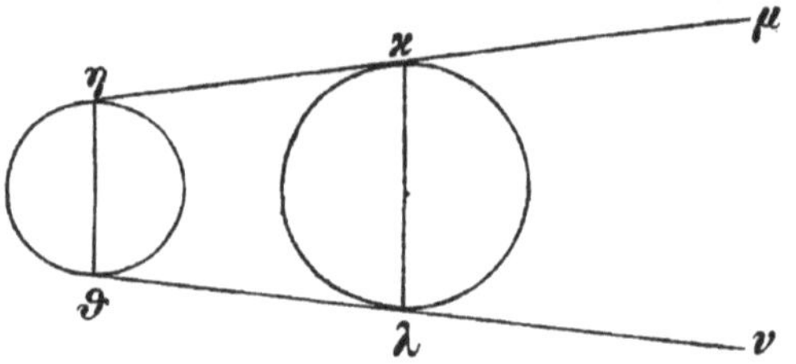

ἐὰν μέντοι τὶ φωτίζον ἔλαττον ᾖ, οἷον τὸ ηϑ, το δὲ φωτιζόμενον μεῖζον, οἷον τὸ κλ, ἡ κμλν ⟨σκιὰ⟩ τῷ μὲν σχήματι ἔσται καλαθοειδής, ἐπ' ἄπειρον δὲ ὁμοίως ἐκπίπτουσα· ἐπεὶ γὰρ μείζων ἡ κλ διάμετρος τῆς ηϑ, αἱ κμ λν ἀκτῖνες ἐπ' ἄπειρον ἐκπίπτουσαι ἐν πλείονι ἀεὶ διαστάσει γενήσονται, ⟨καὶ⟩ τοῦτ' ἔσται πανταχόθεν ὁμοίως.

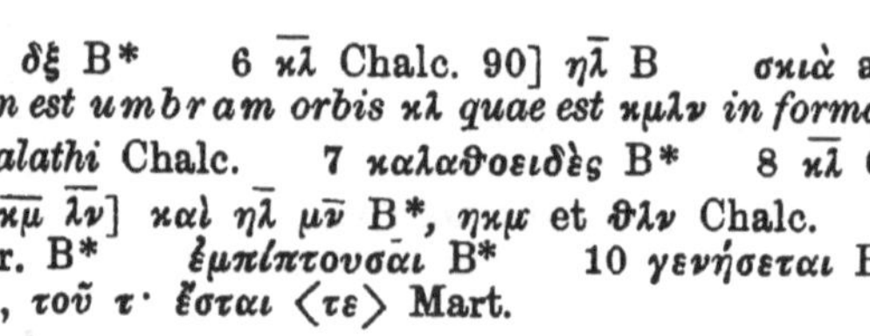

1 δζ] δξ B* 6 κλ Chalc. 90] ηλ B σκιὰ add. Mart. *manifestum est umbram orbis κλ quae est κμλν in formam quidem effigiari calathi* Chalc. 7 καλαθοειδὲς B* 8 κλ Chalc.] ηλ B αἱ κμ λν] καὶ ηλ μν B*, ηκμ et ϑλν Chalc. 9 ἀκτῖνες bis scr. B* ἐμπίπτουσαι B* 10 γενήσεται B* τοῦ τ ἔσται B, τοῦ τ· ἔσται ⟨τε⟩ Mart.

ἐὰν δὲ ἀνάπαλιν τὸ μὲν φωτίζον ᾖ μεῖζον, καθάπερ τὸ ξο, τὸ δὲ φωτιζόμενον ⟨ἔλαττον⟩, οἷον τὸ πρ, σφαιρικὰ δὲ ἄμφω, δῆλον ὅτι ἡ τοῦ πρ σκιά, τουτέστιν ἡ πρσ, κωνοειδὴς καὶ πεπερασμένη γενήσεται, τῶν ξπ ορ ἀκτίνων ἐπ' εὐθείας ἐκβαλλομένων καὶ συμπιπτουσῶν ἀλλήλαις κατὰ τὸ σ σημεῖον, ἐπειδὴ ἐλάττων ἐστὶν ἡ πρ διάμετρος τῆς ξο, καὶ τούτου γινομένου πανταχόθεν. ἐπεὶ τοίνυν διὰ τῆς περὶ ἀποστημάτων καὶ μεγεθῶν πραγματείας ἡλίου καὶ σελήνης δείκνυσιν Ἵππαρχος τὸν μὲν ἥλιον σύνεγγυς χιλιοκτακοσιογδοηκονταπλασίονα τῆς γῆς, τὴν γῆν ἑπταεικοσαπλασίονα μάλιστα τῆς σελήνης, πολὺ δὲ ὑψηλότερον τὸν ἥλιον τῆς σελήνης, δῆλον ὡς ἥ τε σκιὰ ἔσται τῆς γῆς κωνοειδὴς καὶ κατὰ τὴν κοινὴν διάμετρον τοῦ τε ἡλίου καὶ τῆς γῆς ἐμπίπτουσα, καὶ τὸ τῆς σελήνης μέγεθος κατὰ τὸ πλεῖστον ἔλαττον τοῦ πάχους τῆς ἀπὸ τῆς γῆς σκιᾶς. ἐπειδὰν κατὰ μὲν τὸν ἕτερον σύνδεσμον ἥλιος γένηται, κατὰ δὲ τὸν ἕτερον σελήνη, καὶ ἐπὶ μιᾶς εὐθείας ὅ τε ἥλιος καὶ ἡ γῆ καὶ ἡ σκιὰ καὶ ἡ σελήνη καταστῇ, τότε ἀναγκαίως ἐμπίπτουσα εἰς τὴν σκιὰν τῆς γῆς ἡ σελήνη, διὰ τὸ ἐλάττων εἶναι αὐτῆς καὶ μηδὲν ἔχειν ἴδιον φῶς, ἀφανὴς καθίσταται καὶ λέγεται ἐκλείπειν. ἀλλ' ἐπειδὰν μὲν ἀκριβῶς γένωνται κατὰ διάμετρον, ὥστε ἐπὶ τῆς αὐτῆς, ὥς φαμεν, εὐθείας καταστῆναι τό τε τοῦ ἡλίου κέντρον

1 inscr. περὶ μεγέθους ἡλίου καὶ σελήνης καὶ περὶ ἐκθέσεως (ἐκθέσεως compendiose scr., ἐκλείψεως Mart.) σελήνης B 2 μεῖον add. Mart. *(si) minus vero erit quod inlustratur* Chalc. 3 τουτὶ B* 4 κονοειδὴς B* 5 συμπτουσῶν B* 13 κονοειδὴς B* 16 ἐπειδὰν ⟨οὖν⟩? 17 γένεται B* 18 σελήνης B* 21 ἀφανὲς B*

καὶ τὸ τῆς γῆς καὶ τὸ τῆς σελήνης, διὰ μέσου τοῦ σκιάσματος σελήνη ἰοῦσα ὅλη ἐκλείπει· ὅτε δὲ σύνεγγυς, μὴ μέντοι ἐπ' εὐθείας, ἐνίοτε οὐχ ὅλη· τὰ μέντοι πλείω, μὴ κατὰ τοὺς συνδέσμους γινομένων τῶν σωμάτων τοῦ τε ἡλίου καὶ σελήνης ἐν ταῖς πανσελήνοις, ἡ μὲν σκιὰ τῆς γῆς καὶ οὕτως ἐπὶ μιᾶς εὐθείας ἔσται τῷ ἡλίῳ, ἡ δὲ σελήνη, βορειοτέρα τῆς σκιᾶς ἢ νοτιωτέρα παροῦσα καὶ κατ' οὐδὲν εἰς αὐτὴν ἐμπίπτουσα, οὐδ' ὅλως ἐκλείψει.

ταυτὶ μὲν ὁ Ἄδραστος. ὁ δὲ Δερκυλλίδης οὐδεμιᾷ μὲν οἰκείᾳ καὶ προσηκούσῃ τάξει περὶ τούτων ἀνέγραψεν· ἃ δὲ καὶ αὐτὸς ὑποδείκνυσιν ἐν τῷ περὶ τοῦ ἀτράκτου καὶ τῶν σφονδύλων τῶν ἐν τῇ Πολιτείᾳ παρὰ Πλάτωνι λεγομένων ἐστὶ τοιαῦτα.

Εὔδημος ἱστορεῖ ἐν ταῖς Ἀστρολογίαις, ὅτι Οἰνοπίδης εὗρε πρῶτος τὴν τοῦ ζῳδιακοῦ διάζωσιν καὶ τὴν τοῦ μεγάλου ἐνιαυτοῦ περίστασιν· Θαλῆς δὲ ἡλίου ἔκλειψιν καὶ τὴν κατὰ τὰς τροπὰς αὐτοῦ περίοδον, ὡς οὐκ ἴση ἀεὶ συμβαίνει· Ἀναξίμανδρος δὲ ὅτι ἐστὶν ἡ γῆ μετέωρος καὶ κινεῖται περὶ τὸ τοῦ κόσμου μέσον· Ἀνα-

1 καὶ τὸ τῆς σελ.] ἀπ' αὐτῆς τῆς σελ. B, καὶ αὐτῆς τῆς σελ. Mart. 3 τὰ] τὸ B* 4 γινόμενον B* 9 δερβυλλίδης B* 14 — p. 199, 8: haec leguntur etiam in fine excerptorum quibus titulus ἐκ τῶν Ἀνατολίου inscriptus est; edita sunt a Fabricio, Bibl. Gr. cur. Harles III p. 464, „ex apographo Holstenii qui illa ex Peiresciano se codice hausisse est testatus," et ab Hultschio, Heronis reliq. p. 280, qui codice Monacensi 165 usus est inscr. τίς τί εὗρεν ἐν μαθηματικῇ B, τίς τί εὗρεν ἐν μαθηματικοῖς exc. Εὔδημος: fr. 94 Speng. 16 Θαλῆς: cf. Zeller die Philos. der Gr. I⁴ p. 171. Schiaparelli p. 123 sq. 17 περίοδον Fabr.] πάροδον B et codex Mon. 18 συμβαίνει Fabr.] συμβαίνειν B et Mon. 18 sqq. cf. Lewis an historical survey of the astronomy of the ancients p. 91 sqq. Ἀναξίμανδρος: cf. Zeller p. 210 19 κινεῖται] κεῖται Montucla Histoire des Mathématiques I p. 107 Ἀναξιμένης: cf. Zeller p. 226

ξιμένης δὲ ὅτι ἡ σελήνη ἐκ τοῦ ἡλίου ἔχει τὸ φῶς καὶ τίνα ἐκλείπει τρόπον. οἱ δὲ λοιποὶ ἐπὶ ἐξευρημένοις τούτοις ἐπεξεῦρον ἕτερα· ὅτι οἱ ἀπλανεῖς κινοῦνται περὶ τὸν διὰ τῶν πόλων ἄξονα μένοντα, οἱ δὲ πλανώμενοι περὶ τὸν τοῦ ζῳδιακοῦ πρὸς ὀρθὰς ὄντα αὐτῷ ἄξονα, ἀπέχουσι δ' ἀλλήλων ὅ τε τῶν ἀπλανῶν καὶ τῶν πλανωμένων ἄξων πεντεκαιδεκαγώνου πλευρὰν ὅ ἐστι μοῖραι κδ΄.

ἐν δὲ τοῖς ἐφεξῆς φησιν· ὃν τρόπον ἐπὶ γεωμετρίᾳ καὶ μουσικῇ μὴ καταστησάμενον τὰς ὑποθέσεις ἀδύνατον τῶν μετὰ τὰς ἀρχὰς λόγων ἐξάπτεσθαι, κατὰ τὰ αὐτὰ καὶ ἐπὶ τῆς ἀστρολογίας προομολογεῖσθαι χρὴ τὰς ὑποθέσεις, ἐφ' αἷς πρόεισιν ὁ λόγος ὁ περὶ τῆς τῶν πλανωμένων κινήσεως. πρὸ πάντων δέ, φησί, σχεδὸν τῶν περὶ τὰ μαθηματικὰ τὴν πραγματείαν ἐχόντων ἡ λῆψις τῶν ἀρχῶν ὡς ὁμολογουμένων ἐστί· πρῶτον μὲν ὡς ἔστιν ἡ τοῦ κόσμου σύστασις τεταγμένως ἐπὶ μιᾶς ἀρχῆς διεπομένη ὑφέστηκέ τε τὰ ὄντα καὶ φαινόμενα ταῦτα· διὸ μὴ δεῖν φάναι τὸν κόσμον τῆς ἡμετέρας ὄψεως ἐκ τοῦ ἀπείρου, ἀλλὰ κατὰ περιγραφὴν εἶναι· δεύτερον δὲ ὡς οὐ σβέσει καὶ ἀνάψει τῶν θείων σωμάτων αἵ τε ἀνατολαὶ καὶ δύσεις· ἀλλὰ γὰρ εἰ μὴ ἀίδιος

2 ἐπὶ om. exc. ἐξευρημένοις exc.] ἐξηυριμένοις B 3 ὅτι οἱ ἀπλανεῖς κτλ.: cf. p. 202, 8 sqq. (B[b]) κινεῖται B[a] 4 τῶν πόλων exc.] πόλον B[a], τῶν πόλον B[b] 5 αὐτῷ ἄξονα B[b]] αὐτοῦ ἄξονα B[a], ἄξονα αὐτῷ exc., ἄξονα del. Hultsch 6 δ' om. exc. 7 πεντεκαιδεκαγώνου exc.] πενταкαιδεκαγώνου B πλευρὰς B[a] ὅ ἐστι μο ῆδ B, ὅτι εἰσὶ μοῖρε τὸν ἀριθμὸν εἰκοσιτέσσαρες Mon., οἵ εἰσι μοῖραι εἰκοσιτέσσαρες Fabr. 9 inscr. τίνες αἱ τῆς ἀστρονομίας ὑποθέσεις B φησιν ⟨ὅτι⟩ Mart. 13 αἷς] οἷς B* 16 ὁμολογουμένως B* 21 σβέση B*

τούτων ἡ διαμονή, οὐκ ἂν ἡ ἐν τῷ παντὶ τάξις φυλαχθείη· τρίτον ὡς οὐ πλείους οὐδὲ ἐλάττονες τῶν ζ' οἱ πλανώμενοι· καὶ τοῦτο δῆλον ἐκ μακρᾶς τηρήσεως· τέταρτον ἐπεὶ οὔτε πάντα τὰ ὄντα κινεῖσθαι εὔλογόν ἐστιν οὔτε πάντα μένειν, ἀλλὰ τὰ μὲν κινεῖσθαι, τὰ δὲ μένειν, ὁμολογεῖσθαι δεῖ, τίνα ἐν τῷ παντὶ μένειν χρὴ καὶ τίνα κινεῖσθαι. φησὶ δ' ὡς γῆν μὲν χρη οἴεσθαι μένειν, ἑστίαν τοῦ θεῶν οἴκου κατὰ τὸν Πλάτωνα, τὰ δὲ πλανώμενα σὺν τῷ παντὶ περιέχοντι οὐρανῷ κινεῖσθαι· τοὺς δὲ τὰ κινητὰ στήσαντας, τὰ δὲ ἀκίνητα φύσει καὶ ἕδρᾳ κινήσαντας ὡς παρὰ τὰς τῆς μαθηματικῆς ὑποθέσεις ἀποδιοπομπεῖται.

ἐν δὲ τούτοις φησὶ καὶ κατὰ μῆκος τοὺς πλανωμένους κινεῖσθαι καὶ βάθος καὶ πλάτος τεταγμένως καὶ ὁμαλῶς καὶ ἐγκυκλίως, ... ἡγησάμενοι οὐκ ἂν σφαλλοίμεθα τῆς περὶ αὐτοὺς ἀληθείας· διὸ τάς τε ἀνατολὰς καὶ παρανατολὰς τῆς κατὰ μῆκος κινήσεως καὶ τὰς ἀπὸ τῶν πρεσβυτέρων ἀποδιδομένας ἐκλύτους καὶ ῥαθύμους αἰτίας τῆς ὑπολείψεως λεγομένης παραιτεῖται. ὀρθὸν δὲ τὸ νομίζειν, φησί, πᾶν τὸ ἄλογον καὶ ἄτακτον φυγόντας τῆς τοιαύτης κινήσεως, ἐναντίαν τῇ ἀπλανεῖ φορᾷ τὰ πλανώμενα κινεῖσθαι ἠρέμα, περιαγομένης τῆς ἐντὸς φορᾶς ὑπὸ τῆς ἐκτός. οὐκ ἀξιοῖ δὲ τοῦ πλανωμένου αἰτίας οἴεσθαι τὰς ἑλικοειδεῖς γραμμὰς ὡς προηγουμένας τάς τε ἱππικῇ παραπλησίας· γίνεσθαι μὲν γὰρ ταύτας κατὰ συμβεβηκός· πρώτην δὲ προηγουμένην

8 *Πλάτωνα*: Phaedr. p. 247 A 9 *δὲ*] *γὰρ* B 11 *μαθηματικῆς*] *μαντικῆς* B 15 *ἡγησαμένου* (*ἡγησάμενος* Mart.) *κἂν σφαλοίμεθα* B 18 *ἀπὸ*] *ὑπὸ* Mart. *παρα* post *πρεσβυτέρων* del. B 19 *ὑπολήψεως λεγομένας* B* 21 *ἀπλανῆ* B* 22 *περιαγαμένης* B* 23 cf. Schiaparelli p. 154

αἰτίαν εἶναι καὶ τοῦ πλάνου καὶ τῆς ἕλικος τὴν κατὰ λοξοῦ τοῦ ζῳδιακοῦ κύκλου κίνησιν· καὶ γὰρ ἐπεισοδιώδης καὶ ὑστέρα ἡ κατὰ τὴν ἕλικα κίνησις, ἐκ τοῦ διπλοῦ τῆς περὶ αὐτοὺς κινήσεως ἀποτελουμένη. προτέραν δὲ χρὴ εἰπεῖν τὴν κατὰ τοῦ λοξοῦ προηγουμένην κίνησιν· ἑπομένη γὰρ ἡ ἕλιξ καὶ οὐ πρώτη.

πάλιν παραιτεῖται καὶ τῆς κατὰ τὸ βάθος κινήσεως αἰτίας εἶναι τὰς ἐκκεντρότητας· περὶ δὲ κέντρον ἕν τι τὸ αὐτῆς καὶ κόσμου ἡγεῖται τοῖς κατ' οὐρανὸν φερομένοις πᾶσι τὴν κίνησιν εἶναι, κατὰ συμβεβηκὸς ὑπὸ τῶν πλανωμένων, οὐ κατὰ προηγουμένην, ὡς ἐπάνω ἐπεδείξαμεν, τῶν ἐπικύκλων καὶ τῶν ἐκκέντρων κύκλων διὰ τοῦ τῶν ἐγκέντρων βάθους γραφομένων. δύο γὰρ ἐπιφανείας ἔχει ἑκάστη σφαῖρα, τὴν μὲν ἐντὸς κοίλην, τὴν δὲ ἐκτὸς κυρτήν, ὧν ἐν τῷ μεταξὺ κατ' ἐπικύκλους καὶ ἐγκέντρους κινεῖται τὰ ἄστρα, καθ' ἣν κίνησιν καὶ τοὺς ἐκκέντρους κατὰ συμβεβηκὸς γράφει. φησὶ δὲ καὶ κατὰ μὲν τὰς ἡμετέρας φαντασίας ἀνωμάλους εἶναι τὰς τῶν πλανωμένων κινήσεις, κατὰ δὲ τὸ ὑποκείμενον καὶ τἀληθὲς ὁμαλάς· πᾶσι δὲ τὴν κίνησιν προαιρετικὴν καὶ ἀβίαστον εἶναι δι' ὀλιγίστων φορῶν καὶ ἐν τεταγμέναις σφαίραις. αἰτιᾶται δὲ τῶν φιλοσόφων ὅσοι ταῖς σφαίραις οἷον ἀψύχους ἐνώσαντες τοὺς ἀστέρας καὶ τοῖς τούτων κύκλοις πολυσφαιρίας εἰσηγοῦνται, ὥσπερ Ἀριστοτέλης ἀξιοῖ καὶ τῶν μαθηματικῶν Μέναιχμος καὶ

5 εἰπεῖν] ταύτην B, ταύτης Mart. προηγουμένης B* 8 ἕν τι τὸ] ἐν τῇ τῆς B* 11 ἐπεδείξαμεν: p. 167 sqq. 13 ἐκκέντρων B* βάθους] πλάτους B* 16 ἐκκέντρους B* 19 καὶ τἀληθὲς ὁμαλάς] ὁμαλῶς (ὁμαλὰς em. Mart.) καὶ τἀληθές B 24 πολυσφαιρέας B* 25 Ἀριστοτέλης: Metaph. λ 8 p. 1073 b Μένεχμος B*

Κάλλιππος, οἳ τὰς μὲν φερούσας, τὰς δὲ ἀνελιττούσας εἰσηγήσαντο. ἐπὶ δὲ τούτοις ὁμολογουμένοις περὶ μένουσαν τὴν γῆν τὸν οὐρανὸν σὺν τοῖς ἄστροις ἡγεῖται κινεῖσθαι ἐν ὁμαλαῖς καὶ ἐγκυκλίοις κινήσεσιν ἐλαχίσταις τε καὶ συμφώνοις ἐγκέντροις τε καὶ ἀβιάστοις φοραῖς, καὶ ταύτας σωζομένας καὶ παρὰ Πλάτωνι ἀποδείκνυσι τὰς ὑποθέσεις.

κινοῦνται δὲ οἱ μὲν ἀπλανεῖς περὶ τὸν διὰ τῶν πόλων ἄξονα μένοντα, οἱ δὲ πλανώμενοι περὶ τὸν τοῦ ζῳδιακοῦ πρὸς ὀρθὰς ὄντα αὐτῷ ἄξονα· ἀπέχουσι δ' ἀλλήλων ὅ τε τῶν ἀπλανῶν καὶ τῶν πλανωμένων ἄξων πεντεκαιδεκαγώνου πλευράν. δίχα μὲν τέμνει τὸν κόσμον ὁ ζῳδιακὸς μέγιστος ὤν· τῆς δὲ τοῦ παντὸς περιφερείας εἰς τξʹ μοίρας διαιρουμένης ὁ ζῳδιακὸς ἑκατέρωθεν ρπʹ μοίρας ἀπολαμβάνει· ὁ δὲ ἄξων τοῦ ζῳδιακοῦ πρὸς ὀρθὰς ὢν δίχα διαιρεῖ τὰς ρπʹ μοίρας. λελόξωται δὲ ὁ ζῳδιακὸς ἀπὸ τοῦ χειμερινοῦ παραλλήλου ἐπὶ τὸν θερινόν· εἰσὶ δὲ ἀπὸ μὲν τοῦ θερινοῦ ἐπὶ τὸν ἀνταρκτικὸν μοῖραι λʹ, ὡς παραδίδωσιν Ἵππαρχος, ἀπὸ δὲ τοῦ ἀνταρκτικοῦ μέχρι τοῦ πόλου τῆς ἀπλανοῦς σφαίρας μοῖραι τριάκοντα ἕξ· συνάμφω δέ, ἀπὸ μὲν τοῦ θερινοῦ μέχρι τοῦ πόλου τῆς τῶν ἀπλανῶν σφαίρας, μοῖραι ξςʹ. ἵνα δὲ πληρωθῶσιν ἐπὶ τὸν πόλον τοῦ τῶν πλανωμένων ἄξονος ϟʹ μοῖραι, προσθετέον μοίρας

1 Κάλιππος B* 4 ἐλαχίστοις B*. ⟨καὶ ἐν⟩ ἐλαχίσταις? 6 σωμένας B* cf. Boeckh Unters. über das kosm. System des Platon p. 127 8 cf. p. 199, 3 sqq. (B^a) 9 πόλων exc.] πόλον B 11 ὅ τε] ὁ περὶ B^b 12 πεντεκαιδεκαγώνου exc.] πενταχαιδεκαγώνου B μὲν ⟨γὰρ⟩? 16 ρπʹ] πρ̄ B* 19 ἀρκτικὸν Mart., sed hic error ad scriptoris neglegentiam referendus esse videtur 20 ἀρκτικοῦ Mart. 21 τριακονταέξ B* 24 προστίθεται B*

κδʹ, καθʼ ὃ εἴη ἂν ὁ πόλος τοῦ ⟨τῶν⟩ πλανωμένων ἄξονος πρὸς ὀρθὰς ὄντος τῷ ζῳδιακῷ. λοιπαὶ δὴ ἀπὸ τοῦ πόλου ⟨τοῦ⟩ τῶν πλανωμένων ἄξονος μοῖραι ἐπὶ τὰ θερινὰ μέρη τοῦ ἀνταρκτινοῦ ιβʹ· αἱ πᾶσαι γὰρ ἦσαν λϛʹ· ὧν ἀφέλωμεν κδʹ· λοιπαὶ ιβʹ. αἷς προσθετέον τὰς ἀπὸ τοῦ ἀνταρκτικοῦ μέχρι τοῦ θερινοῦ πάλιν μοίρας λʹ καὶ τὰς ἀπὸ τοῦ θερινοῦ ἐπὶ τὸν ἰσημερινὸν μοίρας κδʹ καὶ ⟨τὰς⟩ ἀπὸ τοῦ ἰσημερινοῦ ἐπὶ τὸν χειμερινόν, οὗ πάλιν ἐφάπτεται ὁ ζῳδιακός, μοίρας κδʹ. γίνονται μοῖραι κδʹ τῶν τξʹ τοῦ παντὸς μοιρῶν πεντεκαιδέκατον μέρος· πεντεκαιδεκάκις γὰρ κδʹ γίνονται τξʹ. διὰ τοῦτό φαμεν τοῦ ἐγγραφομένου εἰς σφαῖραν πεντεκαιδεκαγώνου πλευρὰν ἀπέχειν ἀλλήλων τοὺς δύο ἄξονας, τόν τε τῶν ἀπλανῶν καὶ τὸν τῶν πλανωμένων.

ἕλικα δὲ γράφει τὰ πλανώμενα κατὰ συμβεβηκός, διὰ τὸ δύο κινεῖσθαι κινήσεις ἐναντίας ἀλλήλαις. τῷ γὰρ αὐτὰ κατὰ τὴν ἰδίαν κίνησιν ἀπὸ τοῦ θερινοῦ ἐπὶ χειμερινὸν φέρεσθαι καὶ ἀνάπαλιν, ἠρέμα μὲν αὐτὰ περιιόντα, τάχιστα δὲ ἐπὶ τὰ ἐναντία περιαγόμενα καθʼ ἑκάστην ἡμέραν ὑπὸ τῆς ἀπλανοῦς σφαίρας, οὐκ ἐπʼ εὐθείας ἀπὸ παραλλήλου ἐπὶ παράλληλον πορεύεται, ἀλλὰ περιαγόμενα περὶ τὴν ἀπλανῆ σφαῖραν. ἵνα δὴ διὰ τοῦ ζῳδιακοῦ ἀπὸ τοῦ α ἐπὶ τὸ β χωρήσῃ, τῆς φορᾶς αὐτῶν οὐκ ἐπὶ εὐθείας τοῦ ζῳδιακοῦ μόνον, ἀλλὰ καὶ ἐν κύκλῳ περὶ τὴν ἀπλανῆ γινομένης, ἕλικα

4 χειμερινὰ Mart. ἀρκτικοῦ Mart. 6 ἀρκτικοῦ Mart. μοῖραι B* 9 γίνοιντο $μ^{οι}$ κδ μοῖραι B, γίνονται μὴν κδ μοῖραι Mart. 11 πεντεκαιδεκάι B* 15 inscr. περὶ τῆς ἑλικοειδοῦς κινήσεως B. cf. Procl. in Tim. p. 263 ἥλικα B* 22 περὶ] ἐπὶ B* 24 αὐτοῦ B* εὐθείας supra vs. add. B 25 γινομένη B, γινομένην Mart.

γράφουσιν ἐν τῇ ἀπὸ παραλλήλου ἐπὶ παράλληλον διόδῳ ὁμοίαν τῇ τῶν ἀμπέλων ἕλικι· καθάπερ εἴ τις ἱμάντα περιελίττει κυλίνδρῳ ἀπὸ τῆς ἑτέρας ἀποτομῆς μέχρι τῆς ἑτέρας, ὥσπερ ταῖς Λακωνικαῖς σκυτάλαις οἱ ἔφοροι περιελίττοντες ἱμάντας τὰς ἐπιστολὰς ἔγραφον. γράφει δὲ καὶ ἄλλην ἕλικα τὰ πλανώμενα, οὐ μόνον ὡς περὶ κύλινδρον ⟨ἀπὸ τῆς ἑτέρας⟩ ἀποτομῆς ἐπὶ τὴν ἑτέραν ἀποτομήν, ἀλλὰ καὶ τὴν ὡς ⟨ἐν⟩ ἐπιπέδῳ. ἐπειδὴ γὰρ δι' αἰῶνος ἀπὸ τοῦ ἑτέρου παραλλήλου ἐπὶ τὸν ἕτερον χωροῦσι καὶ ἀπ' ἐκείνου πάλιν ἐπὶ τὸν αὐτὸν καὶ τοῦτο ἀδιαλείπτως καὶ ἀπαύστως γίνεται ὑπ' αὐτῶν, ἂν ἐπινοήσωμεν ἐπ' ἄπειρον ἐκτεινομένας εὐθείας εἶναι τὰς παραλλήλους καὶ δι' αὐτῶν κατὰ τὰ αὐτὰ πορευόμενα τὰ πλανώμενα ποτὲ μὲν τὴν χειμερινὴν ὁδόν, ποτὲ δὲ τὴν θερινήν, μέχρις ἀπείρου εὑρεθείη ἂν ἡμῖν ἕλικα γράφοντα. κατὰ δὲ τὸ ἄπαυστον καὶ αἰώνιον τῆς περὶ τὴν σφαῖραν διὰ [τῆς] τῶν παραλλήλων πορείας ὁμοία ἡ ὁδὸς αὐτοῖς γίνεται τῇ διὰ τῶν ἐπ' ἄπειρον ἐκτεινομένων εὐθειῶν ὁδῷ, καθάπερ δηλοῖ τὰ ὑποκείμενα διαγράμματα. ὥστε δύο κατὰ συμβεβηκὸς γράφουσιν ἕλικας, τὴν μὲν ὡς περὶ κύλινδρον, τὴν δὲ ὡς δι' ἐπιπέδου.

ταυτὶ μὲν τὰ ἀναγκαιότατα καὶ ἐξ ἀστρολογίας κυριώτατα πρὸς τὴν τῶν Πλατωνικῶν ἀνάγνωσιν. ἐπεὶ δὲ ἔφαμεν εἶναι μουσικὴν καὶ ἁρμονίαν τὴν μὲν ἐν ὀργάνοις, τὴν δὲ ἐν ἀριθμοῖς, τὴν δὲ ἐν κόσμῳ, καὶ

3 περιειλίττει B* ἀπὸ bis scr. B, semel ap. ἑτέραν B, em. ap. 6 ἄλλον B* 7 ἀπὸ τῆς ἑτέρας add. Mart. 8 ἐν add. Mart. 11 ἂν] κάν B (κ rubrum versus initio antepositum est), κἂν ap. 14 τὰ πλανώμενα] τὰ ἀπλανῆ B, τῇ ἀπλανεῖ Mart. 17 τῆς del. Mart. 19 descriptiones B non habet 22 κυριότατα B*. καὶ κυριώτατα ἐξ ἀστρολογίας? 24 ἔφαμεν: p. 17, 2. 47, 3

περὶ τῆς ἐν κόσμῳ τἀναγκαῖα πάντα ἑξῆς ἐπηγγειλάμεθα μετὰ τὴν περὶ ἀστρολογίας παράδοσιν — ταύτην γὰρ ἔφη καὶ Πλάτων ἐν τοῖς μαθήμασι πέμπτην εἶναι μετὰ ἀριθμητικὴν γεωμετρίαν στερεομετρίαν ἀστρονομίαν —, ἃ καὶ περὶ τούτων ἐν κεφαλαίοις παραδείκνυσιν ὁ Θράσυλλος σὺν οἷς καὶ αὐτοὶ προεξειργάσμεθα δηλωτέον.

1 ἐπηγγειλάμεθα: p. 47, 9. 93, 11   2 αστρολογίαν B*   3 Πλάτων: Civ. VII p. 530   4 στερεωμετρίαν B*   5 θρασύλλος B*   6 προεξηργάσμεθα B*   τέλος add. B

προσλαμβανόμενος
ὑπάτη ὑπατῶν
παρυπάτη ὑπατῶν
ὑπάτη διάτονος
ὑπάτη μέσων
παρυπάτη μέσων
μέσων διάτονος
μέση
παραμέση
τρίτη διεζευγμένη
διεζευγμένη διάτονος
νήτη διεζευγμένη
τρίτη ὑπερβολαίων
διάτονος ὑπερβολαίων
νήτη ὑπερβολαίων

διὰ δ' ἐπίτριτος — διὰ δ'
διὰ ε' ἡμιόλιος — διὰ ε'
διὰ πασῶν διπλάσιος — διὰ πασῶν
δὶς διὰ πασῶν τετραπλάσιον

Exstat haec descriptio neglegentissime facta in cod. A post finem eius partis qua de musica agitur (p. 72). Quindecim nominibus adiecta sunt haec signa: ϙ ξ̄ R̄ Φ̄ C̄ P̄ ϰ ιξ ξC εᒪ Ʉ ϑϥ ϰ Π K̄. Cf. Boeth. de inst. mus. p. 312 sqq. Friedl. Westphal p. 324 sqq.

COMPARATIO PAGINARUM HUIUS EDITIONIS CUM PRIORUM EDITIONUM CAPITIBUS.

De arithmetica.

c. 1	in. p.	1, 1
2		16, 24
3		18, 3
4		19, 21
5		21, 20
6		23, 6
7		24, 16
8		25, 5
9		25, 19
10		26, 5
11		26, 14
12		26, 18
13		26, 21
14		27, 23
15		28, 3
16		28, 16
17		30, 8
18		31, 9
19		31, 13
20		34, 1
21		36, 3
22		36, 13
23		37, 7
24		38, 16
25		39, 10
26		39, 14
27		40, 1
28		41, 3
c. 29	in. p.	41, 8
30		42, 3
31		42, 10
32		45, 9

De musica.

c. 1	in. p.	46, 20
2		47, 18
3		48, 8
4		48, 12
5		48, 16
6		49, 6
7		53, 1
8		53, 8
9		53, 17
10		54, 16
11		55, 8
12		55, 11
13		60, 12
14		66, 14
15		70, 3
16		70, 14
17		72, 21
18		72, 24
19		73, 16
20		74, 8
21		74, 12
22		74, 15
23		76, 8
24		76, 21

COMPARATIO PAGINARUM HUIUS EDITIONIS CUM PRIORUM EDITIONUM PAGINIS.

p. 1	Bull. in. p. 1, 1	p. 30	Bull. in. p. 22, 5
2	1, 4	31	22, 21
3	2, 3	32	23, 8
4	2, 20	33	23, 24
5	3, 12	34	24, 16
6	4, 11	35	25, 2
7	5, 5	36	25, 14
8	6, 2	37	26, 3
9	7, 6	38	26, 14
10	8, 4	39	26, 21
11	9, 1	40	27, 11
12	10, 3	41	27, 24
13	10, 19	42	28, 12
14	11, 14	43	28, 23
15	12, 4	44	29, 14
16	12, 20	45	30, 4
17	13, 9	46	30, 17
18	14, 15	47	31, 9
19	15, 6	48	31, 18
20	15, 21	49	32, 12
21	16, 16	50	32, 22
22	17, 3	51	33, 16
23	17, 19	52	34, 1
24	18, 8	53	34, 14
25	19, 1	54	
26	19, 17	55	35, 8
27	20, 8	56	35, 24
28	21, 1	57	36, 12
29	21, 17	58	37, 1

p. 59	Bull. in. p. 37, 15	p. 104	Bull. in. p. 68, 12
60	38, 9	105	69, 3
61	39, 1	106	70, 2
62	39, 14	107	70, 14
63	40, 1	108	71, 6
64	40, 6	109	72, 1
65	41, 3	110	72, 18
66	41, 9	111	206
67	42, 4	112	72, 24
68	43, 7	113	73, 10
69	43, 23	114	74, 1
70	44, 18	115	74, 12
71	45, 12	116	74, 21
72	46, 9	117	75, 13
73	46, 20	118	76, 6
74	47, 9	119	76, 21
75	47, 21	120	77, 13
76	48, 8	121	78, 4
77	48, 16	122	78, 18
78	49, 6	123	79, 6
79	49, 18	124	79, 19
80	50, 16	125	80, 7
81	51, 10	126	80, 16
82	52, 9	127	81, 6
83	53, 1	128	81, 18
84	53, 10	129	82, 9
85	54, 2	130	83, 2
86	54, 16	131	83, 18
87	55, 6	132	84, 11
88	55, 15	133	85, 4
89	56, 15	134	85, 17
90	58, 1	135	86, 9
91	59, 4	136	86, 22
92	59, 21	137	87, 8
93	60, 12	138	88, 8
94	61, 2	139	88, 24
95	61, 20	140	89, 17
96	62, 13	141	90, 8
97	63, 9	142	90, 23
98	64, 1	143	91, 11
99	65, 10	144	92, 3
100	66, 3	145	92, 20
101	66, 14	146	93, 11
102	67, 4	147	93, 23
103	67, 20	148	94, 10

p. 149	Bull. in. p.	95, 9
150		96, 3
151		96, 20
152		97, 11
153		98, 5
154		98, 22
155		99, 13
156		99, 24
157		100, 13
158		101, 3
159		101, 14
160		102, 4
161		102, 17
162		103, 13
163		104, 7
164		104, 20
165		105, 9
166		106, 7
167		106, 15
168		107, 10
169		107, 22
170		108, 15
171		109, 12
112		110, 7
173		110, 20
174		111, 14
175		112, 1
176		112, 18
177		113, 4
178		113, 18
179		114, 1
180		114, 14
181		114, 26
182		115, 12
183		115, 20
184		116, 10
185		116, 26
186		117, 18
187		118, 7
188		119, 6

p. 3	Geld. in. p.	1, 1
4		1, 4
5		2, 3

p. 6	Geld. in. p.	2, 19
7		3, 11
8		4, 11
9		5, 7
10		6, 5
11		7, 9
12		8, 5
13		8, 19
14		9, 14
15		10, 19
16		11, 15
17		12, 6
18		12, 22
19		13, 10
20		14, 16
21		15, 7
22		16, 1
23		16, 19
24		17, 4
25		17, 21
26		18, 10
27		19, 4
28		19, 19
29		20, 7
30		20, 23
31		21, 15
32		22, 1
33		22, 16
34		23, 6
35		23, 20
36		24, 9
37		24, 22
38		25, 7
39		25, 20
40		26, 7
41		26, 18
42		27, 5
43		27, 19
44		28, 6
45		28, 17
46		29, 8
47		29, 23
48		30, 9
49		30, 24
50		31, 13

p. 51	Geld. in. p.	32, 2
52		32, 15
53		33, 7
54		34, 1
55		34, 14
56		35, 9
57		35, 24
58		36, 10
59		36, 22
60		37, 11
61		38, 3
62		38, 16
63		39, 8
64		39, 17
65		40, 6
66		41, 3
67		41, 10
68		42, 3
69		43, 7
70		43, 23
71		44, 14
72		45, 10
73		46, 1
74		46, 18

p. 138	Mart. in. p.	120, 1
140		120, 10
142		121, 3
144		121, 25
146		122, 19
148		123, 15
150		124, 18
152		125, 16
154		126, 13
156		127, 8
158		128, 1
160		129, 5
162		130, 1
164		130, 19.
166		132, 2
168		132, 19
170		133, 17
172		134, 8
174		135, 8

p. 176	Mart. in. p.	136, 10
178		137, 2
180		137, 22
182		138, 12
184		139, 4
186		140, 2
188		140, 13
190		141, 3
192		141, 20
194		142, 19
196		143, 15
198		144, 12
200		145, 10
202		146, 3
204		147, 4
206		147, 19
208		148, 10
210		149, 7
212		150, 3
214		150, 22
216		151, 20
218		152, 10
220		153, 14
222		154, 15
224		156, 4
226		157, 3
228		157, 22
230		159, 3
232		159, 24
234		160, 22
236		161, 19
238		162, 11
240		163, 14
242		165, 1
244		165, 14
246		166, 10
248		167, 14
250		168, 10
252		169, 5
254		170, 9
256		171, 5
258		171, 20
260		172, 19
262		173, 8
264		174, 1

p. 266	Mart. in. p. 175, 1	p. 304	Mart. in. p. 190, 1
268	175, 14	306	191, 2
270	176, 18	308	192, 3
272	177, 14	310	192, 22
274	178, 6	312	193, 12
276	179, 2	314	194, 3
278	179, 18	316	194, 24
280	180, 8	318	195, 18
282	181, 3	320	197, 3
284	182, 11	322	197, 21
286	183, 4	324	198, 16
288	183, 16	326	199, 9
290	184, 13	328	200, 7
292	185, 5	330	201, 2
294	186, 1	332	201, 24
296	186, 19	334	202, 19
298	187, 15	336	203, 12
300	188, 8	338	204, 6
302	188, 23	340	205, 2

INDEX SCRIPTORUM.

ADDENDA ET CORRIGENDA.

p. 4 adn. vs. 4 ante *μὴ ἠπίστατο* add. 8
5, 17 [*μὲν*] cj. H(ultsch)
6 adn. vs. 6 corr. *οἷον*
12, 18 *φασίν*] *πάλιν* cj. H.
18, 11 corr. *πολλά*
20, 14 [*οὐ τὸ ἕν*] cj. H.
24, 14 *καὶ γὰρ*] *ὥς γὰρ* A
34, 13 corr. *ἀεί*
44, 2. 4. 5 corr. *τριάδος* — *τριάδα* — *τριάδι*
17 corr. *διάμετροι*
45, 15 *συνθῶμεν* cj. H.
46, 11 corr. *τέταρτον*
47, 22 (et in adn.) *οὗτος* post *αὐτὸς* add.
48, 15 *ὑπατῶν*: cf. v. Jan. Philol. XXIX p. 302 [1])
52, 18 *λόγον*] *λέξιν*?
53, 9 *ἡμιπήχειον* H.
55, 14 corr. *δίεσιν*
62, 8 *ὅτι*] *ἄρα* cj. H.
71, 1 *μέν τις*] *μὲν τῇ* cj. H.
73 in adn. ad 21 A post „litt." add.
75, 14 *συμφωνίαις*] *συμφωνίᾳ* cj. H.
77, 25 et p. 80, 23 corr. *ἀεὶ*
82, 22 *ὅτι* ⟨*ἡ*⟩ *τῆς ἀναλογίας φύσις ἀρχὴ εὐλόγου ἐστὶ καὶ* ⟨*τεταγμένης γενέσεως, ἐκ τῆς ἰσότητος αὐτή τε γεννηθεῖσα*⟩ *πρώτη κτλ.* cj. H.
84, in adn. ad 15 corr. „inscr."
93, 4 *ἀρχόμενοι· ὑποτεθείσης* ⟨*γὰρ*⟩ *αὐτῆς μυρίων τξη΄ οἱ ἐφεξῆς κτλ.*?
12 *λοιπῶν* del. vid.
94, 9 ⟨*εἶναι*⟩ cj. H.
96, 2 corr. *αὔξησις*
97, 25 an scr. *ὀγδόη δὲ τετρ. ἡ τούτων κριτικὴ καὶ νοητικὴ οὖσα*?

p. 100, 14 *μέσα:* cf. adn. ad p. 46, 15
101, 18 corr. *ἀεί*
102, 6 *ποιεῖν* cj. H.
103, 14 *γεννᾷ* del. vid.
114, 14 et 21 *ἀναλογία* et *ἀναλογίᾳ* neglegenter pos. pro *μεσότης* et *μεσότητι*
116, 12 *εὑρήσομεν?*
124, 1 *συρρυήσεται* ⟨*ἄρα*⟩ H.
5 *δῆλον* ⟨*οὖν*⟩?
127, 16 *τῶν*] *τὸ?*
128, 12 *πρὸς τὰς ὅλας σφαίρας*] *πάσης καθόλου σφαίρας* cj. H.
131, 4 *δέ τις*] *δ' ἔτι τις?*
6 ⟨*εἰς*⟩ *ἴσα* H.
138, 9 *ἢ*] *καὶ* H. cf. p. 152, 4.
150, 2 *ταῦτα*] *τὰς* cj. H. an *αὐτὰ?*
153, 11 pro *ϛη′* corr. *ϛ′ η″*
157, 15 *ἐπεζεύχθωσαν* H.
171, 3 *ἀνάστροφον* cj. H.
19 ⟨*καὶ*⟩ *τῇ* *ο̅π̅?*
178 adn. vs. 2 corr. „additum"
180, 6 *χωρὶς τοῦ* H.
18 *μηχανικαῖς σφαιροποιίαις* cj. H.
22 *ὄντως*] *οὕτως* cj. H.
in adn. ad 18 post „Gerh." add. „p. 1026, 2—4. 1027 n. 3. 4 Hultsch."
184, 3 ⟨*γένηται*⟩ *κατὰ τὸ μ* cj. H.
24 *καὶ κατὰ φύσιν οὔσῃ φορᾷ τῶν πλανωμένων ἤτοι σφαιρῶν* cj. H.
185, 5 *τε καὶ*] *τέ τις* cj. H.
186, 12 *ἐπὶ* ⟨*μὲν*⟩ *οὖν* cj. H.
188, 6 *φέρουσιν*] *ἀποφαίνουσιν* cj. H.
192, 14 *ὁ* ⟨*δὲ*⟩ *πλάνης?*
15 *καὶ*] *ἢ* vel *γίνηται* H.
194, 7 corr. *ὡς*
in adn. ad 11 corr. *δώδωκα*
200, 13 *ἐν*] *ἐπὶ* cj. H.

FSC
www.fsc.org
MIX
Papier | Fördert gute Waldnutzung
FSC® C083411

Kolibri 360 GmbH
Ferdinand-Jühlke-Straße 7
99095 Erfurt, Deutschland
produktsicherheit@kolibri360.de